人間性はどこから来たか
――サル学からのアプローチ

西田利貞

学術選書 026

KYOTO UNIVERSITY PRESS

京都大学学術出版会

学術選書版への序文

本書の初版を出版してから八年が経過した。本書は「人間性」を多様な側面から扱った生物人類学の書物として少なくとも日本では最初のものだった。そのせいか、多くの新聞や雑誌にとりあげられ、好評を得た。いくつかの大学の入学試験に国語の科目で出題されもした。

「学術選書」として再刊したいと、京大学術出版会の鈴木哲也さんから申し入れを受けたとき、内容が古くなったかどうか一瞬思いをめぐらした。幸い、この二〇〇七年の時点で書き直さなければならなくなったことはほとんどないと判断した。それゆえ、改訂版といっても、内容はそれほど変わっているわけではない。ただし、図や説明でわかりにくいと思われる部分は直し、若干の追加を行った。

初版に対する同僚・先輩の評の中には、「過激なところがあっておもしろい」、「過激すぎるところがあって、物議をかもすだろう」、というのがあった。「〝子どものいない人が養子をとるのは、いわばペットを飼うのと同じである〟といった表現はおかしいのではないのか」、と問題点を具体的に指摘してくださった方もあった。この批判は私がなんらかの価値観を表明していると思われたから起こったのであろう。わずかだが、誤解を招いた部分には少し書き替えや書き加えをおこなった。

この八年間に新たに出た本はおびただしい数になる。そのうち、本書に関連する本で私が読んで重要と思われた著作や、新事実を解説した著作は、〈補記〉で紹介した。〈補記〉は一五か所あり、本文の後に追加した。私は読書家ではないので、重要な本が抜けているかもしれないがそれはご容赦いただきたい。全面的に書き替えなかったかわりに、人類の祖先の化石など一九九九年以後にあたらしくつけ加わった情報も〈補記〉に少し付け加えた。

ところで私の知る限り「狼少年（少女）」は作り話、あるいは間違った解釈であると主張した本は拙著が最初である（外国にはあるかもしれないが）。しかし、出版後八年もたったのに、あいもかわらず「狼少年」の神話はまかり通っているし、しかも文系の研究者ばかりでなく、脳科学者の本にも出てくるので、そのことだけでも本書の存在理由はまだまだ高いものと信ずる。

二〇〇七年四月

高野川の桜の満開を愛でつつ

西田利貞

人間性はどこから来たか　（学術選書版）◉目　次

はじめに　1
❶ 狼少年の神話　1
❷ 人はなぜ太るのか？　4
❸ ヒトは白紙で生まれてこない　6

第1章　現代人は狩猟採集民　9
❶ 文明病　9
❷ 男と女はこんなに違う　14
❸ 狩猟採集時代の遺産？　18
❹ 行動の性差のメカニズム　19
❺ 女は優れている　21

第2章　人間性の研究の方法　23
❶ 人間性の研究の歴史　23
進化論と比較解剖学　23／文化人類学　25／心理生物学的研究　27／霊長類の野外研究　28／狩猟採集民

の生態人類学的研究　30／分子系統学　32／社会生物学　32
❷　ヒトの生物学的特性の研究方法　35

第3章　社会生物学から見た人類　39

❶　ヒトの繁殖行動　40
配偶者選択の性による相違　42／一夫多妻が多くて、一妻多夫はまれ　42／夫の姦通は妻の姦通より大目に見られる　44／男は女の性を管理したがる　45／婚資を払うのは夫側　46／結婚は繁殖システムである　46
❷　社会生物学に反する習慣？　48
子より姪や甥に投資する社会　48／独身主義　49／自　慰　49／同性愛　50／養子取り　50／産児制限や子どもをまったく作らないこと　53／子殺しと間引き　53／子殺し以外の血縁者間の殺し　55

第4章　社会の起源　59

❶　霊長類集団の多様性　60
❷　生態と社会　62
社会の起源　62／グループサイズはどうして決まるか？　65／集団の構成はどう決まるか　68

❸ 近親援助（ネポチズム）　72
ネポチズムとは？　72／人類におけるネポチズム　73／動物における親の世話　76／霊長類における血縁淘汰による親以外の援助行動のパターン　77

第5章 互酬性の起源　85
❶ 互酬性の進化　85
❷ 霊長類における互酬的援助行動　88
霊長類集団と互酬的援助行動の進化　88／霊長類の非血縁者間の援助行動　88
❸ ヒトの互酬的利他行動と互酬性　95
❹ 残された課題　101

第6章 家族の起源　105
❶ インセスト回避の起源　107
インセスト回避とは　107／人口学的な機構　108／霊長類における近親相姦回避機構　108／鳥類における近親相姦回避機構　110／インセスト回避の起源を説明する仮説　111／ヒトの兄弟姉妹の性的回避機構　112／ヒトの親子間インセスト回避機構　116

❷ 人間家族における労働の性的分業　119
南方狩猟採集民の性的分業　119／農耕民の性的分業　120／性的分業の一般的パターン　120
❸ 性的分業の起源をめぐる四つの問題　122
❹ 配偶関係　124
❺ 子どもの依存期間の長期化　124
❻ 生計活動の性差　127
霊長類における採食行動の性差　127／チンパンジーの生計活動の性差　129／生計活動における性差の由来　131
❼ 食物分配と交換の問題　133
物と物の交換　133／集まりの場　133／自発的分配　134
❽ コミュニティ、家族の誕生と排卵の隠蔽　134

第7章 攻撃性と葛藤解決　139

❶ 攻撃性　140
攻撃性の意味　140／攻撃性を調節する行動　141／ヒト以外の霊長類における攻撃行動や支持戦略の特徴　143

❷ 葛藤解決　146
葛藤解決の方法　146／和解のテクニック　147
❸ 戦　争　152
集団間攻撃と戦争の普遍性　152／ヒト以外の霊長類の集団間攻撃　154／ヒトの攻撃行動の特徴　156／戦争の原因　160

第8章　文化の起源　163

❶ 学　習　164
学習の定義　164／学習の種類　165／学習への制約　166
❷ 文化の定義　169
文化の定義　169／情報獲得の三つの手段　170／文化情報伝達のチャネル　172／ニホンザルの文化　172
❸ 霊長類の文化　174
空間利用と地理的情報　174／食物レパートリー　175／食物獲得・調理の技法、道具使用　176／ヒトに対する態度、捕食者に関する情報　182／身振りによるコミュニケーション　184／音声コミュニケーション　187
❹ 霊長類における社会的伝達　188
イモ洗い文化の謎　189／霊長類の社会的伝達機構　190／ヒトの社会的伝達の特徴　198

❺ ヒトの文化 202
ヒトの文化の特徴 202／ヒトにおける自然淘汰と文化進化 203／文化はヒトと動物を分ける究極要素か？ 205

第9章 言語の起源 209

❶ 野生霊長類の初期の音声研究 210
❷ ヒトの音声言語と霊長類の音声の相違 213
発声の随意・不随意の問題 214／複雑な指示物 216／シンタックスの問題 220／学習や発達の問題 221
❸ 飼育下の類人猿の言語研究 224
ヘイズ夫妻のヴィッキー 224／ガードナー夫妻のウオッシュー 225／プレマックのサラ 225／サヴェジ＝ランバウのカンジ 226／自然状態でのピグミーチンパンジーのコミュニケーション 227
❹ 言語の起源 228
進化のプロセスを説明する仮説 229／機能から考えた言語起源説 230

第10章 知能の進化 237

❶ 知能進化の二つの仮説 239

❷ 脳の発達程度の種間比較　242
相対脳重　242／相対新皮質サイズ　243
❸ 生態仮説　244
メンタルマップ仮説　244／果実食仮説　245／掘り出し採餌仮説　246／道具仮説　247
❹ 社会仮説　250
グループサイズ説　250／社会的協力と駆け引き　252
❺ 知能と認識適応　253
社会仮説と鏡像の自己認識　253／社会仮説と意識の進化　254／社会仮説と美意識の発生　256／生態仮説と美意識の発生　257
❻ どちらが正しい？　258

第11章　初期人類の進化　263
❶ 最後の共通祖先　264
❷ 共通祖先の森林での行動様式　268
❸ 二足歩行の起源と初期人類の生活　272
❹ 乾燥疎開林での適応　278

❺ 初期人類の社会構造 279
❻ 原人の段階 283

第12章 終 章 287

❶ 共有地の悲劇 288
❷ 経済成長の内幕 289
❸ 進歩の幻想 292
❹ どうすべきか？ 296

あとがき 301
改訂版：補記 305
参考文献 342
索 引 364

人間性はどこから来たか　サル学からのアプローチ

はじめに

1 狼少年の神話

狼少年という話がある。インドやフランスでオオカミに育てられたという子どもが発見された。かれらは、人間の言葉を話せず、オオカミのように唸るだけであるばかりか、二足歩行もできず、四つ脚で走ったという。かれらは、誕生後すぐ母親に捨てられ、オオカミが育てたので、オオカミの習性を身につけたという。

私は二〇代のときにこういった記録の一冊を読み、オオカミが実際に育てたという証拠はないのに、そのように解釈されていることに疑問をもった。オオカミはどのようにしてヒトの赤ん坊を育てるのだろうかと想像をめぐらしているうちに、これはフィクションだろうと考えるようになった。

まず、疑問は、どうしてオオカミの雌はヒトの赤ん坊を食物と考えないで、自分の子と思ったのだろうか？　百歩譲って、自分の子と間違えることもあるとして、ミルクの量は十分なのだろうか？　ヒトの赤ん坊がミルクを飲む間隔は、オオカミのそれと同じだろうか？　また、ミルクの成分は同じだろうか？　そして、ヒトの赤ん坊がミルクを必要とする年月はオオカミの赤ん坊よりはるかに長いだろう、と考えたとき、私はこの話は嘘に違いないと確信したのである。

後年、私はこういった問いに対して答えがすでに出ていることを知った。たとえば、ミルクを飲む間隔は動物によって異なり、ヒトやアカゲザルの赤ん坊はしょっちゅう乳首を求めるのに対し、ツパイは四八時間に一回、ライオンは七時間に一回というふうに異なる。オオカミは三時間に一回である。ミルクの成分も動物によって異なり、ヒトの母乳よりオオカミのミルクは成分が濃い。オオカミの母親がヒトの赤ん坊の要求に対処できないのは明らかである。

ところがである。もう大学の助手になってもいいだろうというような三〇歳にもなる人を含め、私の研究室の大学院生たちが、この狼少年の話を疑いもしていなかったのである。学生だけではない。つい最近もテレビを見ていたら、高名な教育学者が狼少年の話をしていて、ヒトは白紙で生まれてくるので、オオカミに育てられると、ヒトにならず、行動はオオカミと同様になると、とくとくとして話をしているのを見て、呆れてしまった。

いまだに、狼少年の話を信じている人が多数派のようである。それは、大きな書店には、狼少年の本がいかに多く揃えてあるかでわかる。少し想像力があれば、そんなことは信じられるはずもないのに、である。

タンザニアにいたとき、知合いの人が、私を見るなり「センセイ、センセイ、大ニュースですよ。ブルンディ（タンザニアの南西にある小国）で、ヒヒに育てられたアフリカ人の赤ちゃんが発見されたのですって」と、興奮して大きな写真入りの新聞の第一面のトップニュースを見せてくれた。

「そんなのウソに決まっていますよ」

と私は冷淡に言った。彼女は私が喜ぶと思いきや、にべもなくはねつけたので気を悪くしたようだった。それで、私はつぎのように説明した。

「ヒヒは家をもたず、毎日移動して餌を探します。母親は自分の赤ん坊をお腹にくっつけて運びますが、赤ん坊は四六時中、両手両足で母親の腹の毛を握っていなければなりません。人間の赤ん坊にそんなことできますか？　洞窟の中に赤ん坊をおいておき、ヒヒの母親が授乳にくればよいというかもしれませんが、それは不可能です。ヒヒは遊動するので、毎日同じ場所に帰ることはできません。そういう点では、まだ狼少年の方が可能性があります。」

彼女はこの説明でも十分に納得してくれなかった。というのは、アメリカの大学から、この話を聞いてわざわざ専門家が二名ブルンディにくるということも新聞にのっていたからである。これらの「専門家」は、なんでも信じるおひとよしか、この話をタネにアフリカに出張を企んだ頭のよい連中か、どちらかに違いない。

2 人はなぜ太るのか？

ある有名な人類学者によると、肥満するのは、現代人が原始の感覚を失ったからだという。狩猟採集民はなにをどれくらい食べれば十分かを本能的に知っており、必要以上に食べたり、また偏った食べ方をしなかった。しかし、現代人はこの「原始の本能」を失い、過食・偏食するようになった、という。

私の考えは、まったく逆である。現代人が肥満に悩むのは、現代人が狩猟採集民の「本能」をもち続けているからである。

狩猟採集民は、栄養学を知らない。かれらは、(もし可能なら) 食べたい物を食べたいだけ食べる、というのが事実である。そして、まさに私たちが、この好きなときに好きなだけ食べる習性を維持しているので、太るのである。

まず、味覚というものを考えよう。糖を「甘い」と感じ、脂肪やアミノ酸を「うまい」、と感じるのは動物が非常に古く獲得した能力に違いない。そもそも食物に「うまい」とか「まずい」といった「味」なぞというものは存在せず、脳がそう感じているだけである。栄養のある物をおいしいと感じるような感覚受容器をもった個体は、効率よく栄養を取れるので、そうでない個体より多くの子孫を残したであろう。栄養価がより高い食物を、より甘い、よりうまいと感じる個体がこうして自然選択される。そういった食べ物を求めるのは動物にとって適応的である。文明人は高品質の食物を生産し、保存する能力を得たが、「原始の感覚」をもち続けている結果、肥満への道を走ることになった。

狩猟採集生活では、食物供給は安定していない。好きなときに、冷蔵庫から食物を取り出して食べるというわけにはいかない。食物の不足する時期というのは、どのような環境でもある程度は存在する。ニホンザルは、冬と真夏に体重を減らし、タンザニアのマハレ（ボックス①）のチンパンジーは、雨期の中頃から乾期にかけて体重を減少させる。カラハリの狩猟採集民サン（ブッシュマン）は、一〇月から一月に体重を減らす。一方、ニホンザルは秋の実りの時期に急激に太り、マハレのチンパンジーは乾期の終わりごろから太りだす。サンは、七月ごろ体重がいちばん重い。

ゾウやカバを倒したときなどは、狩猟採集民の小集団では消費することが不可能なほどの食料が一度に入ってくる。こういったときは、獲物をキャンプに持ち帰らずに、狩猟採集民のバンド（居住集団）の全員が狩猟現場へ移動してしまう。つまり、キャンプそのものを移動させるわけである。三日も食べ続けて、過食する。過食するが、かれらに肥満はない。もちろん、その一時期は少し太るだろうが、大型動物が捕れるチャンスは一年に数えるほどしかないので、すぐ平常レベルに戻る。

狩猟採集民にとっては、過食は適応的である。余分の栄養は脂肪として蓄えられ、食物の少ない時期の保険となる。現代人はこの過食の習性を維持しているが、文明社会では食物が少ししか食べられない時期などないし、乗り物が発達して、運動もあまりしないから、肥満してしまうのである。

ボックス①：
マハレとゴンベ　チンパンジーの最も長期な野外研究が行われているフィールドで、いずれもタンザニアのタンガニイカ湖畔にある。

③ ヒトは白紙で生まれてこない

かつて、理想の社会を目指そうとして、ソ連では集団農場が、イスラエルではキブツが、中国では人民公社が、タンザニアではキジジ・チャ・ウジャマー（同胞の村）の運動が起こった。生産手段を共有し、「能力に応じて働き、必要に応じて報酬をもらう」というのがこういった政策・運動の目標である。

確かに理想的な目標だが、それはヒトが利己的に行動しないということを前提としていた。社会主義者はヒトが利己的ではないとかならずしも考えていたわけではないが、利己性は教育によって根絶できると考えていたのである。しかし、収入が必要に応じて与えられるなら、勤勉でも怠惰でも収入は変わらないことになり、「理想社会」ではどこでも生産高が急減した。教育が利己主義を根絶することはできなかったのである。

一九六〇年代のカリフォルニアでは、異性を共有する「コミュニティ」という運動が起こった。相手を独占しようとすることが束縛を生むので、コミュニティでは「自由愛」が奨励され、二人だけの恋愛は禁じられた。しかし、いつかカップルが生まれ、嫉妬が生まれ、異性共有運動は崩壊したのである。

理想主義の運動はなぜ失敗するのだろうか？　その意図はよいが、人間の理解が根本的に間違っていたからである。理想主義者は、いわば皆が狼少年の信奉者であった。教育万能説はつねに敗北した。なぜ失敗するのか、本書は、いくらかでもその理解を助けるであろう。

ヒトの行動は長い進化の産物であり、それこそ生命の起源に近い時代からもち続けている遺産もあれば、爬虫類時代の遺産もあり、類人猿時代の遺産もある。そして、最終的に獲得したのは狩猟採集民時代の適応であり、農耕革命以降の一万年に新たな形質を得たという証拠はない。進化の産物である以上、ヒトの行動は教育やしつけによって、どうにでも変えられるというものではない。文化人類学者は人間文化の多様性を強調する。多様であることは私も否定しないが、私が強い関心をもっているのは共通性である。ヒトがお互いによく似ているだけでなく、ヒトは霊長類はじめ他の動物とも多くの共通点をもっているのだ。

ヒトに共通な心理や行動の特徴は、長い進化の過程の産物である。それらはいつ、どうして生まれたのか、どういう適応的意義をもっているのか、自然の中のヒトの位置はどのようであるか、それを探るのが本書の目的である。

二〇世紀後半以降、国際的な交流が飛躍的に増えたが、交流を支えるのは単なる語学ではない。共通の表情、身振り、異なる言語の中に隠されている共通の文法、認識法、血縁を他人より重視するといった共通の価値観などである。これまで、民族と民族の間の文化的な相違があまりにも強調され過ぎた。もっと重要なことは、言葉も習慣も異なる民族同士が理解しあえることである。新しい社会は、ヒトの本性のより深い理解なしには可能ではないだろう。

第1章 現代人は狩猟採集民

1 文明病

未開社会には少なく、文明社会に頻繁に見られる病気を文明病という。それらには、心臓病、高血圧症、高コレステロール血症、動脈硬化症、糖尿病、胆嚢癌、胆石症、痛風、肝硬変、鼠頸ヘルニア、静脈瘤、リューマチ性関節炎、ニキビ、虫歯、花粉症、アトピー性皮膚炎などがある。序で述べた肥満は、これらの文明病の多くを呼び寄せる疾患前駆状態である。

文明とともに、生活環境が変わり、生活様式が激変した。自動車などによる移動手段の発達による運動不足、過密や社会生活の複雑化によるストレス、長時間労働、炭水化物・糖・脂肪中心の食事、過食、偏食、薬害、アルコールなどの中毒が文明病の原因と考えられている。

また、乳房から飲ませる授乳（ブレスト・フィーディング）から哺乳瓶（ボトル・フィーディング）へと変わるにつれて、子どもはアレルギー性の病気や自己免疫性の病気にかかりやすくなった。そして、母乳を与えない母親は、乳ガンにかかりやすくなった。

現代人、ホモ・サピエンス・サピエンスは四万年前に出現したあと、その形質は遺伝的には変化していないと考えられる。つまり、私たちの身体は、狩猟採集時代の生活スタイルに適応しているのであって、都市社会に適応しているのではない。

狩猟採集の生活様式といってもさまざまである。狩猟採集民の動物食への依存の程度は、緯度の高さに比例する。つまり、赤道から離れるほど動物蛋白に依存する割合が増えるのだ。極北に住むイヌイット（エスキモー）の食料のほとんどは、哺乳類の肉である。ここでいう「狩猟採集」とは熱帯サバンナでの狩猟採集のことで、植物性食品が六〇―七〇％、動物性食品が三〇―四〇％である。カラハリのサン（図1―1）やタンザニアのハザの生活を研究した結果わかったことである。高緯度での狩猟採集生活は、人類が火や衣服を発明し、高度な狩猟道具を発明したあと可能になった比較的新しい生活様式である。

季節的に栄養物が豊富なときには、できるだけそれを大量に取りこみ、蓄積しようとする遺伝的傾向は、狩猟採集時代の人類にとって有益な形質であった。それはヒトの祖先が霊長類時代、おそらくはもっと以前からもっていた遺伝的傾向であったろう。まず、必要がなければ、できる限り動かないというのは理にかなっている。マハレのチンパンジーは野生のマンゴスチンが一か所に大量に実ると一か月間、三〇ヘクタールの狭い範囲からまったく外へ出なかった。食物が豊富なときに食べ過ぎる個体は、食べ過ぎない個体より多くの子どもを残しただろう。自然状態では、豊富な季節は長続きせず、いずれ欠乏の季節に取って替わられた。身体は、文明がもたらしたような日常的に高栄養の取れる環境に適応するように作られていないのである。

狩猟採集民時代に作られたこういった遺伝的傾向は、「倹約遺伝子型」と呼ばれている。民族によって文明病は異なった組み合せで現われる。たとえば胆嚢障害はアメリカ先住民では頻発するが、ポリネシア人では少ないという。同じように、狩猟採集民といっても、たとえば、エネルギー源の大部分を生肉から摂

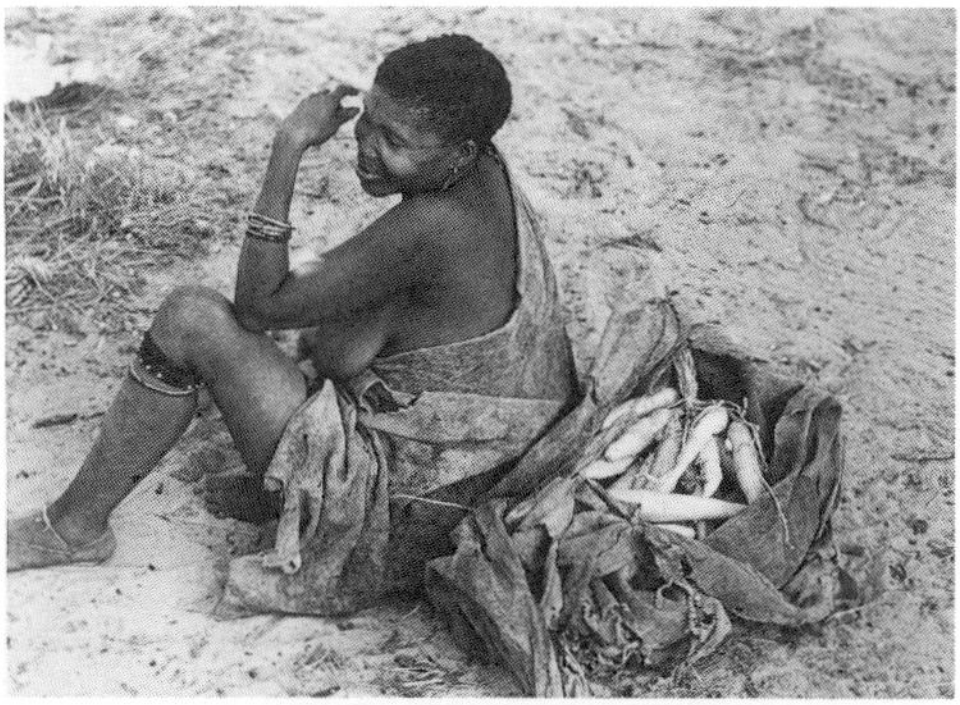

図 1-1●カラハリに住む狩猟採集民サン（ブッシュマン）かれらの摂る食物の 60–70％は植物性で，女が採集する（上）．一方，男の生業である狩猟（下）から得られる動物性の食品は，食物全体の 30– 40％に過ぎない（写真提供：田中二郎氏）．

取していたイヌイットと、カロリーの七〇%を植物から得ていたサンでは、「倹約遺伝子型」の構成が異なるだろう。

心臓病、糖尿病、痛風のいずれもが、肥満と関係のある病気であるが、サンは、こういった病気にほとんどかからないだけでなく、血圧やコレステロール値が非常に低い。文明国では、血圧は年齢とともに上昇するものとされているが、サンでは一定していて、収縮期一二〇弱、拡張期七〇くらいである。男は収縮期、拡張期とも、女では拡張期には、血圧は年齢とともにむしろ微減傾向にある。小便中の塩化ナトリウムはきわめて少なく、これは一日の平均摂取量二グラムに相当するという。食塩摂取が少ないため、血圧が低く維持されるのであろう。

一方、イヌイットが文明と接触し、急激に生活様式とくに食生活を変化させたとき、悲劇が起こった。コカコーラや飴、チョコレートなど甘いものが簡単に入手できるようになると、たちまち多くの人々が文明病にかかったのである。

高度文明社会は女性の生理にも大きな影響を及ぼした。月経不安症あるいは月経前症候群というのがある。通常はまったく普通の人格なのに、月経時に精神的に不安になり、詐欺・万引などの犯罪を繰り返し犯す人がいる。

実は、現代女性は月経を限りなく繰り返すということでは、狩猟採集時代あるいは伝統社会とまったく異なる。女性やアフリカの類人猿の雌は、初潮を見てから最初の妊娠までは数年の「若者期の不妊」の時期をもつ。この期間は、確かに月経を毎月繰り返す。しかし、この時期をいったん過ぎると、伝統社会では、女は妊娠し出産し、月経を取り戻すとまもなくふたたび妊娠し、月経を見なくなった。つまり、月経というものは、伝統社会では女にとって「珍しい」ものだったのである。ところが、文明社会では、子どもを作らなかったり、せいぜい二人程度であとは避妊するので、ほとんどいつも月経がある。これは、伝統社会の女性とまったく異なるストレスを受けていることを意味する。おそらく、月経不安症はこのストレスに由来する文明病であり、ホルモンの失調が関係しているに違いない。

アトピー性皮膚炎も、最近急増している疾患である。三〇年前の日本ではほとんど知られていなかったし、アジアやアフリカなどの伝統社会では今もまったく知られていないことからいって、高度文明と関係のある病気と思われる。有力な仮説は、高度文明化によって、高度文明以前に普遍的に存在した抗原が失われてしまった結果、人体の免疫体制がかつては抗原になりえなかった物質に対し過剰反応を引き起こしているというものである。そういった失われた抗原として、回虫のような寄生虫や、さまざまな感染症が考えられている。

ヒト一人の身体は一〇〇兆個の細胞の共同体であり、その一つの細胞は数千の太古のバクテリアが共生している共同体である。ミトコンドリアのように、もう細胞の一員になってしまったバクテリアもいれば、いまやっと平衡関係に達した、人体に害もしなければ益もないというバクテリアもいるだろう。文明がこの共生系を破壊したのがアトピー性皮膚炎なら、原共生系を復活させなければ、現代病は治らないことになる。

現代日本は世界の最長寿国であり、なんの問題もないではないか、と考えられる向きもあるかもしれない。しかし、ＮＥＣの企業医として長年診療を続けた市野義夫によると、二〇代から六〇歳までの一三万人の社員のうち、最も高血圧の多い年齢帯は二五歳から二九歳だという。またこの数年二二、三歳の年齢層の五二％になんらかの成人病の所見があるという。実年齢二〇歳代だが、身体の方はもうとっくに四〇代後半にまで老化しているそうだ。

ともかく、文明社会に住む現代人が心身ともに健康を取り戻すには、ヒトらしさを形成した狩猟採集時代にさかのぼって考えることが必要である。

2 男と女はこんなに違う

男女には、形質や体力だけでなく、行動や心理のさまざまな側面に一貫した違いが見られる。もちろん、男より背の高い女がいるように、違いは絶対的なものではないが、分布の中心が大きくずれているのである。こういった違いも、狩猟採集時代の適応や、はるかにさかのぼって性という範疇が進化した時代からヒトが受け継いでいる遺産である（図1—2）。シモーヌ・ドゥ・ボーヴォワールは『第二の性』というベストセラーで「女は作られる」というキャッチフレーズを掲げ、社会の慣習、男や権力の押しつけによって女らしさが人為的に形作られると主張した。そういった面があることは否定できないが、それが女らしさを作る一番重要な要因とはとうてい考えることはできない。生物学者には当たり前のことだが、一般にはかならずしも理解されていないようなので、触れておこう。

京都大学では、一九九四年から、「偏見・差別・人権」なるテーマの全学共通講義が開かれている。各学部から代表が一人ずつ出て、このテーマに関係する講義をする。私は数年前にこの節で述べるような内容や労働における性の分業について講義し、試験のかわりに授業についての感想をレポートにまとめるよう学生に課した。その内容はまったくがっかりするようなものだった。三分の一くらいの女子学生が私の講義を、男女の違いを強調して、差別を助長するものだと批判したのである。私は違いと差別は別物であると繰り返し述べたはずだが、紋切り型の批判しかなかったのはフェミニズムの教育の影響が非常に大きいからだと思われる。さて、感覚の性差を概観してみよう。

女は、甘味、酸味、塩味、苦みのいずれの味覚についても、男より感度がよい。PTC（フェニールチオカーバマイド）という苦み物質を感じる能力をもつ者も女の方が男より多い。濾紙にキニーネ、砂糖、酸、食塩などの溶液をつけ乾かしたのちに、男女になめさせて味を分類させると、女の方が男より成績がよい。つまり、女は男より一貫して正しく味を分類できるのだ。しかも、この性差は苦み物質についてとくに明

図 1-2●カメルーンの狩猟採集民アカピグミー
獲物を担ぐ男たち（上）と取ってきた木の実を調理する女性と子どもたち（下）.（写真提供：北西功一氏）.

瞭である。

植物は葉や茎などを動物に食べられないようにアルカロイドなどの毒物やタンニンなどの消化阻害剤を生産する。それに対し、胃にバクテリアを住ませて解毒する能力を進化させた動物もいる。霊長類ではコロブスザル（93頁ボックス⑨参照）がそうである。しかし、そういった特殊な能力はあまり発達させず、「苦み」や「渋み」を感じてそれをできる限り避けるという方法で主に対処する動物もいる。ヒトを含む類人猿はそうである。毒物に対し、より高い感受性をもっている女性は、そうでない女性より多くの子どもを残せただろう。毒物は、妊娠し授乳する女性の適応度に直接影響をもたらすからである。また栄養が高く、有毒成分の少ない食物をすみやかに選び取る能力をもった女は多くの子どもを残したであろう。

最近、ジョージ・ウイリアムズが、毒物摂取と妊婦のつわりについて、プロフェットという研究者の興味深い仮説を紹介している。大人には問題にならない濃度の食物内の毒素でも、胎児には危険かもしれない。それで、脳が血中の物質のわずかな濃度を感じ取れるように、毒素感受装置の閾値を下げているため、吐き気等の症状があらわれるのだというのである。

女は男より、たいていの匂い物質に関して、わずかの量で匂いを感じることができ、またさまざまな匂いを識別する能力にも優れている。

母親は赤ん坊の便を嗅いで異常を察知することがある。母親は自分の子どもの匂いを他人の子どもの匂いと区別することができる。マイケル・ラッセルは、八人の母親に同じ柄のTシャツを配り、それぞれの子どもに一晩着せたあと、洗濯せずにもってこさせた。それを蓋のある透明なプラスチックの袋に入れてランダムに並べ、八人の母親に自分の子のシャツはどれかを当てさせたところ、八人とも当てることができた。一方、父親の方はわずかしか当てることができなかった。

狩猟採集時代、女性は採集の担当者だった。鼻の効く女性は多くの良い匂いのする良い食物をより効率よく見つけ、悪い臭いのする質の劣った食物をもって帰ることが少なかったであろう。

女は男より、接触、圧迫、温度、痛みなどのさまざまな皮膚刺激に対し、皮膚感覚が優れている。女はまた、痛みを感じる閾値が低い、つまり痛みを感じやすい。また、痛みの許容度も低い。要するに、女の方が痛みに弱いということになる。

皮膚感覚が女の方が優れているのは、赤ん坊の世話と関係があろう。赤ん坊の発熱その他の異常をすみやかにキャッチできるということになる。また、女が採集の主導権を握っていたことと関係があろう。敏感な触覚によって腐った植物とそうでないものを容易に見分けられるだろう。痛みを感じるのが男の方が鈍いのは、男は闘争のさい、少々の苦痛に耐えて戦い抜かなければならないからかもしれない。

女は男より音を聞き取る閾値が低い、つまり音を感じる能力が高い。とくに高周波数の領域でこの違いはいちじるしい。ロック・ミュージックをどれくらいの強さに調整するかを調べたところ、男子学生は八四デシベルであったのに、女子学生は七三デシベルと低かったという。これは、女が赤ん坊の声、とくに泣き声や悲鳴に敏感でなければならないからであろう。女はまた、睡眠時にも男より音に対する感受性が高い。これも赤ん坊を育てるときに必要な能力であろう。

男が女より優れている感覚は、視覚の領域だけである。静止している物も動いている物も、男の方が正確に見ることができる。視覚の持続性も男の方は優れている。男は女より優れた視覚的空間把握能力をもつ。視覚刺激の局在化も男の方がいちじるしい。

これらの視覚における男の優越性は、同性間で闘争する機会が多く、また男が速く動く動物を対象とした狩猟を主な生計活動としていたことと深い関係があるに違いない。

しかし、視覚についても、女が有利な特徴がある。女は明るいところから暗いところに移動したとき、男より早く変化に適応できるという。これは、赤ん坊を抱いた母親にとっては、有利な能力であろう。

よく知られている性差に、色盲の頻度がある。男の八％が色盲だが、女は〇・五％にすぎない。これも狩猟採集と関係がありそうである。女は採集のさい、色の区別ができないと熟した果実の発見が困難になるし、毒キノコを集めてしまうかもしれない。男の生業は狩猟なので、色の識別は女ほどは必要ないかもしれない。色盲の遺伝子はX染色体上にあるので、女は表現型としては色盲になりにくいので、この遺伝子は淘汰されなかったのであろう。

3 狩猟採集時代の遺産？

よく知られている認知能力の性差に、男の空間認知能力が女より優れていることが挙げられる。たとえば、頭の中で物を回転させる必要のあるテストとか、モデル図形を複雑な図形の中から見つけるテストに強い。方向見当識もよく、紙に描いた迷路を解決する能力も高い。これらの能力は、狩猟活動のさい必要な能力である。また、男は数理的推理能力に優れているが、何らかの痕跡から獲物を追跡し、発見し、しとめるまでの推理の過程が、この能力と関連しているのかもしれない。

女は、モデル図形と同じものを、いくつかの似た図形から一つ瞬時に選ぶテストや、物の形にとらわれずに、同じ色のものを選ぶテストに男より優れた認知能力を示す。これは、採集活動にとって有利な能力である。女は言語能力において、男より優れている。女児の方が言語の発達が早く、四歳の女児は男児より優れた文章構成能力を示す。母親が赤ん坊の言語発達を助ける仕事を引き受けているからであろう。

視覚に関して興味深い性差がもう一つある。それは、物か人かを選択させるテストを受けると、女は男と比べて人の方を選ぶことが多いという事実である。これも、狩猟採集社会において子どもを育てたのは、主として女であったためであろう。現代社会においても、保育、看護、教育など人の世話と関係する分野に女が活躍することが多いのは、その能力によっているのかもしれない。

お断りしておくが、以上の性差は、かならずしも狩猟採集時代に獲得したとはいえないことである。とくに子育てに関係する能力はそうではなく、霊長類時代、あるいはもっと以前に獲得した性質であろう。重要なことは、狩猟採集時代には、それ以前に獲得した適応の多くがそのまま矛盾せず適用できたということである。

4 行動の性差のメカニズム

以上のように、ヒトの行動の性差の大半は、霊長類時代から持ち越した違いと、狩猟採集時代の適応の二つから説明できる。これは、性差の「究極的な」説明である。

ここで「究極的な」説明と「近接的な」説明の違いについて解説しておこう。「究極的な」説明とは、その行動がもつ繁殖上の機能をさす。その行動を行う個体がなぜ繁殖上利益があるかを説明することである。「近接的な」説明とは、行動の起こる機構、メカニズムのことである。たとえば、「鳥はなぜさえずるのか」という質問に、「雄が雌を呼ぶために(そして交尾して子どもを育てるために)さえずるのだ」という答えが究極的な説明である。一方、「鳥の声帯が振動して音が出る」などという説明が近接的な説明である。

性差を引き起こす近接要因、つまり実際のメカニズムは、比較的最近ほぼ解明された。男女の行動上の違いは、脳の配線の違いに由来する。本来、男女とも胎児の脳は同じで「女性型」である。聖書の創世記では、女は男のあばら骨から作られたことになっている。しかし、そうではなく、「男が女のあばら骨から」作られるのである。

胎生三か月で、男の子にはY染色体のSR遺伝子のために男性ホルモンであるアンドロゲンが分泌され、そのため女性型の脳が男性型に変わるのである。妊娠中の雌のサルにアンドロゲンを注射すると、生まれてきた雌ザルの遊びの行動パターンが雄型になる。ヒトのかかる病気で先天性副腎過形成症という病気がある。副腎皮質ホルモンの合成酵素が欠損していて、アンドロゲンのみを異常に多量に分泌する。この病気が女の胎児に発症すると、アンドロゲンを胎児期に注射されたのと同じことになる。こういう女の子の多くは、おてんばになり、遊び相手として男の子を好み、屋外での遊びを優先し、ままごと遊びを好まない。

先天性副腎過形成症の女性は、正常女性より、空間認知能力テストの成績がよい。アンドロゲンは、ヒトの左半球の大脳皮質の発達を遅らせ、右半球の大脳皮質(空間認知に関係する)の発達を促進させる。

5 女は優れている

多くの社会では、男は女より強いと考えられているが、それはまったく逆である。アシュレイ・モンターギュの『女は優れている』という本は、ほとんど男にしか認められない病気を六二も列挙している。また、男女どちらもかかるが男の方がかかりやすい病気が六〇に対して、その逆は二九にすぎない。しかも、男に多い病気は痛風のように男四九対女一といった大差のものが結構あるのに、女の方に多い病気の多くは、女三対男一といった軽微な差である。日本人の知恵に、「一姫二太郎」ということわざがある。最近の学生はそれを、子どもは娘一人、息子二人作るのが理想という意味だと誤解していることが多いが、もちろん第一子は女児、第二子は男児という順番がよいという意味である。女児の方が生命力が強いので、未経験の母親は最初の子としては女児を扱う方が安全であるということだ。

アカゲザルでも、雄は雌より病気にかかりやすいし、四肢の先天的異常も、骨折も雄が多い。雄の方が死亡率が高く、雌の方が長寿なのはアカゲザル、チンパンジー、ヒトどれでも同様である。チンパンジーでもヒトでも、雄の方がアルコール中毒にかかりやすい。

アカゲザルの雄は雌より隔離飼育の障害を受けやすい。こうした雄は、雄の交尾姿勢たる馬乗り（マウンティング）ができないが、雌の場合、隔離飼育されても交尾姿勢（プレゼンティング）をとれるという。

第2章　人間性の研究の方法

さて、本書のテーマである人間性の由来について本格的に取り組む前に、本書が依存している人類学の方法とはどんなものか、またそれはどのようにして生まれてきたのかを簡単に触れておきたい。

1　人間性の研究の歴史

1　進化論と比較解剖学

一八五九年にチャールズ・ダーウィンが『種の起源』を出版し、生物学は革命的な変化を遂げた。生物の適応、進化、多様性、類似、相異、地理的分布のパターン、生物間の競争や協力、擬態などそれまでは単に神秘の対象でしかなかった事象が、はじめてダイナミックに説明できるようになったのである。ヒトも進化の産物でしかないということは読者にもわかるはずであったが、ダーウィンはヒトの起源のことに触れると、自然淘汰（選択）説そのものが受け入れられにくくなると心配して、『種の起源』の最終章では「人間の起源と歴史に、光が投げられるだろう」と書くにとどめたと言われる。しかし、実際には、人類の進化にもすでに思いをめぐらしていたことは、一八七一年に『人類の由来と性に関する淘汰』（以下、『人類の由来』）、一八七二年には『人類と動物の表情』を出版したことでうかがわれる。

トマス・ハクスリーが『自然における人間の位置に関する証拠』という本を書いたのは、一八六三年のことだった。ハクスリーは、解剖学の証拠から、類人猿はヒトに最も近縁な動物であるだけでなく、かれらとサルの関係より、かれらとヒトの関係の方が近いと述べた。

ダーウィンは、『人類の由来』で、ヒトとヒト以外の霊長類との間には、解剖学のみならず行動上にも多くの類似があることを示した。「ヒトと、より下等な動物の精神能力（メンタル・パワー）の比較」と題して第二章と三章をあて、好奇心や模倣から始まって、注目、記憶、想像、推理、道具と武器、言語、自意識、審美感、神への信仰、迷信を経て、道徳観念にいたるまで類似があることを指摘したのである。そして、ヒトのいちばん古い祖先の化石はアフリカから発掘されることを予測し、この主張は二〇世紀になってレイモンド・ダートによるアウストラロピテクス類の発見によって裏づけられた。

比較解剖学での最大のテーマは直立二足歩行等の運動・姿勢様式に関する形態学的特徴の研究である。現生霊長類が示す骨格や歯の形態と機能は、類人猿や初期人類の化石から化石動物の運動様式や生活を復元するのに欠かせない。アフリカでは、ダートやルイス・リーキーを中心として、一九三〇年代から古人類の発掘が行われており、現在もとくにエチオピア、ケニア、タンザニア、南アフリカ共和国などで活発に行われている。

2 文化人類学

文化人類学の成立は、一九世紀の後半である。ルイス・モルガンの『古代社会』に代表される未開社会の比較研究から始まった。それは、ダーウィンの影響を受けて、進化や起源に強い興味をもっていた。ある社会構造は原始的だと考えられたり、別のある社会構造へ「進化」する前段階だと予想されたりした。それゆえ、文化人類学は、成立当初は普遍への興味を強くもっていたといえる。

世界各地の民族の慣習が明らかになるにつれ、文化伝播では説明できない、普遍的に認められる人間文化が存在することがわかってきて、「カルチャー・ユニヴァーサル」という概念が生まれた。それは、ヒト共通の心性に由来するものと見なされた。とくに、クラーク・ウイスラーは一九二三年に著書『人間と文化』で、世界中の人間の文化はすべて、(1)言語、(2)物質文化、(3)芸術、(4)神話と科学知識、(5)宗教的慣習、(6)家族と社会構造、(7)財産、(8)政府、(9)戦争、という項目に分けて記述できるとし、民族誌の記述のスタンダードを提供したのである。

しかし、共通文化に対する興味は、多くの文化人類学者の注目を次第に引かなくなっていった。それは、二〇世紀初頭にアメリカの文化人類学を樹立したフランツ・ボアスが、共通文化をマイナーな研究領域と考えたからである。彼は文化を超有機的と見なし、社会的事象は生物学や心理学に還元できないと主張した。また、進んだ文化や遅れた文化はないと考えた。この文化相対主義は、人種差別を排し、当時はそれなりに意味のある考え方であった。しかし、普遍主義的な見方を否定して、各文化の自己統一性を強調するあまり、ヒトのもつ共通文化がないがしろにされたのである。それ以来、文化人類学者の仕事は、地方文化をそれぞれ詳しく研究して、その特徴を明らかにすることになった。

とくに、ボアスの弟子のマーガレット・ミードとルース・ベネディクトの影響は大きい。ミードは、一九二八年に発刊した『サモアの思春期』で、サモアでは思春期はストレスの多い時代ではなく、「波乱の多い思春期」は西洋だけに通用することにすぎないと述べた。その後、彼女は男の役割と女の役割も社会によって異なり、逆転することもあると書き、文化は自律的なものであり、人間の行動を形作るという考えを強力に推進した。『文化の型』を書いたベネディクトは、どういう性格が正常でどれが異常かは社会が決め、人間の気質は、文化によって形作られると述べた。

一方、ウイスラーの伝統を引き継いだのは、ブラニスラフ・マリノフスキーで、一九四四年の『文化の科学理論』で普遍的な制度型のリストとして、七つの統合原理を挙げている。カルチャー・ユニヴァーサル概念に最も重要な貢献をしたのは、ジョージ・マードックである。一九四五年彼はカルチャー・ユニヴァーサルの詳細なリストを公表するとともに、それらをヒトの基本的な生物学的、心理学的な本質と、人間存在の普遍的な条件に由来するものと見なした。これを発刊する前から、マードックは『人間関係地域ファイル』（ＨＲＡＦ）を編集し、ヒトの行動を、人間の心性と環境の相互作用として捉える、つまり「主題」と「変奏曲」として把握するという認識を確立していた。

しかし、これらは、半世紀以上も前の歴史的現象である。文化人類学者の相当数がカルチャー・ユニヴァーサルにふたたび目を向けるようになったのは、ごく最近のことである。それは、一九七〇年代に社会生物学（後述）が樹立された後であり、一九八〇年代にデレク・フリーマンが自らによるサモアの野外調査によって、ミードの研究の誤謬を暴露した後であった。

3 心理生物学的研究

米人ロバート・ヤーキースは、一九一〇年代に大型類人猿を飼育して心理学的な実験を開始した。それは主として知能や言語能力の比較研究を目指すもので、ヤーキースは自らの学問をサイコバイオロジー（心理生物学）と呼んだ。著書『大型類人猿』や『チンパンジーの飼育集団』はそれらの研究の総まとめである。一頭の個体の知覚・学習能力や、飼育下での数頭の個体間の協力の研究が行われた。その後、ヤーキース研究所では、チンパンジーに身振り言語、画像文字（〝ヤーキッシュ〟（図2―1））、英語、などを教える試みがなされ、現在のシュー・サヴェジ＝ランバウによるピグミーチンパンジー（33頁図2―2）の「カンジ」研究につながっている（第九章参照）。

一方、同じ頃ドイツ人の心理学者ウオルフガンク・ケーラーは、チンパンジーを対象に有名な道具使用の実験を行った。そして、チンパンジーが、天井高く吊されたバナナに手が届くよう、箱を二つ重ねてその上にのったり、長い棒を使って叩き落としたりすることを示した。チンパンジーのすばらしい洞察力は、名著『類人猿の智恵実験』に詳しく記されている。

ヤーキースらの研究は、文化人類学者のマードックやボアスの弟子であるアルフレッド・クローバーに大きな影響を及ぼした。クローバーは、類人猿のグループの中で文化が発生する状態を想像したりさえしている。

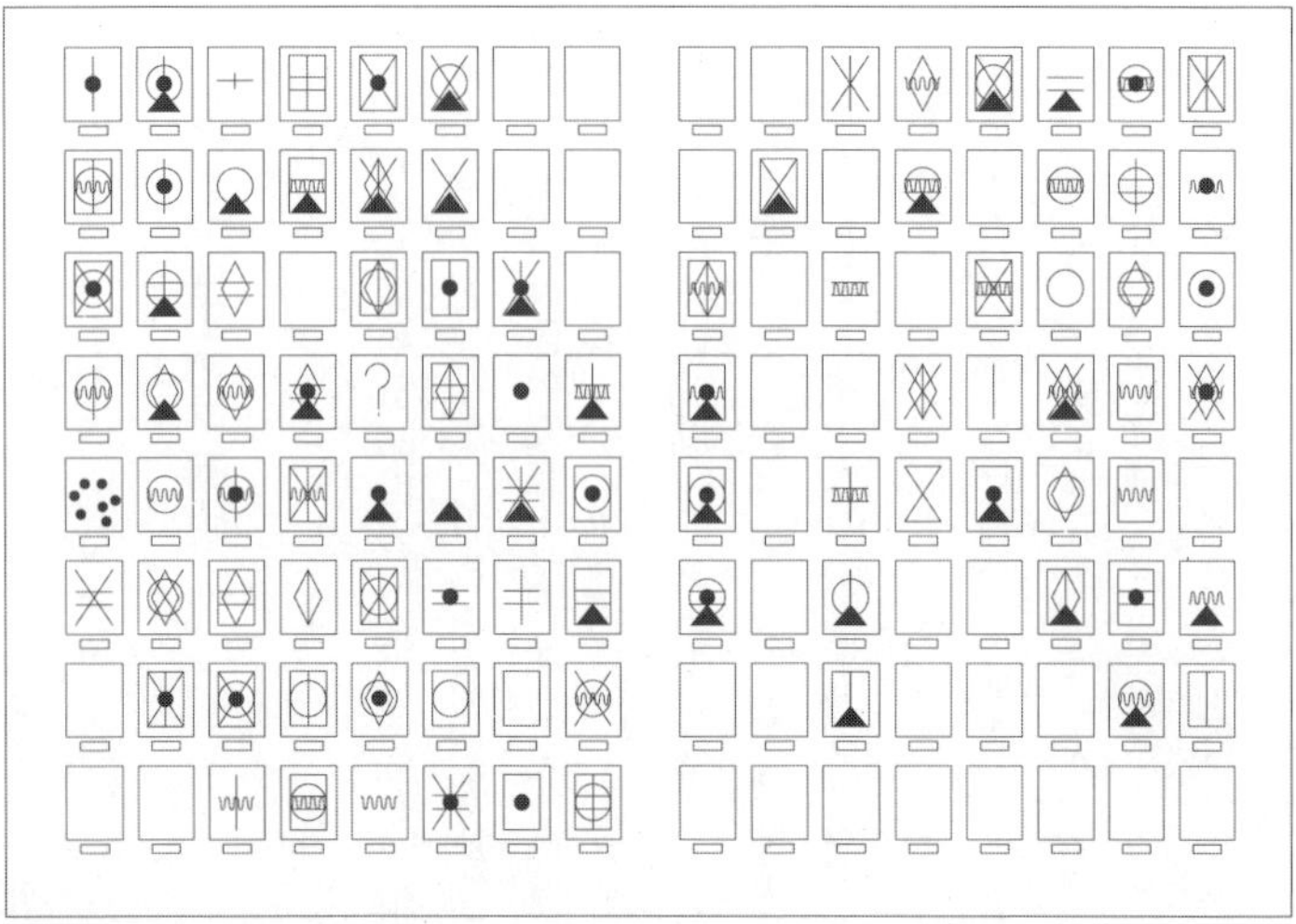

図 2-1●ヤーキッシュ
ヤーキース研究所等で使われている図形文字の例（Savage-Rumbaugh & Lewin 1994 より）.

4　霊長類の野外研究

一九三〇年代に、霊長類の野外研究がアメリカ人によって開始された。この研究は、これまで心理学・行動学に限られていた霊長類研究を、社会学と生態学にまで広げた。

まず、ヤーキースが、ヘンリー・ニッセンとハロルド・ビンガムをアフリカへ派遣し、それぞれチンパンジーとゴリラの野外調査にあたらせた。しかし、十分な成果をはじめて挙げたのは、もともと飼育下でハトの性行動などを研究していたクラーレンス・カーペンターである。彼はパナマのクモザル、東南アジアのテナガザル、放飼アカゲザルなどの社会関係の研究に着手した。しかし、第二次世界大戦の兆しが見え始めると、霊長類の野外研究は頓挫する。

戦後いち早く、日本人によって霊長類の野外研究は再開された。生物学者であり、一方では

『生物の世界』、『生物社会の論理』などを書いた自然哲学者でもある今西錦司は、社会の起源に強い関心をもっていた。宮崎県都井岬で半野生ウマの社会を観察していたとき、今西はニホンザルの群れに偶然出会った。これがきっかけになり、川村俊蔵、伊谷純一郎、河合雅雄、徳田喜三郎らとともにサルの研究に集中するようになった。

今西は、通常の人類学者とは異なり、社会や文化が他の動物にも認められる現象であることを明言した。そして、動物との比較の中ではじめて、「人間家族」や「人間文化」が解明できるという立場をとった。日本の研究は、餌づけ、個体識別の方法による長期の社会学的研究としてユニークなものとなった。霊長類社会に文化の存在すること、音声や表情・身振りによる複雑なコミュニケーション法をもつこと、血縁関係が重要であること、「依存順位」など第三者が二者間の社会関係に影響をおよぼすこと、インセスト（近親間での性交）の回避があること、などは、研究初期の最も重要な発見である。

戦後、日本が研究の火ぶたを切ったとはいうものの、興味深いことに野生霊長類への関心は世界各地でほぼ同時にわき起こった。一九五八年には、シカゴ大学のシャーウッド・ウオッシュバーンが弟子のアーヴン・ドゥヴォアとともにアフリカでサバンナヒヒ（ボックス②）の野外研究を開始した。今西の目的とは少し異なり、かれらは「初期人類の生態復元」を標榜した。つまり、サバンナに生息するヒヒを研究する

ボックス②：
サバンナヒヒ　アフリカ大陸に広く分布するオナガザル科の適応力に富むサルの一グループ

ことによって、森林からサバンナに進出した人類の祖先が出会った淘汰(選択)圧とはなにか、を探ろうとしたのである。一九六三年にウオッシュバーンの編集した『初期人類の社会生活』には、彼の考えていた霊長類研究の意義が記されている。

一九六〇年代初頭には、それまで主として鳥類の行動を研究していた欧州の行動生物学者(エソロジスト)が霊長類研究に参入し、エソロジーの概念を霊長類の行動研究に導入した。欧州では鳥や魚の本能行動の研究がさかんで、行動のメカニズムについてすでに豊富な概念や仮説を用意していた。かれらの参入のおかげで、霊長類の研究は一気に裾野を広げることができたのである。

5　狩猟採集民の生態人類学的研究

狩猟採集は、人類の歴史の九九%を占める生活様式である。それゆえ、狩猟採集民の研究は、人類学上特別の位置を占めなければならない。

狩猟採集民の研究は、民族誌として少なくとも二〇世紀初頭から存在する。しかし、人類進化をテーマに、狩猟採集民の研究が行われ始めたのは、比較的最近のことである。ホモ・サピエンスのもつ形態・心理・行動などの性質を「人間性」と呼ぶことにする。この人間性の形成に狩猟採集の生活様式がいかに影響したかを知るためには、狩猟採集民の生活を実地に見聞する必要がある。たとえ、現生の狩猟採集民が太古の生活様式をそのまま維持していなくても、そこからは、人類進化を考える上での多くのヒントが得られるだろう。とくに、農耕・牧畜などいわゆる「生産」をせず、定住もしていない、という二つの生計上の特質を維持している狩猟採集民の場合は、得られる情報は貴重である。

そうはいうものの、狩猟採集民以外の社会の研究も必要である。文明社会でなく伝統的な生活を送っている農耕民や牧畜民の行動研究も欠かせない。なぜなら、いまや狩猟採集民はわずかしか残っていないし、人類史の上で最も大きな変化は、最近の数世紀、とくにこの数十年に起こったと考えられるからである。狩猟採集時代の行動特性は、農耕・牧畜の伝統社会にもまだ色濃く残っていると考えられるのである。人間行動の変異の幅を見きわめるためには、現在残っている狩猟採集民だけではあまりにサンプルが少ない。

ヒト以外の霊長類の研究の方法を狩猟採集民の野外研究にも適用しようという試みは一九六〇年代に始まった。今西は、一九六一年に「京都大学アフリカ類人猿調査隊」を組織したとき、人間社会の起源を探求する方法として「霊長類学的アプローチ」に加えて「人類学的アプローチ」が必要だと考えた。前者の研究基地としてタンザニアのタンガニイカ湖畔にカボゴ基地が建設された。後者の研究基地としてタンザニア北東部にエヤシ基地が設立され、そこで、冨田浩造が狩猟採集民ハザの生態学的研究を行った。残念ながらこの研究は、その後継続されなかった。日本人によるつぎの狩猟採集民研究は、今西の影響下にあった田中二郎によるものである。彼は一九六六年にカラハリ砂漠に入り、サンの社会生態学的研究を開始した。

一九六三年、かつてヒヒを研究したドゥヴォアとリチャード・リーが、カラハリ砂漠ドベ地域のブッシュマン（クン＝サン）の研究を開始した。リーは、狩猟という生活様式が人類の諸特徴を作ったという仮説をもとに、野外研究に計量を取り入れ、狩猟採集生活の量的側面を明らかにした。その結果は皮肉にも、サンの摂取カロリーの六〇―七〇％は採集によるもので、狩猟の重要性を否定することになった。一九六五年にリーとドゥヴォアは、狩猟採集民を研究していた研究者を世界中から集め、『人間＝狩猟民』の会議を開いた。その成果を集めた論文集は、その後の狩猟採集民研究に大きな影響を及ぼした。リーや田中に率いられるチームの研究は、長期にわたり多数の異なる専門家を集めて狩猟採集生活を総合的に研究した。その結果、人口、栄養、保健、医学、殺人、母子関係、女性の活動、会話分析、言語、文化変容など多方面におよぶ新知見を得た。

6　分子系統学

一九五〇年代後半の分子生物学の誕生とともに、免疫学的反応、相同蛋白のアミノ酸組成の比較、DNA―DNAハイブリダイゼーション法、遺伝子（DNA）の塩基配列の比較などの生化学的方法の確立によって、生物の系統関係の解明が大幅に進んだ。これを現在では、分子系統学と呼んでいる。モリス・グッドマンは、ヒトはオランウータンよりチンパンジーやゴリラなどアフリカの類人猿に近いことを一九六〇年に証明した。ヒトはまぎれもなくアフリカの類人猿の仲間であることが示され、学界に衝撃を与えた。最近ではさらに、ヒトはゴリラよりもチンパンジーやピグミーチンパンジー（ピリヤあるいはボノボ、図2―2）に近いことが明らかにされた（265頁図11―1参照）。それで、ジャレッド・ダイヤモンドはヒトを「第三のチンパンジー」と呼んでいる。

7　社会生物学

一九七〇年代以降、動物行動学や霊長類学に根本的な影響を与えた理論的枠組として社会生物学がある。これは、一九三〇年代にロナルド・フィッシャーやジョン・バードン・ホールデーンなどが確立した集団

図 2–2●ピグミーチンパンジー
20 世紀になってはじめてチンパンジーとは別種であると認められたことから「最後の類人猿」と呼ばれる．チンパンジーより体つきが華奢で，後肢も長く，他にも外見上の違いがみられる．生息域はアフリカ中部ザイール中西部に限られる．加納隆至をリーダーとする日本チームのワンバでの研究がピグミーチンパンジーの社会・生態に関する最上のデータを提供している．また，S. サヴェジ＝ランバウによる，英語を理解する個体カンジの研究で有名である（第 9 章）．

遺伝学に基礎をおくものである。社会生物学の主要理論は、あとで血縁淘汰理論と呼ばれるようになったもので、ウイリアム・ハミルトンが一九六四年に発表した。その論文は理論生物学の専門誌に発表されたので、フィールドワーカーには長い間知られていなかった。しかし、結論自体は誰にでも直感的にわかるものだったので、エドワード・ウイルソンがその著書『社会生物学』で、またリチャード・ドーキンスが『利己的遺伝子』で一般にわかりやすい形で解説するや、多くの霊長類学者にただちに受け入れられた。一九八〇年代はじめには、社会生物学は生物の社会関係の研究者にとって、基本的パラダイムとなった。

自己の遺伝子のコピーをできるだけ多く残そうと努めるという観点から、動物の行動の多くは理解できる、というのが、社会生物学の中心教義である。ヒトを直接研究対象にしている人類学者にも、社会生物学をパラダイムにしている学者、つまり人間行動を包括適応度（41頁ボックス③参照）の増大という観点から研究しようという学者が米国を中心として次第に増えている。南米のヤノマモインディアンを長期研究しているナポレオン・チャグノン、アチ族を研究しているユタ大学のチームが活発である。社会生物学は、米国では心理学、社会学、法学などの人文科学にも次第に影響力を増しているといえる。とくに、進化心理学の分野は、人間心理の特性の多くを更新世（約一七〇万年—一万年前）の環境に対するヒトの適応として捉えようとしている。

チンパンジーとの共通祖先と別れて以来約五〇〇万年間、ヒトはその独自の進化の道を歩んできた。ヒトの形態・心理・行動は主としてその後の更新世の環境に適応してできあがったのである。進化心理学の問題点は、人間精神が最も適応している環境というのは、正確にはどんな環境かはっきりとはわかっていないことである。それは五〇〇万年前の環境なのか、二〇〇万年前なのか、あるいは一〇〇万年前以降なのか。通常描かれている環境はつぎのようである。

生活の場は明るい乾燥疎開林か、サバンナであった。それは、日中は暑いが夜は冷えこみ、樹林は散開し広々と見通しのきく、大型動物の多い場所だった。ヒトは小さい血縁集団を作って毎日食物を求めて徘徊した。食物の多い季節には、集団は水場に比較的長期のキャンプを作った。人口密度は小さく、めったに「敵」である隣接集団のメンバーには会わなかった……。

現代文明社会でヒトが心身に不適応を起こすとき、いかに現代社会とヒトの形質が作られた更新世の環境とが異なるかを比較すればよい。「はじめに」で述べたように、更新世では甘いものは好きなだけ食べればよかったのだ。それほど甘いものはまれにしか手に入らなかった。それゆえ、更新世の環境に適応した心理をもつ現代人は、甘いものを好きなだけ食べてしまい、糖尿病になってしまうのだ。大勢の前で挨拶する人は皆、あがってしまう。あがってあたり前である。更新世には、そんな機会はほとんどなかったはずだからである。満員電車の中の痴漢が絶えないのはふしぎではない。更新世では、女が身体が触れるほど近くにいるのは、女がすでに同意したときだったからである。

2 ヒトの生物学的特性の研究方法

ヒトが霊長類の一員であり、前述したようにとくにアフリカの類人猿の仲間であることは、分子系統学が教える。霊長類学は、ヒトが霊長類、とくにチンパンジーと共通の行動適応をもつことを教える。ヒトの進化の最後の数百万年は、狩猟採集という、霊長類としてユニークな生計をとったため、新たな行動適応を遂げた。それが何であるかを知るためには、狩猟採集民や肉食獣の生態の研究が必要である。しかし、狩猟採集社会がほとんど消滅してしまった現在、ヒトの社会行動の変異、多様性を知るために狩猟採集以外の伝統社会の研究や民族学の文献もあたらなければならない。

本書が扱うのは、ヒトの進化史のうちのはじめの部分、つまり「サルからヒトへ」というホミニゼーションと呼ばれている過程と関係する部分である。ヒトが直立二足歩行を開始してからあとの五〇〇万年の過程については、本書はほとんど扱わない。

ヒトの進化史を再構成するには、化石や古環境の復元が必要で、そのためには比較解剖学、古人類学、先史考古学、古生態学、化石生成学（タフォノミー）などの分野の研究がなされる。ヒトの自然史を再構成するための人類学の分野は以下のようにまとめられる。

霊長類行動生態学：野生霊長類の行動の適応的意義と行動の比較研究。
実験心理学：飼育下の霊長類の認知能力や放飼群の社会行動の詳細な研究。
生態人類学：採集狩猟民や伝統社会の人々の生計活動と社会行動に関する研究。
文化人類学：ヒトの文化の変異と共通性の研究。
分子系統学：ＤＮＡの塩基配列の比較などによる霊長類の系統関係の研究。
比較解剖学：現生霊長類の形態（骨格・歯・筋肉）と行動（咀嚼・姿勢・運動様式）の関係の研究。
古人類学：類人猿や人類の化石を発掘し、現生類人猿やヒトの形態と比較し、化石の行動を復元する。
古生態学：花粉分析、つまり化石花粉と現存花粉の比較などにより、古環境を復元する。
先史考古学：人類遺跡から出土する石器などの人工遺物を研究して、人類の活動を復元する。
化石生成学：化石の形成機序の研究（タフォノミー）と動物遺体の分散パターンの実験的研究。

これら以外に、生体力学（バイオメカニクス）や生理人類学と呼ばれる分野もある。

本書は、ヒトのもっている行動特徴の起源がヒトと近縁な他の動物の中に見つからないかを探るという試み、そしてヒトがチンパンジー属と別れたあとの最も広い意味での採集狩猟の時代での適応はなにかを探る試みである。上に挙げた全分野はきわめて広く、著者がひとりでカバーできるわけではない。ヒトの進化を復元する作業には、多くの研究者の学際的な協力が不可欠であることが理解されるだろう。

第3章 社会生物学から見た人類

文化人類学は、ヒトつまりホモ・サピエンスの文化的変異を主に研究するのに対し、生物人類学（あるいは、自然人類学）は、ヒトの共通性を追求し、その進化を研究する学問である。さきにも触れたようにヒトが共通点としてもっている特徴を「ヒューマン・ユニヴァーサル」という。ヒトの行動に文化変異がある場合も、それを一つの共通の主題の変奏曲と見なす。つまり、ヒトは融通性に満ちた行動システムをもち、生存し繁殖するためにヒトは多くの選択肢をもち、環境に応じて選択できる、と考える。文化人類学は、文化の違いを往々にして偶然のせいにする。生物人類学は、偶然をもちろん認めないわけではないが、まず相違に機能的な意味があるのかどうか尋ねるわけである。

ヒトの行動も、個体の「包括適応度」を最大にするという形で進化したと考えられる。包括適応度とは、個体の適応度（簡単にいうと、子どもの数）に、「血縁度」に応じて割引した近親者の適応度を加えたものである。血縁度（r）とは二個体間の血縁関係の深さを測る尺度であり、ボックス③で示したようにして計算できる。

社会生物学の立場では、遺伝子は脳の発達を制御して、平均してわれわれの包括適応度を高めるような文化的習慣だけを採用するように助長するだろうと考える。しかし、多くの文化人類学者は、こういった考え方に賛成しない。かれらの多くは、ヒトの行動は、生後の学習によってほとんどどのようにも変わることができる文化的習慣であって、遺伝子はあまり関係がないと考えている。遺伝子と文化的に伝承される行動習慣との関係について、またかかわりの深さに関して、生物人類学者と文化人類学者の間で意見が分れるわけである。

1 ヒトの繁殖行動

ヒトの繁殖行動の多くも、ダーウィンが基礎をおき、ロバート・トリヴァースが発展させた性淘汰理論で理解できる。それによると、繁殖するために雌雄がどのように交尾と子の世話に努力をするかは、雌雄がどの程度「親の投資」を行うかによって決まる。女は多くの動物の雌と同様、大きな配偶子、つまり卵子を作るため、作れる子どもの上限は低い。一方、多数の小さい配偶子、つまり精子を作る男は、理論的には非常に多くの女を妊娠させることができる。また、女は多くの哺乳類の雌同様、妊娠・授乳を行う。だから、女による親の投資は、男のそれよりはるかに大きい。また、子どもの母親は明確だが、父親ははっきりしない。以上のことから、女と比べて、男は子を世話するよりも多くの異性と性交するという戦略に走りやすく、男は女と比べると性の相手をあまり選り好みしないと予測できる。

こうして、男同士は異性を求めて激しく争うことになる。もちろん、女同士もよりよき男を求めて競合するのだが、男同士の競合の方が女同士の競合より強い、と予測されるのだ。ヒトの繁殖行動の多くは、他の哺乳類と共通の土台で理解できるものである。まず、人間に普遍的な制度を調べ、それが性淘汰理論で説明できるか検討してみよう。

ボックス③：包括適応度の計算

血縁度 (r) ＝ $\Sigma (1/2)^n$
(n は二人を結ぶ世代リンクの数)
で表される。たとえば、兄弟間の血縁度は $(1/2)^2+(1/2)^2=1/2$
二分の一であり、いとこ同士のそれは $(1/2)^4+(1/2)^4=1/8$
八分の一である (下図参照)。

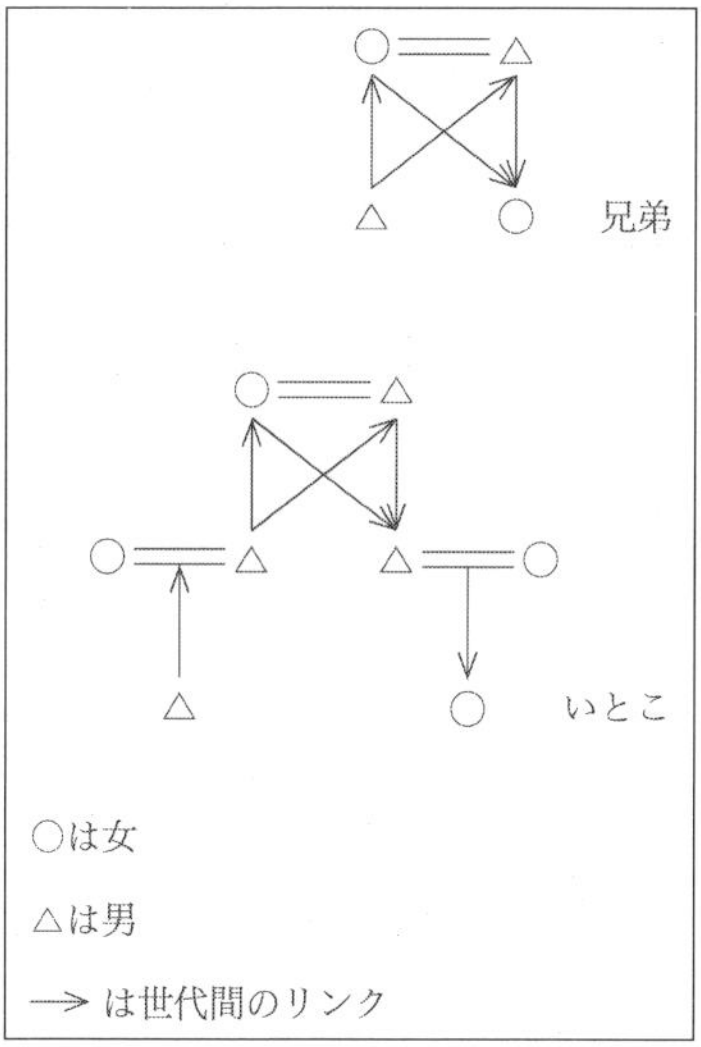

1　配偶者選択の性による相違

理論の予測どおり、男の方が女より配偶相手を選り好みしない傾向が認められる。キンゼイ報告（人間の性行動に関するアルフレッド・キンゼイらの有名な報告書、男性版一九四八年、女性版一九五三年）によると、獣姦はほぼ男だけに認められる行為であるし、男の方が同性愛が多く、フェチシズムも男に特有である。また、配偶者以外との性交渉をもつ割合も、その相手の数も男の方が多い。

2　一夫多妻が多くて、一妻多夫はまれ

一夫多妻とは、女が妻のいない男ではなく、妻のいる男に嫁入りする結果として起こる。哺乳類を通じて、性的二型（雄と雌の間で、主に外部的に現われる形質の差）の大きい動物ほど、一夫多妻制の傾向が強く、性的二型のない動物は一夫一妻である。ゴリラやゾウアザラシが、前者の典型であり、テナガザルやインドリが後者の典型である。ヒトでは雄が雌より大きく、したがって一夫多妻的傾向を示すことが期待される。そして、まさにその通りである。マードックによると、彼が資料を得ることのできた八四九の社会のうち、一夫多妻の認められている社会は八三％、一夫一妻は一六％、一妻多夫は〇・五％（つまり四例）にすぎなかった。

世界中どこでも、王や専制君主や権力者は数十人以上もの女を夫人や妾として蓄えた。ギネスブックによると、「血に飢えた者」というあだ名をもつモロッコ皇帝は八八八人もの子どもを作った。これほど極端でないにしても、どの社会でも、裕福な年長者が適齢期の女を独占する傾向がある。

筆者がチンパンジー研究の過程で知り合ったバンツー系アフリカ人トングェ（図3—1）もその一例である。売買婚なので、お金を貯めないと結婚できない。若者はたいてい貧乏なので、結婚相手を見つけることができず、三〇代半ばまで独身を通すか、婚資を支払う必要のない年取った未亡人を配偶者にしていた。

図 3-1●トングェ族の人々
タンザニア西部のサバンナ疎開林帯に住むバンツー系（「人間」（複数）を表す名詞として，“bantu”を使う民族で，現在サハラ砂漠の南のアフリカ大陸の大部分の住民）粗放焼き畑農耕民でトングェ語を話し，総人口は 2 万人，人口密度は 1 平方キロに 1 人程度．農耕以外に小規模な狩猟，採集，漁労を行う．村落は 20—40 人程度の父系拡大家族から構成されていて，奥地では村落間は 5 — 20 キロも離れている．写真は新しく就任した曾長夫妻（背を向けている）にかしわ手を打って 3 人の女が挨拶しているところ．

年寄りは畑を耕す多くの妻をもち、ますます豊かになり、その結果ますます多くの妻をもつことになる。

ヒトは、社会的地位の相違が、繁殖成功と相関している生き物である。貧乏な独身者と結婚して唯一人の奥さんになるより、金持ちの年寄りと結婚して第三夫人になった方が多くの子どもを残す可能性が高い。

法律的に一夫一婦が強制されている社会でも、金持ちには妾や愛人がいて子どもを余計に作る。その上、金持ちが離婚して再婚するときの相手はたいてい前妻より年齢が若い。つまり、より多くの繁殖の機会に恵まれることになる。ヒトの配偶関係を一夫多妻でなく、より厳密に「経時的一夫多妻」（あるいは経時的一夫一妻）と呼ぶ人類学者がいるが、重要なことは妻を替えるとき子どもを生む可能性のより高い若い女と取り替えることである。つまり、乗り換え型一夫一妻とでも呼ぶべきタイプは、いちばん生殖が活発な時期にある若い女性をつぎからつぎへと乗り換えては、つまみ食いする。女は通常、一夫一婦を好むというが、ロバート・ライトは皮肉な口調で、「一夫一婦制の恩恵にあずかっている者がいるとすれば、それは男たちだ。それも、一夫一婦制だからこそ、本来ならランク・アップして逃げてしまうかもしれない女性をつかまえることができる男たちである」（『モラル・アニマル』小川敏子訳　講談社）と述べている。

3　夫の姦通は妻の姦通より大目に見られる

妻の姦通は男にとって、自分の子どもではない子を育てさせられる危険があり、直接彼の適応度をおびやかす事態である。一方、夫の姦通は、自分の子どもに与えられるべき資源が他の女に流れる危険はあるが、自分の子ではない子を育てさせられるという危険はない。それゆえ、夫の姦通は妻の姦通より大目に見られると予測できる。

実際、妻の姦通の方が夫の姦通より大目に見られる社会は存在しない。姦通法は、どこでも、妻が夫以外の男と性関係をもつのは罪とされるが、男が妻以外の女（他人の妻でない限り）と関係をもつのは罪ではないことが多く、罪であっても軽い罪とされる。これは、インカ、ゲルマン、イラク、アフリカ、日本などで広く知られる。多くの民族で、夫が妻と姦通した男を殺すのは、当然の権利と考えられていた。このように夫の姦通が妻の姦通と比べて罰せられないことを、「ダブル・スタンダード」という。

4　男は女の性を管理したがる

上に述べたように、女の姦通が男に与える打撃は、その逆より大きいので、性を管理したがるのは女より男であると予測できる。

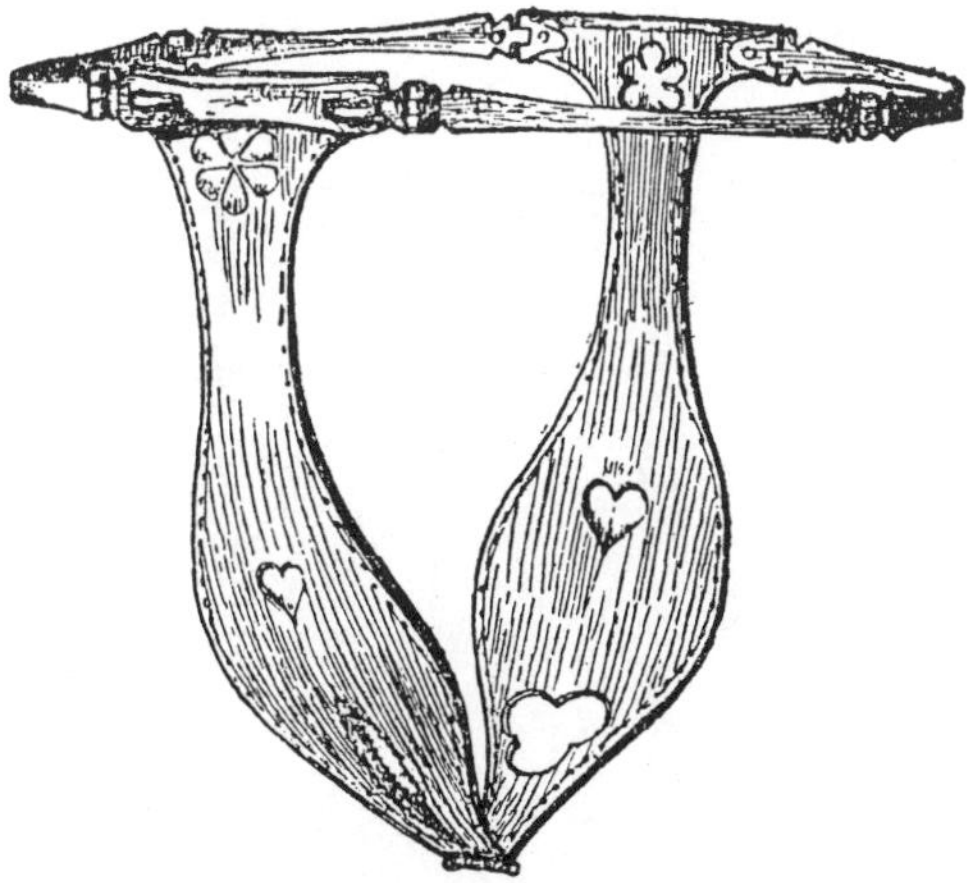

図 3–2●中世ヨーロッパで使用された貞操帯
（E. フックス『風俗の歴史』（安田徳太郎訳），1953 年，光文社より）

実際、どの社会でも、配偶者の性を管理しようと熱心なのは、男（夫）であって女（妻）ではない。ヨーロッパ中世の貞操帯（図 3―2）、中国のてん足、バガンダ王国の後宮の肥満（第8章参照）などは、管理の好例である。中国皇帝のハーレムでは、官僚たちが女性秘書を使って皇帝の妾の月経周期を記録し、女の繁殖を管理した。

これらと関連して、多くの社会では、花嫁は処女、つまり性的経験がないのが望ましいとされるのに、花婿は性的経験があった方がよいと考えられている。ハヤ族、トングェ族など多くのバンツー族では、初夜に花嫁に処女膜があるかどうかを花婿の親類が調べる。これらの事実は、男が他人の子どもを育てる破目におちいらないようにするための手段である。

一方、自分のお腹を痛める母親は、他人の子どもを知らずに育てる恐れはない。

5　婚資を払うのは夫側

よく、人間の結婚は、経済的結合なので、他の動物とまったく違うと主張されるが、そんな議論は成り立たない。雄が配偶者の雌に餌をもってくる動物はたくさんいる。しかし、カップル以外の者が配偶関係に関与することは、ヒトのユニークな発明である。

安価な精子と高価な卵子ということを考慮に入れると、結婚に財貨の支払いが必要であれば、払うのは男の側と予測できる。動物でも餌を提供する、つまり「求愛給餌」をするのはいつも雄である。

実際、ほぼすべての人間社会で、女は財産だと考えられているが、男は財産だとは考えられていない。たいていの社会では、嫁を得るために金や家畜を払う。これは、女を買うために花嫁側の親族に支払われる。これに対して、花嫁側が払う持参金というものがあるではないかと反論する向きもあるが、持参金と婚資《こんし》とは対称的ではない。第一に、婚資の支払いが行われる社会は多いが、持参金はまれである。しかも、持参金は花婿の親族に支払われることは決してなく、原則として新婦が自分の管理下におく。婚資は、子どもが生まれないときは返却されることが多く、むしろ「子資《こし》」と呼んだ方がよい。

6　結婚は繁殖システムである

夫婦という形態は通文化的に存在する。これは、社会的・経済的な相互義務、性的接近の権利義務、カップルの子どもの身分、という三つの問題について慣習的な規定が存在し、妊娠・授乳・子育てを通じて続く関係と定義できるシステムである。

クロード・レヴィ＝ストロースは、結婚を「男たちの間の契約で、女を財産として交換する形式だ」と言った。こういった側面があるのは事実だが、結婚の第一義的な意義が繁殖にあるのは自明である。

まず、子どものできない女性に関する了解がどの社会にもある。嫁が不妊とわかった場合、離婚して婚資の返還を要求できたり、妻のかわりにその妹など代理の女を要求できたりする。

多くの社会で、配偶者の選択の基準は男女で異なる。新夫に求められる資質は、「よき提供者」たることで、将来経済的・社会的に高いステータスにつくことが求められる。一方、新婦に求められる資質は、「よき繁殖者と働き手」である。イランのヨムート・トルクメンの理想的な花嫁とは、多くの兄弟をもっていることである。そこでは、多産性と息子を生む能力は遺伝すると考えられている。

どの社会でも夫の年齢は一般に妻の年齢より高い。親が娘の夫を選ぶ場合、男の年齢が少々高くてもあまりこだわらない。男の提供できる資源の方が大きな問題であり、それは年齢とともに増加する傾向が強いからである。しかし、女の場合は「繁殖価」、つまり将来どれくらい子どもを作れるかが最大のポイントであるため、若い女が選ばれる。だから、夫は妻より年長になる。最近、日本などで花嫁が年長者である割合が増えたことをもって、夫年長は文化的な習慣にすぎないという人がいるが、これは誤りである。高度産業社会では女性の経済力が上昇し、子育てに夫の経済力をかならずしも必要としなくなったからであり、むしろ社会生物学の理論の正しさを示しているのである。

2 社会生物学に反する習慣？

さて、今度は一見すると社会生物学的な見方では理解できそうもないヒトの行動を調べよう。たとえば、もし血族より他人とのつきあいの方を重視する社会が存在するなら、進化論、そしてそれに依拠する社会生物学は崩壊するだろう。実際、そんな社会は発見されたことがない。しかし、ヒトの繁殖行動のうち、一見すると包括適応度を最大にするとは思えないような行動がある。

1 子より姪や甥に投資する社会

男が自分の妻の子どもでなく、母親を同じくする姉妹の子どもに対して父親の役割を果たす社会がある。こういう社会では、遺産も男から息子・娘でなく、姉妹の子へと相続される。これは、一見すると社会生物学に反する行動である。つまり、自分の子どもとの血縁度は二分の一であるのに対し、姉妹が自分と両親とも同じくしていても、姉妹の子どもとの血縁度は四分の一にすぎないからだ。

しかし、子より姪甥に多く投資する習慣は、姦通が非常に多い社会で起こることがわかった。姦通がよく起こる場合、男と自分の子どもとの血縁度はゼロである可能性があるが、姉妹とは少なくとも母親を同じくしているので、姉妹の子どもは少なくとも八分の一の血縁度が保証されているのである。もし、妻の子どものうち、自分との間にできる子どもが三人に一人以下であれば、男は姉妹の子どもに投資した方が得である。つまり、子どもでなく姉妹に投資するのは、姦通の多い社会では遺伝的には「正しい」習慣である。

トングェ族は、やはり姦通が非常に多い社会である。そこでは、上に述べたような習慣はないが、ある男と母親を同じくする姉妹の子どもとは非常に親しい関係が成立している。男は姉妹の子に多くの投資をしており、子どもが母方のおじの家に数か月も滞在していることがよくある。そして、男とその姉妹の子(甥、おじ)は、お互いに同じムクェトゥという名で呼びあう。

2 独身主義

なぜ、一生結婚せず独身で通す人が世の中にいるのであろうか? ヒトは経済制度をもっているため、自分で子どもを作らずとも、遺伝子のコピーを増やすことはできるのである。兄弟の多い家庭の子どもの一部が僧侶になるのが、独身主義の一般的なパターンである。僧侶になって得た収入は、甥姪など近親者の生活の資とされるのがふつうである。もし、貧困や女がいないとかの理由で、結婚するチャンスがほとんどないなら、僧侶になったりして親類を援助するのが、包括適応度を高める唯一の方法である。

3 自 慰

女の自慰はストレス解消行動であり、別に損はない。男の場合は配偶子である精子を失うわけだから、損失だと考えられる。しかし、もし配偶者がいないのなら、たんなる代償行動あるいはストレス解消行動であり、損失とはいえない。なお、最近、男の自慰は、元気のよい精子と取り替えるための行動であるという機能的な説明が提出されている。

野生の霊長類では自慰行為は雌雄ともあまり見られていない。野生チンパンジーの若い雄がペニスをいじり勃起させることがあるが、射精は見られていない。雌にはクリトリスをいじる個体がたまに見られるが女の自慰行為と同等のものとは思われない。飼育下では比較的よく見られることからいって、代償行動と解釈できそうだ。

4 同性愛

同性愛も、前節の独身主義とまったく同じように考えることができる。ウイルソンは、原始社会において、同性愛者のおかげでその近縁者が多くの子どもを余分に育てることができたという血縁選択仮説を提出している。この場合、同性愛者は他の人々より利他的な遺伝傾向が強くなければならない。今のところ、その決定的証拠はないが、同性愛者がシャーマンとなって集団の重要事項の決定に参画する未開社会の例がいくつもあるということは、社会生物学的説明にとって有利な民族学的証拠だろう。

ヒトやピグミーチンパンジーにおいては、性行動の機能は、子づくりだけでなく、きずなを強めることにもある。そうであれば、同性愛を単に異常性愛と見なす考え方より、ヒトにユニークな「繁殖パターン」と見なす仮説の方が説得力がある。なお、「繁殖」とは自分で子どもを作ることだけでなく、近縁者の子づくりを助けることも含む。

5 養子取り

まったく血のつながりのない子どもを育てるという習慣は、世界に広く見られる。これは、競合者の遺伝子を増やす行動であり、社会生物学で説明するのは難しそうに見える。

しかし、多くの社会において、養子の対象は近い親族である。たとえば兄弟姉妹や子どもが死んだとき、かれらの子どもたち、つまり甥や姪や孫を育てるというのが通常のパターンである。

血縁関係のまったくない子どもを育てるのは、戦争をしょっちゅう行っていた太平洋の諸島の文化などで知られる。これは子どもの親と同盟関係を結ぶのに役立つといわれている。つまり、一時的には、養子取りは損失であるが、戦争で有利になることにより長期的には、養子を取った人々は多くの遺伝子を残すことになるのである。

高度文明社会には、まったく血縁もかかわりもない孤児や、子だくさんの貧しい人々の子どもを養子にとる人がたまに見られる。こういった例はどのように解釈すればよいだろうか？

近親者を養子に取るのは、包括適応度を高めるのにたいへん役立つ行動なので、まれに「まちがった」対象に向けられることがある、と解釈できる。つまり、こういった損失（コスト）が起こることがありえても、平均的に養子取りが適応度を高める行動であれば、それは淘汰されずに残るであろう。

近代になるまでは、近親者を養子に取るのが、普通の状況だっただろう。そもそも狩猟採集者のまわりには、近縁者以外はほとんど住んでいなかった。近代にいたって都市で非血縁者にとり囲まれて生活する人が増え、まったくの非血縁者を育てることがより頻繁に起こるようになったと考えられる。

実際、この仮説はつぎのような事実から支持される。まず、この仮説が正しければ、子どものない夫婦が養子取りをよく行うはずであり、自分の子どもができれば養子取りをやめるはずである。事実はこのとおりである。もし、子どもができず、近親者に適当な候補者もいない場合、非血縁の子どもを養子にとっても、遺伝的な損失というものはほとんど存在しない。いわば、ペットを飼うのと同じである。

このように書くと不快に感じられる方がいるだろう。それは、私が価値観を表明していると誤解しているからである。私は、遺伝学的には同じことだと言っているだけであり、それ以上でも以下でもない。身よりのない可哀想な子どもを養子に取る人は、立派な人だと私は思う。私が「……すべきだ」とか、「……のように期待される」と書く場合、それはたいてい「そのようにする方が遺伝子のコピーを増やすのに役立つだろう」という意味である。それが倫理的に正しいといっているのではないことに注意してほしい。

本当の母子と継父がいる家族を研究した結果は、上の仮説を支持する。継父に連れ子がいるグループは、いないグループと比較して、現在の結婚はうまく行っていなかった。子連れで再婚した女性に、最初の結婚と二度目の結婚について、それぞれ夫との喧嘩の理由を尋ねたところ、最初の結婚では「子ども」と「金」は、喧嘩の理由にはほとんどならなかったが、二度目の結婚では、主要な原因であった。継父が自発的に出そうとするよりもっと多くのお金を子どものために使うよう、本当の母親が望んだことが、喧嘩の原因であった。

ヒト以外の霊長類の養子取りもこのように説明できる場合がある。二五年にわたってくり返し養子をとったマハレのチンパンジーの雌は、子どものできない雌であった（図3―3）。若い大人で出産できる年齢を過ぎた雌はよく他人の赤ん坊を世話する。しかし、こういった一見世話好きの若い雌たちは、自分の子どもができたら、いずれも他人の赤ん坊の世話をほとんどしなくなった。

6　産児制限や子どもをまったく作らないこと

子どもを作らない主義と言っている夫婦は、実は単に子どもができないだけのことが多い。そもそも、子どもは作るものでなく、できてしまうものである。その証拠に、現代日本では、女性が妊娠したために結婚式をあげる男女がけっこう多い。むしろ問題は、現代高度文明社会の夫婦が、せいぜい二─三人しか子どもを作らないことである。どうして作ろうと思えばもっと多く作れるのに、やめるのだろうか？

これは、容易に行える避妊手段が最近生まれたからである。ヒトの繁殖の近接要因は性行為である。ピルやコンドームの使用は、この近接要因、性交による快楽を除去することはない。また、こういった社会では、多くの子どもを育てると、経済的に非常に苦しくなる。それゆえ、子どもをたくさん生まないということも、社会生物学を否定する材料ではない。

図3－3●孤児を世話する石女（子どもを産めない）のチンパンジー
25年にわたってくり返し血縁関係のない他の雌の子を世話したマハレのチンパンジーの雌．弟妹や近親者の子どもを育てることは，包括適応度を高めるのに役立つことは明らかである．そのため，ときに間違った対象（自らと全く血縁関係をもたない子ども）に向けられるとしても，こうした養子取り行動は，淘汰されなかったと解釈できる．

7　子殺しと間引き

ヒトが更新世の環境の中で包括適応度を

最大にするように行動していたとしたら、どうして自分の子どもを殺すようなことをするのか、という疑問が起こる。殺人の適応的意義を深く研究したのは、マーティン・デイリーとマーゴ・ウイルソンであった。

子どもを殺す方が遺伝的には得ということがあるのは容易に理解できる。赤ん坊に対する母親の世話は大変である。たとえば、サンの母親は、一五分に一度授乳し、二・五歳になるまで、一日に一〇〇回授乳する。だから、狩猟採集社会では年子が生まれても二人の赤ん坊に授乳することはできない。それゆえ、どうせ死んでしまうなら、幼い方をできる限り早いうちに殺した方が母親にとって得である。

まったく同じ事情が双子にも当てはまる。一方を殺さないと「二兎を追うもの一兎をも得ず」の結果になる。未開社会では、遺伝的欠陥があって健康に育つ可能性の小さい赤ん坊も、同様に生後すぐ殺した方が得である。

奇形や遺伝的な欠陥のある子どもは、親から虐待されることが多いという。欠陥のある子が施設に入れられた後、親の訪問は急速に減少する。アメリカの人口調査局によると、全施設の子どもの二二%にあたる三万人の子は、一年に一度以下しか訪問されない。そして、施設をまったく訪問しなくなった親の数は、一万六〇〇〇人に及ぶという。

双子の子は、多くの社会で幽霊や悪魔であると考えられている。双子をなぜ殺すのかを説明する文化人類学者の仮説には、「こういった迷信のために殺されるのだ」というのがある。この仮説が正しければ、双子の双方ともが殺されるはずである。しかし、双方が殺される社会は調査された一四の社会のうち二つにすぎなかった。つまり、多くの社会では、双子のうちの一人を殺すのである。自然社会では母親は二人の赤ん坊を同時に育てることができないためである。双子が殺される確率は、母親が忙しい社会では高く、母親に社会的サポートのある社会、たとえば女の親類などヘルパーのいる社会では低い。

多くの社会で、未婚の母親、ティーンエイジの母親、赤ん坊の父親のサポートが得られる確信がない母親、また出産間隔が短か過ぎる場合に、子殺しをする傾向が強い。南米の原始焼畑農耕民ヤノマモは、前の子が小さいうちにつぎの子が生まれたら殺すし、コパー・エスキモーでは、移動の季節に赤ん坊が生まれると殺す。

8　子殺し以外の血縁者間の殺し

兄弟殺し

なぜ兄弟間で殺人が起こるのだろうか？

血縁者がよく殺されるという印象を受けることがあるが、これは殺すチャンスという要因を考慮していないためである。同居の期間を考慮に入れた研究では、血縁者は非血縁者より殺される確率は明らかに小さかった。

しかし、兄弟の争いがよく見られる社会も確かにある。たとえば、父系親族が村を作るインドのある原始焼畑農耕民がそうである。労働の協力は父方親族のみであって、男はほとんど、親族以外とつきあいがない。血縁の殺害が多い理由は、土地や他の資源は家族として所有しているので、男の主要な競合者は兄弟や他の父系親族だからである。

資源が家族によって保有されているような社会では、兄弟は財産をめぐり最も激しいライバル同士である。これらの部族では、父親の財産の半分は最年少の息子のものになり、残りの半分が彼の兄たちに分配される。

狩猟採集社会では家族の財産というものはほとんどなく、兄弟は協力者、同盟者として最も貴重な存在だから、争いは少ない。土地や家畜を所有も相続もしないような民族では、兄弟殺しはほとんどない。カインの亡霊（ボックス④）は農業の発明以降である。

父親殺し

つぎに、父と息子の間の性的な葛藤による殺人がある。

父親と息子の遺伝的な利益は一致することが多いが、もちろんいつでもそうであるわけではない。父親が自分の子どもを作った場合、その血縁度は二分の一である。しかし息子が作ったら血縁度四分の一の孫ができるだけである。しかし、父親が年老いて、子づくりはできても自分で育て上げる自信がなくなったら、息子に若い女を譲った方が得になるだろう。そういう事態になるまで父子葛藤は続く。息子がいつ繁殖ステータスにつくかというタイミングをめぐって父息子間で対立があるわけだ。

父親は、家族として保有し父系的に伝達される地位や資源をおさえている。こういった資源は限られているので、若い人たちの繁殖を制限することになる。だから、年を取ってもなお強壮な親父は、若者にとっては障害になりうる。性的競合者として、父親と息子が若い女を取り合いするということは結構起こることである。インドでもアフリカでも、父親が息子の妻と姦通したり、強姦したり、逆に息子が父親の若い妻と姦通する例が知られている。また、父親が息子へ財産の移譲を遅らせるかとおもうと、息子が力づくで財産を奪ったりすることも知られている。もし姦通の多い社会だったら、息子は赤の他人かもしれず、そうなら息子の繁殖のために父親が犠牲になるのはますます馬鹿げている。

一方、多くの息子がいる場合、父親は年少の息子が成人してから平等に財産を分配するのが好ましいので、継承を遅らせる。一方、年長の息子たちはできるだけ早いうちに父親の財産分与を受け、弟より多くの財産を得た方が得である。曽我亭が調査したケニアのガブラという遊牧民では、財産の生前分与をめぐって兄弟が激しく言い争いをするという。

「父親を敬え」という道徳や、さまざまな神話は、上の世代が下の世代を操作するための工夫である。(補記1)

ボックス④：カインの亡霊　旧約聖書の創世記に出てくる話。自分の弟アベルの供え物を、自分の供え物より立派だと神が言ったことに嫉妬して、カインは弟を殺した。

第4章……社会の起源

――食料の相違は動物の生活をも相違させてしまったからである。すなわち、野獣のうち或るものは群居して生き、或ものは離ればなれに生きている、これは、それらの或るものが肉食獣であり、また或るものが草食獣であり、また或るものが雑食獣であるために、その何れか自分の食料を得るに便利な生き方に従っているのである……そして自然に応じて快いものは各々にとって同じでなく、それぞれ異なっているから、肉食獣や草食獣そのもののうちでも生活はまた互いに違っている――

アリストテレス『政治学』（山本光雄訳、岩波書店）

ヒトは社会的動物である。ヒトは単独では生活できない。しかも家族と村落そしてさらに大きな地域集

表 4-1 ●霊長類の分類（本書に出てくる霊長類を（　）に示す）

1. 原猿亜目	化石の初期霊長類に近いもの
2. 真猿亜目	広鼻猿　オマキザル上科，新世界ザル (クモザル，ウーリーモンキー，ティティモンキー， リスザル，ホエザル，ナイトモンキー，マーモセット， ワタボウシタマリン，クロクビタマリン)
3. 真猿亜目	狭鼻猿　オナガザル上科，旧世界ザル (マカク，アカゲザル，ヒヒ，ヴェルヴェットモンキー)
4. 真猿亜目	狭鼻猿　ヒト上科，類人猿 (チンパンジー，ピグミーチンパンジー，ヒト， ゴリラ，オランウータン，テナガザル)

団という重層的な社会を作るめずらしい哺乳類である。霊長類の集団は多様であり、ヒトと最も近い類人猿の社会も一様ではない。本章では、多様性の実態を見た後、霊長類に集団生活を進化させた要因を探る。

1 霊長類集団の多様性

現生の霊長類は約二四六種に分類される。分布の中心は熱帯雨林にあるが、熱帯サバンナ、熱帯半砂漠、温帯林などさまざまな植生にも住む。人間中心的であるが、霊長類は大きく四つのグループに分けると理解しやすい（表4―1）。

霊長類集団の基本的な社会単位（ベーシック・ソーシャル・ユニット）は、一定のサイズ、構成、凝集性、分散パターンをもち、それは種によって異なる。

構成は、大人の雄も大人の雌も単独行動をとる種、一対の大人の雌雄からなる単雄単雌集団、一頭の大人の雄と複数の大人の雌からなる単雄複雌集団、少数の大人の雄と一頭の大人の雌からなる複雄単雌集

表4-2●霊長類の集団の分類

	母系集団	父系集団	非単系集団
分散の様式	雄の分散	雌の分散	雌雄とも分散
雌雄とも単独	オオガラゴ		オランウータン
雄単独・雌集団	(オナガザル科)	なし	なし
雌単独・雄集団	なし	なし	なし
単雄単雌	なし	なし	テナガザル マーモセット科 インドリ
単雄複雌	オナガザル属 マンドリル ラングール属		ゴリラ
	アカホエザル		マーモセット科
(重層社会)	ケラダヒヒ	マントヒヒ ヒト	
複雄単雌			マーモセット科
複雄複雌	マカク アカコロブス ヒヒ属 サバンナモンキー	チンパンジー属	
	オマキザル属 ワオキツネザル	クモザル亜科	マントホエザル

団、複数の大人の雌雄からなる複雄複雌の五つのパターンがあり、それ以外に集団が階層性を示す重層社会がある（表4―2）。

単雄単雌、単雄複雌、複雄単雌、複雄複雌の集団を「両性集団」という。サイズは二頭から一〇〇頭以上までである。重層性社会では一時的に七〇〇頭を越える集団が作られることがある。

交尾期以外は雄が単独で生活し、雌のみが集団を作るような種は哺乳類には多いが、霊長類には、一時的な場合を除いて、雌のみで集団を作る種はない。ただし、両性集団以外に一部の雄がヒトリザル（ソリタリー）として生活するのはかなり一般的に見られる。雌が単独で生活し、雄が集団を作るような動物は存在しない。

凝集性にはメンバーがいつも一緒にいる集団と離合集散する集団がある。

分散パターンには、三通りある。「母系集団」とは、原則的には、生まれた集団に雌は一生留まるが、雄は性的成熟とともに集団を去るようなシステム、つまり、集団の縄張りが雌から雌へと伝えられるような集団をさす。これを雌が「好所性」(フィロパトリー)を示すともいう。

「父系集団」とは、原則的には、生まれた集団に雄は一生留まるが、雌は性的成熟とともに集団を去るようなシステム、つまり、集団の縄張りが雄から雄へと伝えられるような集団をさす。前とは逆に、雄が好所性を示すわけである。

「非単系集団」とは、父系集団でも母系集団でもないもの、つまり雌雄とも、出生集団から離脱するようなシステムをさす。これを「双系集団」と呼ぶ人がいるが、出ていった個体と出自集団とは関係を維持しないのだから正しい呼び名とはいえない。

2 生態と社会

1 社会の起源

いったい、どうしてこんなに多様な社会形態があるのだろうか? たとえば、ヒト上科を例にとると、なぜギボン（テナガザル）は単雄単雌集団を作り、ゴリラは単雄複雌集団を作り、チンパンジーは複雄複雌集団で、オランウータンは単独性なのだろうか？　その上、ヒトはそのどれでもなく、重層社会を作る。一見、まったく取りつくしまがないようである。

まず最初に、集団を作るものと作らないものがあるのはなぜかを考えよう。それには集団を作ることによって生じる得と損を考えればよい。

集団を作ることによって得られる利益には、第一に捕食者に食われにくいということがある。ウイリアム・ハミルトンは『利己的な集団の幾何学』という論文で、なぜ個体が集まって集団を作るのかを考えた。多くのウシが散らばっている草原にライオンが隠れていて、ライオンは自分に最も近い位置にいるウシを食べるなど、いくつかの仮定をもうけて、個体の分布がどうなるかをシミュレートした。その結果、個体がそれぞれ他の個体を盾として利用する、つまり利己的な対捕食者戦略をとるだけで、集団が形成されていくことを示した。それ以外に、多くの目があれば捕食者を発見しやすいし、共同で敵を追い払うこともできる。

グループ生活の利点としては、捕食者対策以外に、配偶者を見つけやすい、子どもの成長にとって重要な遊び相手がみつかりやすい、食物を発見しやすい、「伝統」を学びやすい（第8章参照）など、いろいろ挙げられるが、これらは多くの動物にとってマイナーな要因である。なぜなら、こういったことの多くは単独生活でもある程度対処できるからである。それにひきかえ、捕食者対策は、集団を作る以外に考えられる方法は、身体を小さくしてしまうこと（目立たないようにすること）しかない。単独生活の哺乳類の生き残り方は、小型で目立ちにくい体色をし、深い茂みの中で生活の大部分を過ごすとか、夜行性であるとかいった「目立たない」という方針で一貫している。霊長類では原猿の仲間に、この戦略をとった種が多い。果実や葉を食べるために昼行性になり、身体が大きくなった真猿類は、この目立たないという方式を捕食者対策としてとることはできなくなった。だから、社会の形成にとって捕食が最大の要因であると考えてよかろう。

体格が大きく、犬歯も発達している大型類人猿も例外ではない。リチャード・ランガムは大型類人猿の社会は捕食とはまったく関係なく成立したと考えた。しかし、マハレのチンパンジーはライオンに、象牙海岸のタイ森林のチンパンジーやウガンダのビルンガのゴリラはヒョウに、スマトラのオランウータンはトラに、それぞれ殺されるという証拠がある。こういった大型の霊長類が捕食者に殺される確率は中小型の霊長類に比べてより小さいとはいえ、無視できるものではない。とくに赤ん坊や子どもは、猛禽類に襲われるだろうし、パイソン（アフリカニシキヘビ）などの大型爬虫類の危険もあろう。

それでは、集団を作ることによってこうむる損害（コスト）とはなんだろうか？

それは、採食競合である。つまり、採食するときに大勢いると一人当たりの食物量が減少したり、最高品質の食物を他の個体に食べられてしまうということである。その結果、単位時間により遠くまで移動しなければならなくなる。すると、移動のためのエネルギーコストが増え、捕食者につかまるリスクも高まる。交尾などの社会行動にも時間を残しておかねばならない。採食は生物にとって日常生活の最大の関心事である。食事ができなければ繁殖もありえない。

こうして、集団形成は、捕食者に対する防御という利益と、採食競合というコストの兼ね合いで決まるということになる。

2 グループサイズはどうして決まるか？

さて、集団の形成の理由はわかったが、集団のサイズが一〇〇頭であったり、四頭であったりするのはなぜだろうか？

まず、捕食回避の利益は、サイズの増大とともに急増するが、ある程度大きくなると、利益は増えなくなる。これは容易にわかる。たとえば、一頭のサルが二頭になったら、敵を発見する力は二倍近くなるだろう。しかし、一〇〇頭の群れが一〇一頭になっても、敵を発見する能力はほとんど変わらないだろう。だから、利益の曲線は上に凸になるだろう。

一方、サイズの大きな集団が、小さい隣接集団を、食物パッチ（食物が集中して存在するところ）から追い払うことができるとすれば、サイズの大きい集団を作る方が有利になる。

つぎに、採食競合のコストは、集団のサイズが大きいほど大きい。食物パッチがグループメンバーの大部分を食べさせるのに十分大きい場合は、グループサイズが少々大きくなってもコストは増大しない。しかし、サイズがある限度を越えると、コストは急増する。なぜかというと、食物が足りなくなると、多数の食物パッチを訪問しなければならなくなり、移動のエネルギーコストがかかる上に、捕食者に襲われるリスクも大きくなるからである。また、採食には時間の制限がある。昼行性の者は、日が暮れるまでに採食を終了しなければならない。そういったことを考慮すれば、グループ生活のコストは、サイズが大きくなると急増するということが理解されるだろう。つまり、ある程度以上サイズが大きくなると、一日の必要量がまかなえなくなるのである。コストの曲線は下に凸の形になるだろう。すると、図４―１に見るよ

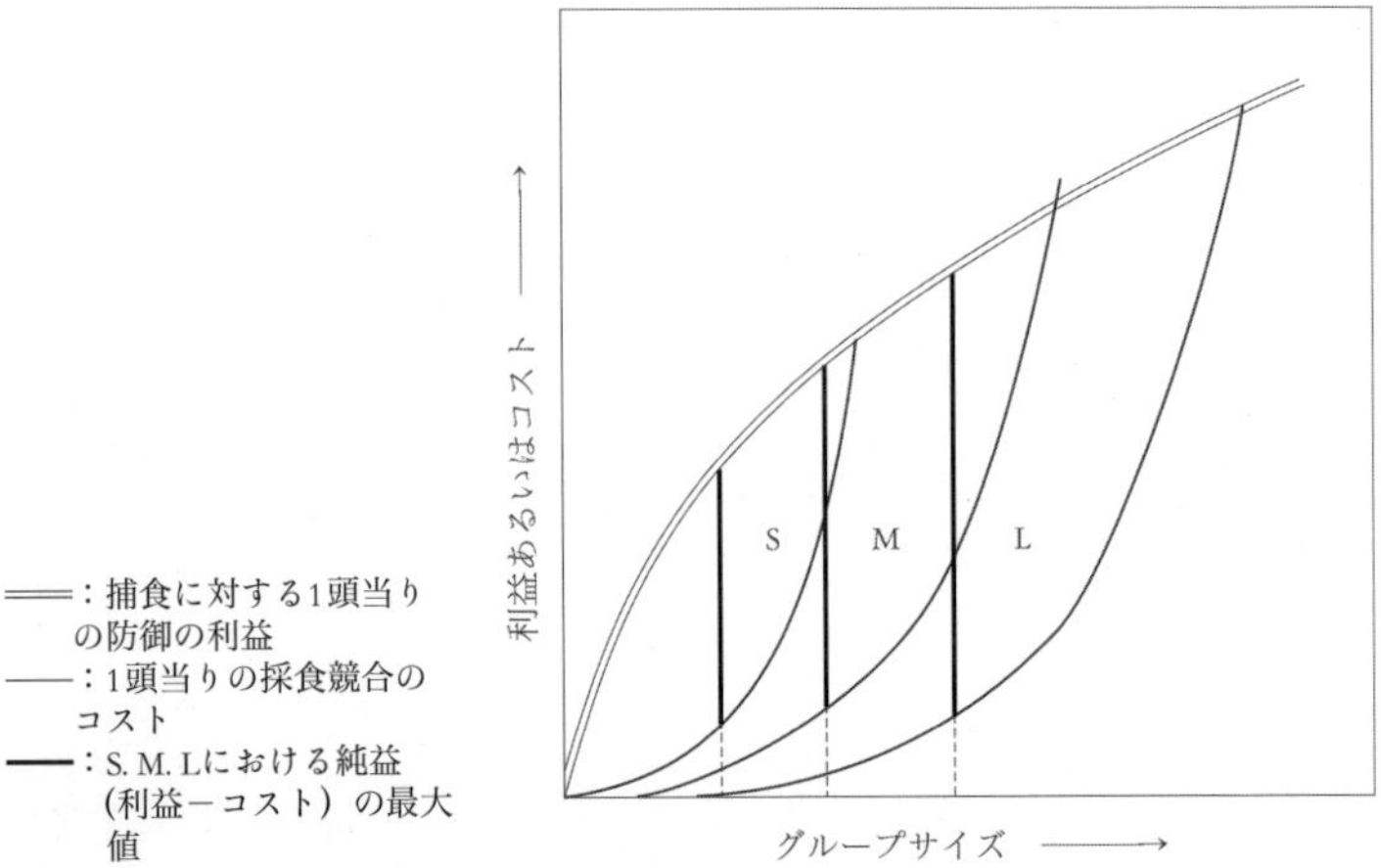

図 4-1●グループサイズのコスト，利益

霊長類の社会システムとグループサイズの関係．グループサイズが大きくなるにしたがい，捕食に対する防御利益の増加率は低くなる．つまり上に凸の増加曲線になる．一方，採食についての個体間の競合コストの増加率は，グループサイズが大きくなると，高くなる．つまり下に凸の増加曲線となる．捕食に対する防禦の利益から，採食競合による損失を差し引いた価が最大になったときが，最適のグループサイズとなる．最適グループサイズは，食物資源密度が大きいほど大きくなる．この図では食物資源量が小さいとき（S），中ぐらいのとき（M），大きいとき（L）と三つの場合にわけて最適グループサイズ（縦の線）を示してある．(Terborgh & Janson, 1986 より）

うに、利益とコストの差が最大になるところが、グループサイズの最適値になるということになる。

それでは、集団内採食競合というコストと、捕食回避という利益と、集団間採食競合における優位という利益のうち、どれがグループサイズを決める要因として最も重要だろうか？

「捕食・集団内採食競合回避仮説」は、集団間交渉での優位という利益は、集団内の採食競合というコストによって圧倒される、と考える。それゆえ、グループサイズの増大とともに、グループメンバー間の採食競合が単調に増加する。

「集団間採食競合仮説」は、集団間交渉での優位という利益は、グループサイズがあまりに大きくならなければ、グループメンバー間の採食競合のコストをはるかに上まわる、と考える。

この二つの仮説のどちらが正しいかは、グループサイズと雌の繁殖成功度（雌当りの子どもの数）の関係や、個体群密度とグループサイズの関係などを調べればよい（図4―2）。

カレル・ヴァン・シャイクによると、現在あるデータからは、「捕食・集団内採食競合回避仮説」の方が支持されるようである。

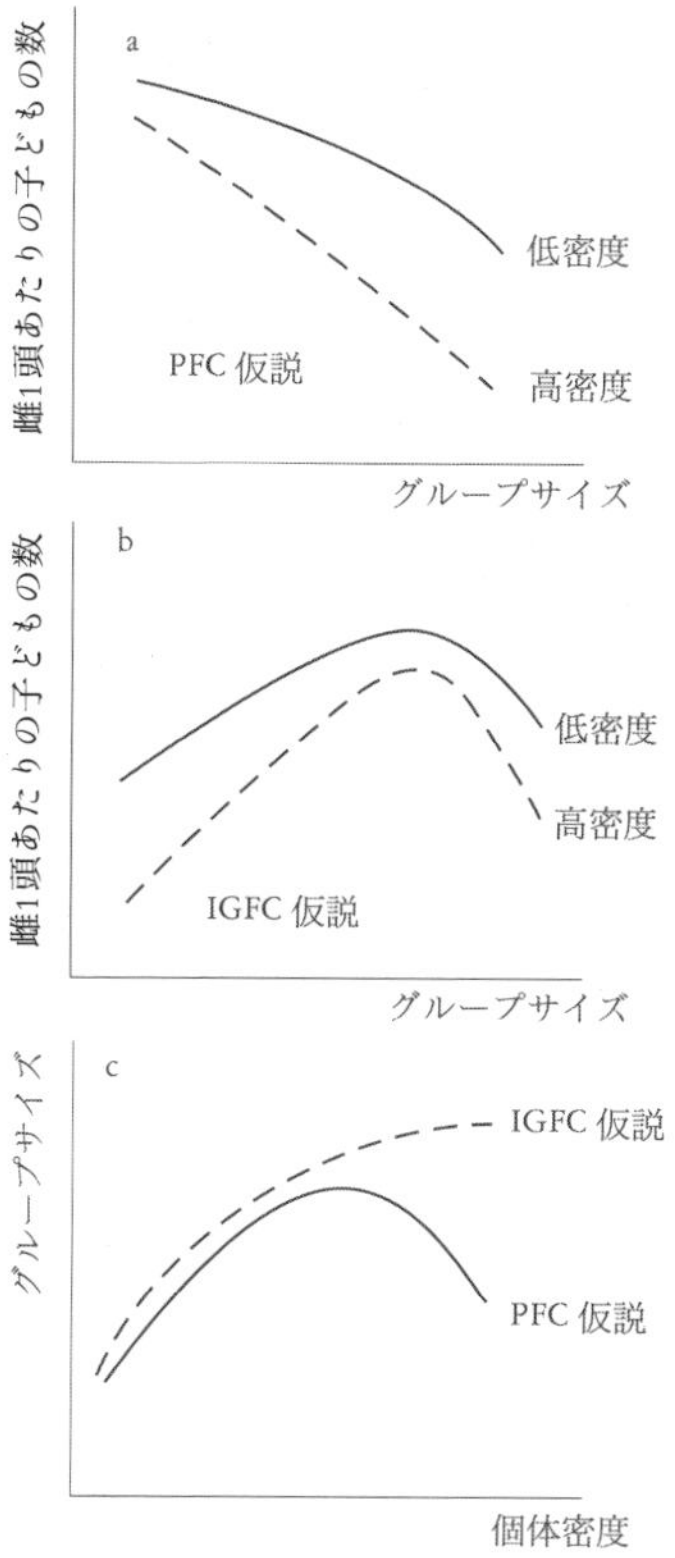

図 4-2●密度，グループサイズと繁殖成功度
PFC 仮説（捕食・集団内採食競合回避仮説）とIGFC 仮説（集団間採食競合仮説）は，密度がグループサイズに与える効果に関してちがった予測をおこなう．つまり PFC 仮説によるとグループ内の競合は，密度の増加とともに強くなるべきである．それゆえ一頭の雌あたりの子どもの数はグループサイズが大きくなるにつれて減っていくべきである（a）．一方，IGFC 仮説はグループ間の関係の方がもっと重要なので，小さいグループは十分な食物を得るのがむずかしい（b）．その結果，二つの仮説は密度と平均グループサイズの間の関係について異なる予測をする（c）．（Van Schaik, 1983 より）

3　集団の構成はどう決まるか

さて、グループが形成される理由はわかったが、それでは単雄複雌集団とか複雄複雌集団という構成の相違はどうして生じるのだろうか？

まず、グループサイズが決まれば、ある程度は構成も決まってくるといえる。たとえば、三〇頭以上の群れだと、単雄複雌か複雄複雌かどちらかにならざるをえない。グループサイズによって、あり得る構成は限られているのだ。

しかし、グループサイズからいえることはそこまでである。同じサイズでも構成の違う場合があるからだ。ここに登場するのがダーウィンが提案し、トリヴァースが発展させた性淘汰理論である。これは性の根本的な違いに由来する。大きな配偶子、つまり卵を作るのが雌で、小さな配偶子である精子を作るのが雄である。卵が大きいのは遺伝子DNA以外に栄養をたっぷり貯蔵しているからである。そのため、ほとんどDNAだけの精子は大量に作れるが、卵はそうではない。そこで、精子は安価であり、卵は高価ということになる。精子は数が多いので、卵をめぐって競合することになる。そこから、性に対する雄の積極性、逆に雌のはにかみやえり好みが生まれる。

それゆえ、雌にとっては多くの場合、食物の方が異性よりも繁殖にとって決定的な要素となる。待っていても雄は向こうからやってくるが、食物は探さないと手に入らない。一方、雄にとっても食物はもちろん重要だが、雄の繁殖に決定的なのは、雌との交尾の機会を増大させることである。

こうして、社会構造の最初の決定権は雌にあると考えるのが妥当であろう。雌は自己の採食戦略を最適にするように、棲息地の中で分布しようとするであろう。採食を効率よくすることだけを考えれば、雌は採食競合を最小にするために、単独か小さいグループで行動すればよい。

しかし、雌の分布パターンは、なにを主な食物にするかによって異なるであろう。さきに述べた「食物パッチ」とは、動物が連続的に採食できる食物資源の拡がりをさす。たとえば、果食性のサルにとっては独立した一本の大きな果樹は食物パッチである。

食物パッチが集中分布している場合、あるいは食物パッチが大きい場合を考えよう。想定している環境は、前者は一年中繰り返し順番に果実を実らせるイチジクのような木が林をなしている場合、後者は葉食者にとっての熱帯雨林である。一頭のサルにとっては、比較的狭い範囲で十分な食物が一年中保証されているわけである。こんなとき、採食競合は「コンテスト競合」になる。つまり、直接の奪いあいになる。狭い範囲で一頭の雌が生活でき、資源を独占することができれば、一頭の縄張りが生じるだろう。もし雌が一頭で縄張りを占有することができ、その縄張りの広さが雄の移動能力とほぼ一致するなら、雄は雌とその縄張りを共有して単雄単雌集団を作るだろう。テナガザルの家族集団などはこの例である。

もし、一頭の雌がその生活空間を単独では守りきれない場合、複数の雌たちが協力することによって縄張りを占有することができよう。雌は血縁者と集団を作るだろう。助けあったとき、包括適応度を増大させることができるからである。こうして、雌の血縁者が結合した集団ができるだろう。雌の数の多少によって、単雄複雌集団か複雄複雌集団になるだろう。雌は出生地から離れないので、母系集団ができる。つまり雌の「好所性」が生まれる。雄は血縁者と交尾すると子どもの数が少なくなるので出生集団を離れることになる。この型は、ニホンザルなどオナガザル上科のほとんどのサルや、新世界ザルと原猿の一部があてはまり、霊長類では最もふつうに見られるタイプである。

つぎに、高品質の食物パッチが小さく、かつ広く分散している場合を考えよう。この場合の採食競合の様式は「スクランブル競合」になる。スクランブル競合とは、間接競合ともいい、共有している資源を結果としてお互いに食いつぶすことをいう。資源が分散しているので、雌は生まれた場所に留まっている理由が小さくなる。なぜなら血縁者と共同して資源を守ることはできないからである。雌は出生地に留まるかもしれないし、留まらないかもしれない。ここでは雌は個々にもまたグループでも縄張りを作らず、個体が行動圏を重複させて分布することになるだろう。雌が出生地から離れるのであれば、雄の方は出生地に留まるだろう。そのときには、雄の好所性が進化する。

さて、もし食物パッチが小さい上に分布密度がきわめて低ければ、雌は単独行動をとるだろう。雄も単独行動をとるが、雄の身体が大きい場合は、いくつかの雌の行動圏をあわせた地域を守るだろう。これが、オランウータンの社会である。

食物の季節的増減が大きく、雄の移動能力がもっと高ければ、集団のメンバーは離合集散し雄は雌を共同で守り、複雄複雌集団を作るだろう。これがチンパンジー属や新世界のクモザル亜科の社会である。ゴリラは果実食から葉などの繊維質に食性を変えたため、雌の移動というヒト上科の特徴を維持したまま、コンテスト競合型の集団をつくるようになった。

食物資源の質、食物パッチのサイズ、食物パッチの密度、その分布パターン等と、雌の分布パターンの正確な対応関係はまだ判明していないが、雄にとっては、雌の分布パターンは所与のものである。雌の分布パターンを参照しつつ、採食と交尾が最適に行えるように自己の分布パターンを決定するものと考えら

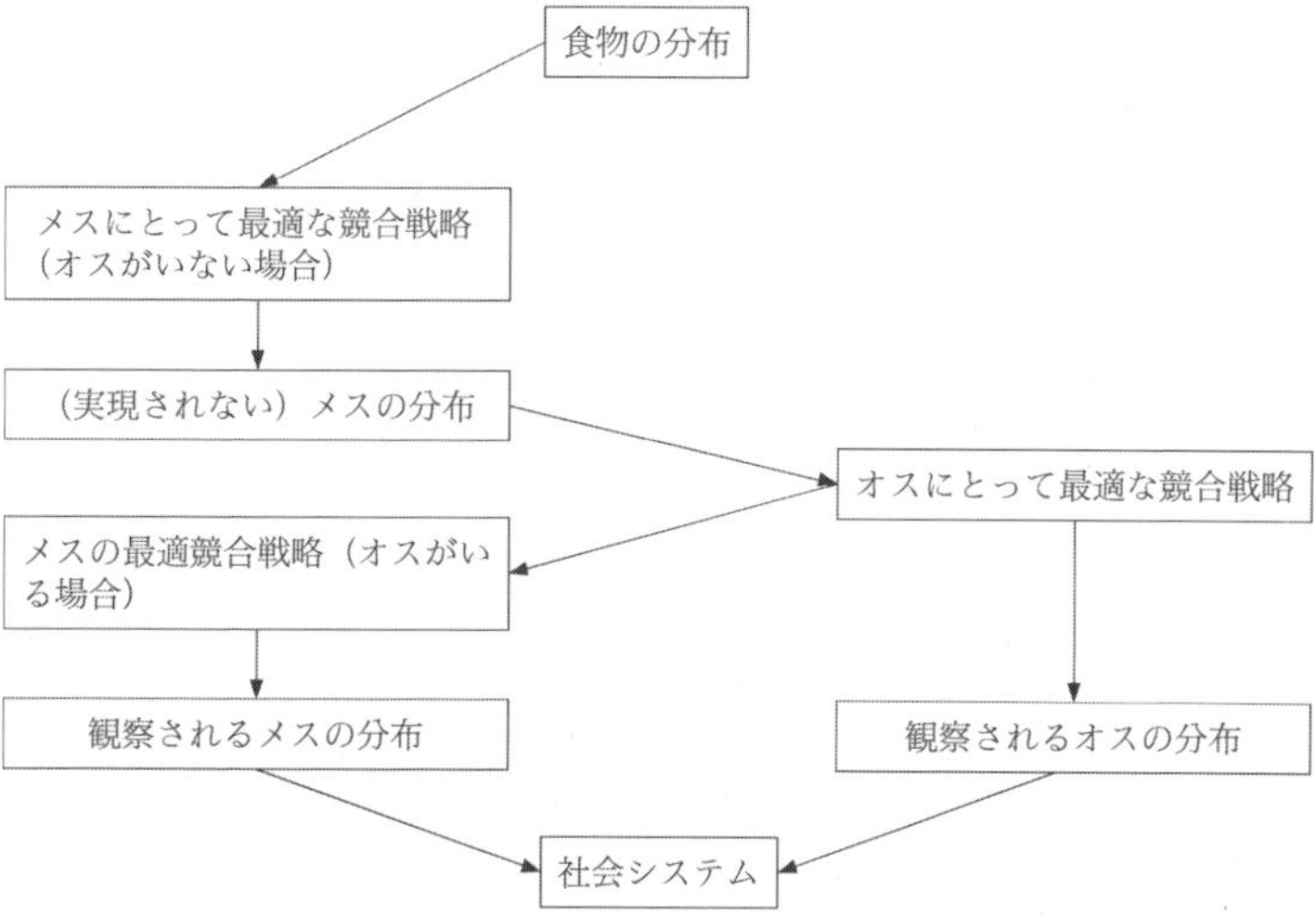

図 4-3●ランガムによる類人猿の社会システムの分析のためのフレームワーク（Wrangham 1979 より）
社会システムは食物の分布と類人猿の形態によって決定されると見なされる．雌は食物摂取を最大化するように競合し，それが雌たちの分布を決める．これが雄たちの雌をめぐる競合の仕方を決定する．雌は、自分自身の利益と一致する雄を好む．雄たちの戦略は雌たちの行動を修飾する．こうした相互作用によってできあがった雌雄の分布が社会システムをうみだす（ランガムは、ここでは捕食による影響は考慮していないことに注意）．

れる。

ここで、問題になるのは他の雄である。他の雄とは異性と食物の双方をめぐって競合することになる。雄が分布パターンを決めるともに、雌はそれに応じて微調整し、雄はまたそれに対し微調整するというようにして、最終的に社会システムが形成されるだろう（図4―3）。

この節では、社会の「下部構造」である生態と社会との関係について論じたが、説明できていないことの方が多い。しかし、霊長類の多様な集団が形成される理由を論ずるてがかりがあることは、ある程度わかっていただけたと思う。とくに採食競合のコストは、まだまだ書かなければならないことがある。また、大人の雄による子殺しやセクハラに対する対抗戦略として、雌が雄と集団を作るという社会学的な要因も考慮する必要がある。

3 近親援助（ネポチズム）

少なくとも脊椎動物においては、親が子を育てるということから、個体間の結びつき、つまり集団を形成させる基盤が生まれた（図4―4、4―5）。子は親の庇護のもとに十分成長すると、分散する。しかし、もし親のもとに留まる方が親子にとって有利であれば、ここに大人同士の集まり、つまり群れが生まれる。集まることによる利益が損失より大きければグループはできるはずだが、構成メンバーが血縁者であることが多いのは以上のようにつねに集団形成の「材料」にことかかないためである。もちろん、血縁の方がお互いの援助による利益が大きいことが、血縁集団生成の原動力であるが。

1 ネポチズムとは？

血縁関係にあるということは、動物界を通じて、個体を社会的に結びつける最も大きな要素である。血縁者を他の個体より優遇することを、ネポチズム（nepotism）と呼ぶ。

二個体間の血縁関係の深さを測る尺度は、「血縁度」と呼ばれる（第3章参照）。

ウイリアム・ハミルトンは、利他行動の進化について考え、ハミルトンの不等式と呼ばれる br＞c という簡単な公式を導いた。bは援助の受け手の得る利益（ベネフィット benefit のb）、cは援助の与え手の出費（コスト cost の c）、rは上述の血縁度（relatedness）である。この公式は、利益が大きく、出費が小さく、血縁が近い（rが大きい）ほど利他行動が起こりやすいということを意味する。血縁者は多くの同祖遺伝子（近い共通祖先に由来する遺伝子）を共有しているからである。

2　人類におけるネポチズム

ヒトが近親者を血縁のない者より優遇する傾向があるのは、ほとんど自明のことであるが、いくつか例

図4-4（上）●チンパンジーの母親による子への口移しによる食物分配

図4-5（下）●授乳するチンパンジー
親，とくに雌による子育てこそが，集団形成＝社会の起源の基礎である．

を挙げておこう。

家族内の協力

父子、母子、兄弟姉妹間など、血縁にもとづく相互援助は、他人同士より生まれやすい。ただし、夫婦は通常は他人でありネポチズムで説明できない。かれらは、共通の子どもたちを育てるという目的を共有することによって生じた他人の間の長期の協力である（後述）。

共同体（コミュニティ）の形成

多くの伝統社会では、家族の上に系族（リネジ）、その上に氏族（クラン）と呼ばれる親族組織が存在する。つまり、社会は階層構造になっていて、階層の下のグループのメンバー間ほど、お互いに相互援助の度合が強い。系族とは、実名によって共通の先祖の系譜がたどれる父系あるいは母系の集団である。系族内では、内婚（エンドガミー）は許されない。氏族とは、共通の先祖を系譜によってたどることはできないが、共有する先祖をもつという神話・伝説によってまとまっている父系あるいは母系の集団である。通常、内婚は可能である。

マーシャル・サーリンズは、互酬性にはつぎの三種類があるとした。「非特定的互酬性」とは、長いつきあいの間には、貸借はゼロになるだろうという暗黙の（あるいは、無意識の）期待・了解のもとに、いつお返しされるか、どんな品を返すかについて考慮せずに、物のやり取りが行われることである。これは、近親者間で行われる。「均衡的互酬性」とは、お返しの時期、返される物（対価）について、明確な取り決め、あるいは了解をもって、物のやり取りが行われることで、遠い親戚や近くの他人の間で行われる。つまり、知人ではあるが、近親者ではない場合である。第三の「負の互酬性」は、騙したり、強奪したりして、他人からものを取ることである。だから、互酬性ではなく、よい用語とはいえない。これは、ふつうお互いにまったく知らない者同士で起こる（図4―6）。

村落共同体や狩猟採集民のバンドも、血縁関係を基礎にしている。それらの多くは、系族、氏族によって構造化されている。こういった小さな共同体の内部においては、家族内と同様、多くの場合、非特定的互酬性が見られる。

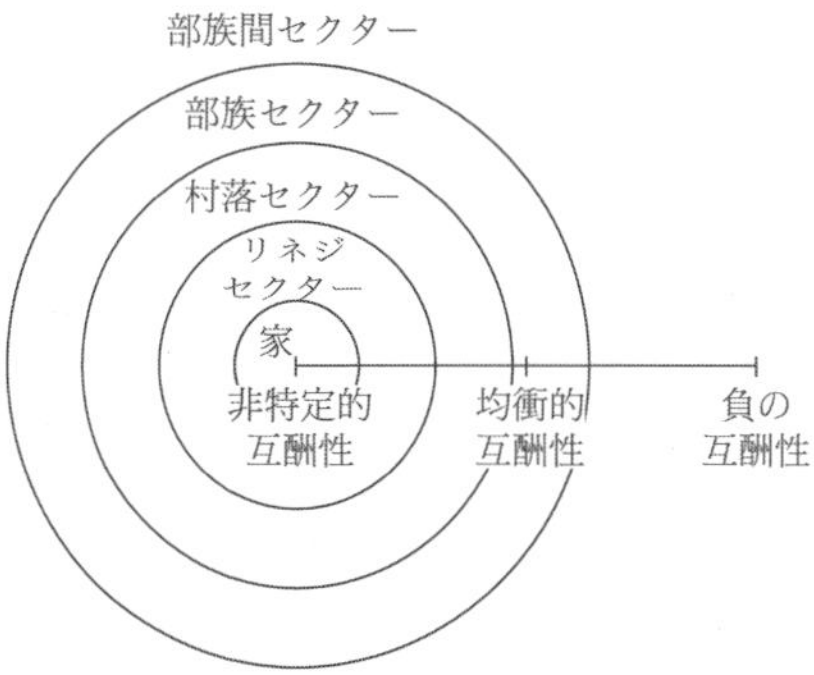

図4-6●血縁―居住のセクターと互酬性のあらわれ方（サーリンズ，1968より）

遺産相続

世界の各民族で遺産相続のシステムは異なるが、できる限り自分と血縁の近い親族に遺産を相続させるというのが、一般的ルールである。

遺産相続の面白い例に、バンツー民族のトングェの場合がある。そこでは、年長の男は成熟した〝息子〟（同じ系族の一世代下の男）に自分の妻（息子の母親を除く）を生前贈与することがあるし、男の死後、妻たちは年老いていない限り、僚妻の息子たちに相続される。

「理想主義的」政治形態

人間は社会をどのようにも変えられるという考えがあるが、これは知られている限りでは長期的に成功した試しがない。

理想主義的政治形態も、ネポチズムを除くことはできない。たとえば、かつてのソ連では、共産党員の子弟を優遇措置した。やはり社会主義を標榜するタンザニアでも親族を養うために汚職がよく行われてきたし、唯一の国立大学への入学は革命党員の子弟が優先された。北朝鮮では父親から息子へと主席のポストが譲られた。人間の制度は、つねにネポチズムによって汚染される傾向がある。

3　動物における親の世話

母親による世話には、授乳、給餌、保温、運搬、保護、毛づくろい、訓練などの行動が含まれる。すべての哺乳類とほとんどすべての鳥類、一部の爬虫類、両生類、一部の魚類、一部の昆虫などに母親による世話が見られる。

父親による世話には、給餌、保温、運搬、保護、毛づくろい、訓練などが含まれる。母親の世話と比べると、動物界では例が少ない。鳥類には多いが、他は一部の哺乳類、魚類、昆虫などに知られるだけである。霊長類では、ヒト、ゴリラ、ギボン（テナガザル）、オマキザル科の一部、マーモセット科の多くの種などに見られる。

父親の世話は、単雄単雌群（ヒト、テナガザル、ティティモンキー、ナイトモンキー、マーモセット）や単雄複雌群（ヒト、ゴリラ）のみに見られ、複雄複雌群（たとえば、マカク、チンパンジー）では見られない（ここに登場するサルの仲間については、77頁ボックス⑤参照)。それゆえ、「父性の確からしさ」と関係があると考えられる。しかし、それは、必要条件ではあっても、十分条件ではない。

4 霊長類における血縁淘汰による親以外の援助行動のパターン

子守行動

母親以外の個体が、赤ん坊を一時的に世話することを子守行動という。姉兄や父親が世話することが多い。

単雄単雌あるいは複雄単雌のグループを作るマーモセット科の多くの種やゲルジモンキーなどは、双子を産む。これらの種では、母親の体重に対する新生児の体重の比が一四—二四%と非常に大きく、子の運

ボックス⑤:

ティティモンキー　南米西北部から中央部にかけて分布する小型のサルでオマキザル科に属す。父親や兄姉による子守行動がみられる。

ナイトモンキー（ヨザル）　南米のオマキザル科の小型のサルで、真猿類の中では唯一夜行性である。

マーモセット　南米に棲みマーモセット科のサルの総称で、体重は最も大きい種でも七〇〇グラム、最小では一〇〇グラム程度にすぎない。真猿類では最も小型の猿の一グループ。

マカク　極東アジアから地中海沿岸のアフリカまで広く分布するオナガザル科マカカ属のサル。ニホンザルやアカゲザルをふくむ。

搬は母親にとって大きな負担である。母親は授乳するだけで、赤ん坊の運搬や毛づくろいなどの世話を大人の雄、あるいは自分の年長の子に任せる。大人の雄は食物分配も行う。ワタボウシタマリンの赤ん坊は、両親だけでなく兄姉からも食物を分配される。しかも、赤ん坊が要求しなくても与えられる。同様に、単雄単雌の集団を作るティティモンキー、ヨザルなどオマキザル科の一部も、大人の雄が赤ん坊の運搬などの世話をする。

よく研究されているクロクビタマリンでは、二頭の大人の雄と一頭の大人の雌を含んでいた四つの複雄単雌群で、二頭の大人の雄がどちらも雌を独占したり、より多く交尾したりすることもなかった。また、二頭とも子どもの世話をした。この場合、大人の雄同士が近縁者でなければ、大人の雄と赤ん坊の間にかならずしも血縁関係はない。その場合は、相互協力による世話（後述）と考えられる。

血縁者以外が子守する場合は、雌であることが圧倒的に多く、その場合子守行動は子守する個体が子育てを練習していると考えられる。つまり、自己の繁殖にとって有利になるという意味では遺伝的にはセルフィッシュ（利己的）な行動である。

養子取り

養子取りとは、母親が死んだとき残された小さい子どもを、一頭の個体が独占的に世話することで、子どもの兄姉や叔父叔母であることが多い。

食物分配

赤ん坊に対する食物分配は、子守行動で触れたように、親以外では兄弟姉妹つまり近親者である。それでは、大人同士の食物分配はどうであろうか？　大人の間では、食物分配はあまり見られない。

チンパンジーにおける食物分配については第6章で詳述するが、マハレのM集団の特定のアルファ雄（第一位の雄）が優先的に分配した相手の一人として、彼の母親が含まれていたことだけ、ここで触れておく。

毛づくろい行動

シラミやダニなどの外部寄生虫や皮膚に付着している汚物を手足や口で取り除く行動を毛づくろい、あるいはグルーミングという。これは、リスザル、ホエザル（ボックス⑥）など南米の一部のサルを除く大多数の霊長類に見られ、かれらの健康維持に欠かせない行動と考えられる。最も頻繁に見られるケースは、母親が幼い自分の子どもを毛づくろいする場合である。マカクの群れを見ていると、採食後は母系リネジ（母系血縁集団）のメンバーが集まって、かれらの間だけで毛づくろいが交わされることが多い。

ボックス⑥：

リスザル　中南米に棲むオマキザル科の仲間。体重一キロ弱で、おもな食物は果実と昆虫。

ホエザル　中南米に棲むオマキザル科の中型のサル。下顎が巨大化して共鳴箱をなし、ラウドコールと呼ばれる大声を出す特徴的な習性をもつ。

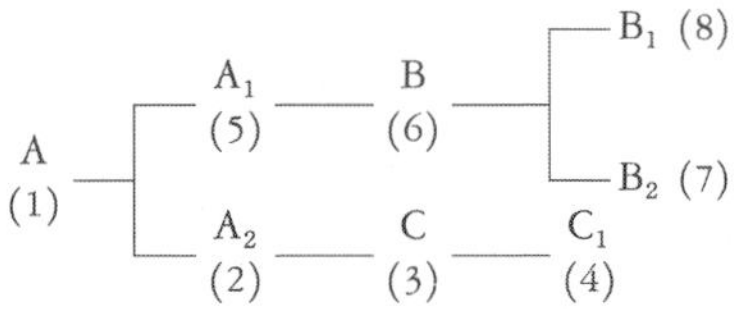

A_1 A_2 はAの娘、BはA_1の娘、B_1、B_2はBの娘、CはA_2の娘、C_1はCの娘

図4–7●ニホンザルの群における雌の順位

非血縁者間の毛づくろいについては、第6章で説明する。

闘争の援助

マカクの群れでは、雌が闘争に介入する場合、誰を助けるのを優先するか、順番がほぼ決まっている。

渡辺邦夫によると、ニホンザルの雌がとる闘争の支援の優先順位は、⑴自分の年少の子、⑵自分の年長の子、⑶子以外の近縁者、⑷遠縁者、⑸非血縁者、という原則がある。つまり、ハミルトンの不等式に従う傾向がある。「妹は姉より上位になる」、「子どもは母親の順位の直下にくる」、という二つの原則により、母系グループの順位と血縁関係さえわかれば、群れの雌の順位序列は、わかってしまう。これは川村俊蔵が四〇年も前に発見した規則である。図4―7の例では、Aの子がA1(姉)とA2(妹)であり、A1の子がB、A2の子がCである。そしてB1(姉)とB2(妹)は、Bの子、C1はCの子である。(n)は、順位がnであることを示す。妹がなぜ姉より上位になるかというと、幼い娘たちの間で喧嘩が起こると、母親はより幼い方を決まって応援するからである。

旧世界ザルにおける「異指向攻撃」

サルがある個体に攻撃されたあとに、他の個体を攻撃することがある。この現象は、異指向攻撃（リダイレクション）と呼ばれる。これは長い間「八つ当り」、つまり欲求不満の解消と解釈されてきた。ところが、飼育ブタオザル（ボックス⑦）を詳しく研究した結果、非血縁者同士の争いでは、被攻撃者は攻撃者の母系血縁者を再攻撃することが多く、血縁者同士の争いでは、被攻撃者は攻撃者の非常に近い血縁者を再攻撃することの多いことがわかった。

ヴェルヴェットモンキー（ボックス⑦）は、自分の血縁者を攻撃した個体を攻撃することが多いだけでなく、自分の血縁者を攻撃した個体の血縁者を攻撃することがわかった。

ピグミーチンパンジーの母息子関係

加納隆至や古市剛史によると、ピグミーチンパンジーの母親は、子どもが大人になっても、喧嘩に干渉して息子を応援する。この応援によって、雄がアルファ雄になった例がある。チンパンジーでは、大人の

ボックス⑦：

ブタオザル　インド北東部から東南アジアにかけて棲む中型のマカク（77頁ボックス⑤参照）。人になれやすく地方によっては人がのぼれない高いココヤシの木の上からココナッツを採取するのに利用される。
ヴェルヴェットモンキー　アフリカに棲むオナガザルの一グループ。サバンナと森林の境界、疎開林や川辺林などによく見られ、森林には少ないことからサバンナモンキーとも総称される。
ウーリーモンキー　南米に棲むオマキザル科の中型のサル。熟した果実と木の葉を食べ器用な尾を枝に巻きつけ樹上を素早く移動する

雌が大人の雄同士の闘争に干渉することはまれである。近縁な二種同士でどうしてこのような違いがあるのか、明らかでない。しかし、ピグミーチンパンジーでは体格上の性差がチンパンジーと比べて小さいことが、関係していることは間違いない。

チンパンジーの兄弟の同盟

タンザニアのゴンベ（5頁ボックス①）では、雄がライバルとの闘争のさい、兄弟の支援を得て第一位雄になった例がこれまで知られている。これらの三例では、いずれも弟が兄の支援を得てアルファ雄になった。

縄張り確立の応援

テナガザルは単雄単雌であり、子どもは成長すると雌雄とも、両親の縄張りから出ていき、自分の縄張りを新たに作らなければならない。しかし、多くの場合、棲息地は他の夫婦たちの縄張りで埋めつくされており、縄張りを形成するのは容易ではない。そんなとき、成人したばかりの息子や娘が近くに縄張りを作るのを、両親が援助することがある。

カニバリズムにおける協力

ゴンベのチンパンジーの一組の母娘が、繰り返し協力して他の母子（子は赤ん坊）を襲い、赤ん坊を殺して食べた。この共喰い（カニバリズム）は、母娘による狩猟の協力ともいえる。

発情雌の共有

チンパンジー、ピグミーチンパンジー、ウーリーモンキー（ボックス⑦）など父系複雄複雌集団の大人の雄たちは、お互いの行動に対し許容性が高い。高順位雄は、低順位雄の交尾を妨害できるのに、それを差し控える傾向が強い。チンパンジーでは七頭の大人雄が、一頭の発情雌と順番に交尾するといった例が見られる。ただし、妨害を差し控えるのは利己的行動かもしれない。つまり、受精の可能性の小さい発情雌を独占しても、利益は小さく、コスト（怪我をする可能性や、他の発情雌と交尾できないという機会コスト）は大きいからである。

ゴリラの群れで、父親と成熟した息子が同居しているとき、父親は息子が異母姉妹と交尾するのを許すばかりでなく、「妻」の一部を譲ることもある。

群れの防御における協力

多くのサルの群れでは、若い雄が群れの周縁にいて、外敵をいちばん早く見つけることのできる場所にいる。そして実際、最初に警戒音を発する。中心部の雌や子どもたちは、この見張り行動の恩恵をこうむっているわけだが、これは血縁淘汰の結果進化したのかどうか、明らかでない。群れ生まれの若雄と、よその群れの出身の雄で、見張り行動の熱心さに違いがあるかどうか、調べてみる必要がある。

ゴリラの父親と大人になった息子が同じ群れにいることがある。一方が群れの行列の露払い役、他方がしんがり役を勤め、大人雌と子どもを、捕食者やソリタリー（通常の群れに属さずに生活する個体）の大人雄の攻撃から防衛する。

チンパンジーの大人の雄たちは、協力して群れの縄張り（そして、そこに含まれる大人雌や赤ん坊）を、他の集団の大人の雄の攻撃から守る。

対捕食者対策

ヴェルヴェットモンキーは、少なくとも四種類の異なる警戒音をもっている（第10章参照）。雌は自分の子どもが近くにいるときは、血縁のない子どもが近くにいるときよりよく警戒音を発する。これは、非血縁者の場合には少々の危険があっても教えないことを意味する。

ティーチング

ティーチング（教示）については、第8章で解説する。ここでは、ティーチングが行われるのは、ほとんど母親から子どもに対するものであることだけを記しておく。

第5章 互酬性の起源

人間というものは、その本性から、恩恵を受けても、恩恵をほどこしても、やはり恩義を感じるものである。

マキアヴェリ『君主論』（池田廉訳　岩波書店）

1 互酬性の進化

第4章で触れたように、血縁者間では、利他行動、つまり一方的な援助行動が起こりやすい。しかし、ヒトの社会関係は親族のみならず、非血縁者にも拡がっている。現在の高度産業社会では、他人とのつながりの方が強い人も多いだろう。

ハミルトンが考えた利他行動の進化する条件は血縁者間に成立するものであった。非血縁者間では、いかにして援助行動が進化できたのであろうか？

「協力」という形の援助行動の可能性がある。協力とは、援助する方も利益を得るものである。このうち、関係者が同時に利益を得る場合、つまり同時にお互いを助けることになる行動を「同時協力」と呼ぶ。これは、相互交渉のたびごとに、両者がともに純益を得るものである。双方がお互いに手を貸すことなしには目的が達せられないか、あるいは能率が悪い場合に起こる。

一方が援助し、その後で他方がお返しに援助するのを「互酬的協力」（互恵的利他行動、相互利他行動、遅延的利他行動）と呼ぶ。同時には双方が利益を得られない場合、たとえば相互援助の成果をその性質上、分割できない場合には、相互交渉ごとに一方が純損をこうむり、他方が純益を得る形にならざるをえない。その場合、ある交渉で一方は利益を得、他方は損失をこうむる。しかし、繰り返し相互交渉が起こり、前回損失をこうむった者が次回に利益を得れば、相互交渉を重ねるうちに双方が純益を得ることができる。だから、役割の交代が必要である。しかし、双方が平等に利益を得る必要はない。どちらも、それぞれが払ったコスト（出費）より多くの利益を得れば、つまり純益が得られればよい。前章で紹介したサーリンズの「均衡的互酬性」という概念は、互酬的協力という概念に似ているが、同じではない。

同時協力は双方が利益を同時に受け取るので、起こりやすいと考えられ、互酬的協力は一方がある時点で損失をこうむるため、進化するのは難しいと考えられる。

ロバート・トリヴァースは、互酬的協力が進化する条件をいろいろ考えたが、そのうち「利己的な個体に利益を与えない手段をもつ」という条件が最も重要であると考えた。つまり、お互いに協力しようというそぶりを見せ、初回の共同作業で一方的に利益を得ながら、お返しをしない者を罰することができることである。そのためには、まず個体の識別ができる必要がある。次に、個体間の順位序列が厳格でないこと、つまり、より〝民主的〟であることが重要である。また、初回に利益を得た者がお返しをするためには、他者の援助を必要とする同様な事態がよく起こらなければならないし、助けた者と助けられた者が近くに住んでいなければならない。つまり、長期的な個体関係がある必要がある。利他行動が受益者に与える利益が大きく、その行動の与え手のコストが小さいとき、互酬的協力は起こりやすいであろう。

ロナルド・ノエは、これら以外に、パートナーを取り替えることは可能であっても、一定の上限があること、という条件をつけ加える必要があると指摘した。つまり、パートナーがいくらでも取り替えられるなら、騙し続けるという戦略も可能だからである。詐欺師は田舎ではすぐ顔を覚えられ生活できないが、大都市ならやっていけるだろう。

ところで、協力といっても形式上の協力と混同してはいけない。「協業」とは、複数の個体がまったく同じ作業をすることである。「分業」とは、協力する各個体が、相互補完的な作業をすることである。これらの概念は、利益が同時的であるか、遅延的であるかということには関心がなく、共同作業の形態を論じているのである。

②霊長類における互酬的援助行動

1　霊長類集団と互酬的援助行動の進化

さて、多くの霊長類の集団は、トリヴァースの挙げた互酬的協力の進化の条件を満たす。まず、集団のメンバーは記憶力がよく、お互いを個体識別しているので、裏切り者は二度と援助しないという方策がとれるはずである。種によって程度は違うが、デスポット（専制君主）はいない。第三に、他者の援助を必要とする事態がよく起こる。天敵は多いし、集団のメンバー間でよく喧嘩が起こるので、連合相手はいつも必要である。もちろん、霊長類は、メンバーの交代が少ない安定した集団を作り、寿命が長いので、長期的な個体関係がある。最後に、日常的につきあうのはせいぜい一〇〇頭程度であって、このサイズではパートナーを取り替えることは可能であっても、上限は低い。

2　霊長類の非血縁者間の援助行動

血縁者間に見られる援助については、第4章の第3節で述べた。これに対応する多くの援助行動が非血縁者間でも見られる。

A　子守行動

血縁者以外の者が子守することも多い。多くは未経産の雌である。この未経産の雌の子守は、自分の子育ての練習と考えられ、それゆえ利益を得ていることになる。一方、赤ん坊を預かってもらった母親は、その間に採食するなり、毛づくろいするなりして有効に時間を使える。チンパンジーやパタスモンキー（ボックス⑧）では、赤ん坊を受け取る前に、子守が赤ん坊の母親を毛づくろいすることが多い。毛づくろいをすることによって、子守は赤ん坊をいじる権利を獲得するように見える。それゆえ、これは遅延的利他行動である可能性が高い。しかし、赤ん坊自身も子守されることによって集団の他の個体と触れあうチャンスが増え、将来の社会関係にとって有利であるなら、子守と赤ん坊の間の、同時協力行動という要素もありうる。

一方、ニホンザルに見られるように、順位の高い若者雌が、順位の低い雌の赤ん坊を奪い、返さずに赤ん坊が死んでしまう場合がある。若者雌は授乳できないからである。そのとき、子守は赤ん坊の福祉を無視しているので、この行動は虐待、つまり純粋な利己的行動にすぎない。

ボックス⑧：
パタスモンキー　中央アフリカのサバンナに棲み、平地を早く走ることに適応したオナガザルの一種。大柄だがすらりと足が長く、レンガ色の体を犬のように走らせる姿が印象的。

B　養子取り

母親を失った赤ん坊にとっては、養子として受け入れられることは、生存上かけがえのない利益である。一方、養母にとっては、子守行動と同様、子育ての練習になるだろうが、子育てのコストは大き過ぎるので、赤ん坊と血縁関係のない以上は、利他行動と考えて差し支えない。血縁者でない場合も、子守同様、雌であることが圧倒的に多い。この行動は、生物学的にはまちがった対象に時間とエネルギーが使われた例と考えられる。（第3章の1―5、46頁参照）

C　毛づくろい行動

霊長類において、他個体に毛づくろいされる部位は、頭部、背中、腰など自分では毛づくろいできないところが多い。それゆえ、多くの場合、毛づくろいのやり手と受け手は同時に相手を毛づくろいすることができず、役割を分担するしかない。そして、やり手と受け手は交代することが多い（図5―1）。最初に毛づくろいを受けた個体がお返しせず立ち去った場合、毛づくろいした方は丸損になる。それゆえ、霊長類における社会的毛づくろいは遅滞的交換である可能性が高い。しかし、はっきり、遅滞的交換であることを証明するのは難しい。

D　闘争の援助（図5―2）

ゲラダヒヒ（93頁ボックス⑨）の社会単位は、一夫多妻のグループである。しかし、アルファ雄以外に若い第二位の雄がいることがある。河合雅雄によると、アルファ雄にとって二位雄のいることによる利益は、

図 5–1●チンパンジーの大人どうしの毛づくろい
毛づくろいは，シラミやダニなどの外部寄生虫や皮膚に付着している汚物を手足や口で取り除く行動で，大多数の霊長類に見られ，かれらの健康維持に欠かせない行動と考えられる．その際，頭部，背中，腰など自分では毛づくろいできないところが多いことから，他の個体にまかせることになる．しかも，多くの場合，やり手と受け手は同時に相手を毛づくろいすることができず，役割を分担するしかない．そして，やり手と受け手は交代することが多い．互酬性の起源と考えられる行為の交換の一例である．

共同でソリタリーの雄（雌をもたず、一人で生きている雄）などの攻撃に対処できることである。一方、二位雄の利益は、次第に群れの一頭の雌との交尾を許されるようになることと、アルファ雄が死亡したとき、雌たちにアルファ雄として採用されるチャンスが多いことである。このケースは、利己的行動、あるいは同時協力と考えられる。

アヌビスヒヒの二頭の雄は、連合して高順位の雄を攻撃して、発情雌を奪うことがある。一方が高順位雄を挑発している間に他方が雌と交尾する。連合する雄は役割を交代することがあるので、クレイグ・パッカーは遅延的援助行動の例と考えた。ところが、その後詳しく調べたフ

図5–2●チンパンジーの闘争における連合
大人の雄三頭が共同して吠えて，他のチンパンジーをおどしている.

レッド・バーコヴィッチによると、連合しようと誘った方が発情雌を得るとは限らず、誘った方がとるか、誘われた方がとるかは五分五分である。双方とも雌を得ようとしていて、それが観察者には協力のように見えるわけである。どちらか一頭が交尾するのは、どちらかが遠慮しているからではなく、同時に二頭が交尾できないためである。これは遅延的援助行動ではなく、まさに同時協力の典型である。

高畑由起夫によると、ニホンザルの雌雄には「特異的近接関係」と呼ばれる相互援助の関係が成立することがある。雄は雌やその子どもを援護するし、相互的な毛づくろいも見られる。ヒヒにも「フレンドシップ」と呼ばれるよく似た雌雄関係が存在する。これらは、いずれも性的なコンソート（配偶）関係が長期化したものである。

E　チンパンジーの狩猟と肉の分配

野生チンパンジーはアカコロブス（ボックス⑨）を集団で狩猟する（図5―3）。一見すると、チンパンジーはお互いに協力して狩りをしているようにみえる。実際、狩人と勢子の分業があるように見えることも多い。若い大人の雄や若者の雌雄が樹上で追い立て、中年以上の雄は地面にいてサルが墜落するのを待っているのである。

しかし、マハレでの観察によると、チンパンジーはお互いの動きとサルの逃げる方向を見きわめて動いているだけであることがわかる。結局、誰かがサルを捕まえるが、その捕獲に役立つ動きをしたチンパンジーに肉が分配されるわけではない。「勢子」はたいてい報われないのである。共同狩猟のように見えても、実際は同時多発的狩猟にすぎない。つまり、利己的な狩猟行動である。

一方、クリストーフ・ボッシュによると、象牙海岸のタイ森林のチンパンジーはコロブスの狩猟のさい、若者が勢子の役割、大人が捕獲の役割をするという。ここまではマハレとよく似ている。ボッシュはタイのチンパンジーは協力して狩猟しているという。「ハンター」つまり狩りに貢献した雄は、肉をよく分配されるという。もし、若者にも肉が与えられるなら、これは分業による共同狩猟といえるが、ボッシュはまだ納得のいくデータを示していない。

狩猟が協力行動であるかどうかが論争の対象になっているように、チンパンジーの大人の雄の肉の分配

ボックス⑨：

ゲラダヒヒ　エチオピア高地に棲むヒヒの一種。重層社会を作り遊動するが、イネ科草本を食物としているため、一日の遊動距離は短い。胸の毛の生えていない部分の赤が印象的。

アカコロブス　アフリカ中央部の森林に住むコロブス亜科のサル。葉食に適応したくびれた胃をもつ。しばしばチンパンジーの狩りの対象になる。

図 5-3●狩りをするチンパンジー
チンパンジーに追い立てられるコロブスモンキー．若い大人の雄や若者の雌雄が樹上で追い立て，中年以上の雄は地面にいてサルが墜落するのを待っている．あたかも，狩人と勢子の分業があるように見えることも多く，チンパンジーはお互いに協力して狩りをしているようにみえる．この写真では中央右手の木の梢近くの黒い姿が若いチンパンジーの雄である．

の機能についても議論に決着がついていない。大人の間の肉の分配は、一部は利己的行動であることは明らかである。つまり、肉が一人で食べきれないほど大きい場合に分配が起こりやすく、このとき分配者は分配によって損害をこうむっていないからである。むしろ、うるさくつきまとう数頭のチンパンジーに分配することによって、取り巻きの数を減らし、落ち着いて食べることができるという利益を得ている。

しかし、マハレのアルファ雄であったントロギという雄の長年の分配行動を分析した結果、彼はライバルの雄や若い大人の雄や若者に肉を与えることは決してなく、自分の母親、同盟者、かつてよく交尾した雌、発情した雌などに対して選択的に与えていたことがわかった。このことは、血縁者に分配するだけでなく、非血縁者との間で、肉の分配を交尾、闘争の援助、毛づくろいなどとの取引に使っていた可能性を示唆するものである（図5—4）。

飼育下では、オランダのアーネム動物園で、大人の雄のチンパンジーが梯子を支え、もう一頭が梯子づたいに高木に登って、好物の木の葉をちぎり、下に落として分配した、という記録がある（図5—5）。フランス・ドゥ・ヴァールによると、この雄は激しいトップ争いをしていたときに、この「サンタクロース」行動をよくしたという。

図5－4●肉を分配するチンパンジーのアルファ雄カルンデ

長年の観察によれば，アルファ雄はライバルの雄や若い大人の雄や若者に肉を与えることは決してなく，自分の母親，同盟者，かつてよく交尾した雌，発情した雌などに対して，選択的に肉を与える．このことは，血縁者ばかりでなく非血縁者との間で，肉の分配を交尾，闘争の援助，毛づくろいなどとの取引に使う可能性を示唆する．（葭田光三氏撮影）

3 ヒトの互酬的利他行動と互酬性

ヒトの社会には、互酬的利他行動やそれと関連する制度が非常に多い。

互酬性の理解には、日本における年賀状のやり取りを思い返せばよい。こちらから年賀状を出していない人から年賀状

図5－5●飼育下で観察されたチンパンジーどうしの協力行動
アーネム動物園ではチンパンジーがカシの木の枝を折って枯らしてしまうので，生きている木は電気柵で囲ってのぼれないようにした．しかし大人の雄のチンパンジーは枯れた大枝をひきずってきて，枯れていない木に立てかけて「梯子」を支え，もう一頭が梯子づたいに高木に登って，好物の木の葉をちぎり，下に落として分配した（写真提供：フランス・ドゥ・ヴァール氏）．

を受け取った者は、ほとんどが返事を書く。こちらからは出したのに、相手からはこなかった場合には、九分九厘の人は、翌年賀状を書かない。「お返しをしない人」と見なされるのである。

つきあいがほとんどなくなった人の間のやり取りはおもしろい。ある年ついに、Bが出さずに、Aは出すという事態を迎える。翌年Bは前年のことを思いだして賀状を出すが、Aは出さない。翌年は元に戻ってBが出さずに、Aが出す。そのうちにどちらも出さなくなる。

受けた恩恵を返さない人、利己的な人は、疑いや敵意の対象となり、伝統社会では村八分にされた。日本の諺は、互酬的援助行動の核心をついている。「情けは人のためならず」とは、他人を助けることは、結局自分にとって得となることを教えている。また、「旅の恥はかき捨て」という諺は、旅先のように長いつきあいをしない人々の間にはいると、評判を気にする必要がないので、人間は恩義を受けても返礼せず、損害を与えても知らぬ顔を決めこむ傾向にあることを指摘しているのである。前章で紹介した、サーリンズの「負の互酬性」に相当する。

人間の会話の三分の二は他人の噂であるとされているが、その最大の話題の一つは協力性や気前の良さである。ヒトの後頭葉にはヒトの顔を覚える中枢があり、自分を裏切った人、自分に恩恵を与えてくれた者を峻別できる能力を備えている。

贈答は古今東西を問わず、行われている習慣である。贈答にはお返しの質、時期に関して一定の暗黙の了解がある。贈与を受けると、そのプレゼントにふさわしいお返しをしなければいけないという義務感を感じるようにヒトの脳は作られている。綱紀粛正をいくら叫んでも、贈収賄が決してなくならないのは、偶然ではない。

お返しを期待せずに一方的に贈与が見られるのは、ほとんど近親者の間だけである。北米北西海岸のインディアン社会には、ポトラッチという奇妙な習慣があった。一つの家族集団がライバルの集団を、何年間もの蓄積を消費しつくしてしまうほどの非常に贅沢な宴会に招待し、ご馳走し、多量の引出物を与える。ライバルはつぎの機会に、それ以上の規模の宴会を催し、お返しする。この意図は、ライバルがお返しのポトラッチを計画できないほど大がかりな贈与をすることによって、ライバルに社会的に打撃を与えることにある。つまり、これは通常の贈与でなく、ヘレン・コディアによれば「財産を使った戦い」である。

他人が物（食物、衣類や道具）を乞うとただちにそれを手放して与えてしまう習慣をもつ社会もある。イヌイット、サン、ソマリーやトングェである。筆者は一度、タンザニアの奥地の町ですれちがったソマリー人のアラブ帽を、素晴らしい帽子だと誉めたたえたことがある。彼は市場で肉屋を開いていて数回会ったことがあった。彼は「欲しいか？」と尋ねるので、冗談のつもりで「欲しい」と返事したら、ビーヅを散りばめた高価な帽子をあっさり脱いで、私に譲ってしまったのである。奥地では一か月の給料に匹敵する値段であった。こういった人々は所有という観念がないのではなくて、「けち」という評判を受けるのをなにより恐れており、また授受はお互いさまだろうと考えているだけなのである。

異なる生業をもつ異なる部族間では、農耕民と牧畜民、農耕民と狩猟採集民との間のように、食物の直接的な交換だけでなく、遅滞的な交換も見られる。

アフリカの農耕民は、森林に住む狩猟採集民ピグミーから肉や蜂蜜をもらったり、畑の労働奉仕を受けるかわりに、キャッサバ、バナナなどの栽培食物を与える。寺嶋秀明によると、農耕民とピグミーの間では、交換相手のグループは決まっており、この特定のパートナーシップは世襲されている。このことが欺瞞を防いでいるのだろう。コリン・ターンブルによると、農耕民は自分たちの方が一方的に利益を得ていると思い込んでおり、一方ピグミー側もまた自分たちが得をしていると思って相手を小馬鹿にする。これは、お互いに自己にとって過剰な資源を放出し、不足している資源を得ているからである。お互いにコストが小さく、利益の大きい取引だからこそ、中央アフリカの広い地域でこの関係は成立しているのだろう。

農・牧民の共生関係としては、牛乳と穀物を交換する牧畜のフルベ社会と農耕のウォロフ社会の関係を挙げておこう。小川了によると、乾期には、ウォロフの畑は収穫後のトウジンビエの葉や落花生の茎や葉が残っているだけで、それはフルベのウシにとって重要な飼料になる。一方、家畜の糞は畑の肥料となる。

沈黙の交易（サイレント・トレード）は、生業を異にする民族間で、お互いに会わずにおこなわれる交換行為で、交渉場所が決まっている。マラヤの狩猟採集民セマンは、敵であるサカイと森の産物を交換した。この交渉の間、どちらのグループも相手に会わない。セマンは品物を習慣的な場所に置き退却する。サカイはそれらの品を見つけると、持ち去り、そのかわりに自分たちが交換したい品物を遺す。セマンはその品物を受けとってジャングルに帰る。同様にして、セイロンのヴェッダは野性動物の肉をセイロン人の矢じりと交換した。

安渓遊地によると、ザイールのソンゴーラという地方では、漁民が魚を、農民がキャッサバなど農産物を市に持ち寄り、物々交換するが、そのとき余った品は、信用取引で解決することが多いという。つまり、次回の市の日に返すという約束で食物が引き渡されるわけである。

労働の遅延的な交換は、世界中で知られる。たとえば、末原達郎によるとバンツーのテンボ社会では、「リキリンバ」と呼ばれる労働交換制度があり、女たちは、順番にトウモロコシの播種を手伝う。そして、手伝いを受けた女は食事とバナナ酒を振る舞う、という。

日本の農村にも、遅滞的協力の例がたくさんある。「結い」は、近隣の農家が順番にお互いに雇い雇われる関係になって、田植などを共同で行う労働の遅延的な交換制度である。静岡、山口、高知などでは、同様の制度が「手間がえ」と呼ばれた。

「頼母子講」あるいは「無尽」は、複数の個人が共同で一定の資金を拠出し積み立て、一定の金額に達するとくじ引きして、プールした資金の全額を個人が順番に使用できるようにするシステムである。こうして、一時に多額の資金を必要とする場合に、個人では不可能な仕事や事業を行うことができる。江戸時代の職人は温泉に行くために無尽を行ったという。

東アフリカの遊牧民には、家畜の信託制度なるものがある。佐藤俊や曽我亨によると、レンディーレ族やガブラ族では、搾乳できる貴重な雌ラクダを預ける（信託）かわりに、預託者は、いろんな時期に小型の家畜や衣類といった形で受託者から「利子」を取り立てるという。

ヒトは、まったくの他人をお父さん、お母さんと呼んだり、兄貴と呼んだり、おじさん、おばさんと呼んだりする。これを、擬制的親族関係という。私が、はじめてアフリカでバンツー系農耕民トングェと暮らしたとき、村長は私を「息子だ」といって他の人に紹介した。よその村の住人で顔なじみの老人は、会うといつも私を「ムワナングー」（わが息子）と呼んだ。外国で長期滞在した多くの人は、これに似た経験をもっている。これは、親族の名で呼ぶことによって、親族間で通常期待されるような親密な関係を結び、助けあおうという欲求の表われである。

さきに述べたピグミーと農耕民とのパートナーシップも、お互いに兄弟姉妹同士になぞらえられていて、両者は、お互いに無償の奉仕をすることが建前となっているという。

日本の都市には同郷会があり、擬制的な親族組織の役割を果たしていることがある。中国人社会にも、「宗親会」と呼ばれる擬制的親族団体がある。

また、多くの国家、とくに中央集権的な国家では、専制君主や王、大統領が「父」や「祖父」の地位を与えられ、子や孫である国民の従順を鼓舞するのに利用される。

協同組合、質屋、銀行、保険などは、講の制度が複雑化したものといえる。そのためには、貨幣というシンボルが必要になった。政府に税金を払った国民は、環境整備などの形でお返しを受けるが、これも遅延的利他行動が基礎になっている。このように見れば、原始社会から現代社会まで、政治経済の広大な領域は互酬性の基礎の上にたっているといえよう。

4 残された課題

霊長類に互酬性が確認されたとしても、ヒトの互酬性とはいくらか違うであろう。ヒトの社会では、お返しをしない人に対し、罰が用意されている。ヒト以外の霊長類では、復讐という行動は、ほとんど知られていない。しかし、この「歯には歯を」というルールは、チンパンジーに萌芽的に認められる。

一つは集団リンチである。二、三頭の個体が連合して、一頭の個体を攻撃するのはヒヒ、マカクなどで知られている。しかし、同じ集団の多数の個体が一頭の個体を攻撃して致命的な打撃を与えるのは、ヒト以外ではあまり知られていない。

タンザニアのマハレでは、アルファ雄など大人の雄五頭、大人の雌二頭、青年雄一頭の計八頭が集団で、若い大人の雄に暴行を加えた。この雄はアルファ雄を含む高順位雄にほとんど挨拶をせず、また理由もなく多くの雌をいじめる癖があった。標準を外れたこういった個体が、村八分にあったのは示唆的である。

また、敗走したかつてのアルファ雄が、群れ落ちして数カ月後に集団と出会ったとき、新アルファ雄を含む雌雄多数のチンパンジーが、集団攻撃にうって出たのである。ゴンベでも同様の例が見られており、旧アルファ雄は致命的な傷を負った。

「オストラシズム」(追放)はヒトの社会で広く知られているが、かつてのリーダーに攻撃が向けられることが多い。最近では、ルーマニアの大統領だったニコラエ・チャウセスクが記憶に新しい。これは、リーダーは権力の絶頂期には利己的に振る舞いがちだからであろう。利己的な個体に対する見せしめは、その他の個体に利他的に振る舞わせるように働くだろう。

ヒト以外の動物に、遅延的利他行動が存在することを、はっきり証明した研究はまだない。それを証明するのは非常に難しく、霊長類社会学の最大の課題である。それゆえ、なぜ、難しいか、その理由を検討しておこう。

(1)まず、「通貨」の問題がある。コスト(出費)とベネフィット(利益)をいかに共通の土台で計算するか、というのはとてつもなく難しい問題である。

たとえば、雄のチンパンジーが雌のチンパンジーから毛づくろいを受けたとき、雄は肉の分配で雌にお返しするかもしれない。一方、雌は雄から毛づくろいされた場合、交尾を許すことでお返しするかもしれない。たとえば、何分間の毛づくろいが何百グラムの肉と等価であろうか?

(2)お返しが見られなかったとき、本当にお返しをしなかったのか(騙したのか)、したくても、なんらかの自分ではどうしようもない条件のためにできなかったのか、を区別するのが困難である。

(3)受けた恩恵の清算の仕方は種(個体)によって異なるかもしれない。たとえば、一週間の観察でお返し行動が観察されなくても、五カ月後にお返しがされるかもしれない。種によって、いったいどれくらいの期間を観察すればよいのか、わからない。

(4)特定の二頭のやりとりを長期間記録するのは難しい。

第6章……家族の起源

かれらの村は円形であり、開放的だ——隠れたりできない。村でどんなことが起こっても、聞こえるし、見えるし、におってしまう。プライヴァシーはなきに等しい、もっとも菜園の中とか、皆が眠っている夜中にやれば、セックスは見られずに済む。小さい村は四〇ないし五〇人、大きいのは三〇〇人にも達する……しかし、どこでも、大人よりも子どもや赤ん坊の方がずっと多い——

『ヤノマモ：エデンの最後の日』（ナポレオン・チャグノン）より

家族とは、性的独占権、相互扶助義務、生まれた子どもの所属、財産相続などについて一定の伝統的な規定を伴う通常一人の男と一人あるいは複数の女のグループとかれらの子孫からなる集団である。これも、

「ヒューマン・ユニヴァーサル」つまりヒトにとって普遍的な特徴の一つの例である。

今西錦司は、一九六一年に人間家族の起源を知るためには、霊長類学的アプローチと人類学的アプローチの二つが必要であると唱えた（第2章参照）。彼は民族学の文献を広く渉猟し、これだけの条件があれば「人間家族」と呼んでよいという段階があるとし、その条件とは、近親相姦の禁忌（インセスト・タブー）の存在、族外婚の存在すること、地域社会が存在すること、配偶者間に労働の性的分業が存在すること、の四つであるとした。一方、当時大型類人猿では比較的生態が知られていたゴリラの社会を霊長類学的アプローチから抽出されるべきモデルと考えていた。しかし、ゴリラの社会は実際は今西の考えていたものとは異なっていることがあとでわかった。

六〇年代から七〇年代にかけては、いくつかの霊長類ではじめて社会の単位が明らかになった時代だった。まず、ニホンザル、そしてサバンナヒヒ、マントヒヒ、パタスモンキー、ハヌマンラングール（ボックス⑩）、チンパンジーなどである。この結果、今西のいう基準のうち、族外婚の傾向は、すべての種で認められることがわかった。

近親相姦の禁忌は、近親相姦の回避の延長だと考えることができる。近親相姦の回避傾向は族外婚の前提であるから、族外婚は近親交配回避の延長とみることができる。地域社会が存在するとは、基本的社会単位同士がなんらかの協力関係をもつことである。これはマントヒヒ、ゲラダヒヒで発見されたが、類人猿には存在しなかった。また、性による労働の分業は、まったく知られていない。それゆえ、「起こりやすさ」から考えて、近親相姦回避→族外婚→地域社会→労働の性的分業、という順番を考えることができる。上原重男も、「三番目（三条件）までは定義次第でサル社会のどこかにその原初形態の存在を認めることができるが、配偶者間の性的分業だけは、サル社会にあてはまる例がない」と記している。つまり、家族の起源の鍵になる要素は、労働の性的分業なのである。

1 インセスト回避の起源

1 インセスト回避とは

近親相姦《インセスト》の回避とは、近い血縁者間での性交を回避することで、ヒューマン・ユニヴァーサルの一つである。多くの社会ではそれは禁忌（タブー）となっているが、どの社会でもそうなっているわけではない。社会によって性交の回避が要求される関係は異なる。いとこ間では、多くの社会で平行いとこと交叉い

ボックス⑩：

ハヌマンラングール　マラヤ山地からスリランカにかけて分布するオナガザル科コロブス亜科の一種。聖なるサルとして保護されたため、人間の生息地と重複して数多く生息する。

平行いとこと交叉いとこ　「平行いとこ」とは、親と性を同じくする親のきょうだいの子どものこと。つまり、母親の姉妹の子どもと父親の兄弟の子ども。「交叉いとこ」はその逆で、母親の兄弟の子どもと、父親の姉妹の子ども。父系性社会では、父親とその兄弟は同じ村に住むのが通例なので、父系の平行いとこも同じ村に住む。

とこの区別がある（ボックス⑩）。平行いとことは、父親の兄弟の子ども、あるいは母親の姉妹の子どもをさす。一方、交叉いとことは、父親の姉妹の子ども、あるいは母親の兄弟の子どもをさす。しかし、最も血縁度の高い関係、つまり母親と息子、父親と娘、そして兄弟姉妹間では、世界中で例外なく性交があってはならないとされていることは重要である。

本章ではまず、ヒトの近親相姦の回避は、ヒト以外の動物の近親相姦回避機構と類似のものであることを示す。

2　人口学的な機構

自然界には、近親相姦を起こりにくくする人口学的な機構が存在する。

一つは若者期の分散である。多くの動物で一方あるいは両方の性が、性的成熟時に、育った地域から立ち去る。たとえば、ニホンザルでは雄が、チンパンジーでは雌が群れを去る。こうして、性の異なる血縁者が性交をするチャンスが減る。雌雄とも出生地を去る動物では、雌雄で移動距離が違い、こうして近親相姦の可能性は減じる。

第二に、性的成熟年齢が性によって差があり、また雌には若者期の不妊という現象のあることが兄弟姉妹間の性交のチャンスを減らしている。こうして、同年齢の血縁者間での性交は、チャンスが低くなる。

3　霊長類における近親相姦回避機構

一九五〇年代のはじめ、京都大学理学部動物学教室の学生だった徳田喜三郎は、学部の卒業研究として、京都動物園のサル山でマカクの性行動を観察した。サル山は、アカゲザルとカニクイザルの混成部隊だった。そのうちに徳田は、アルファ雌のヒミコとその息子のバンダルの間では交尾が起こらないことに気づいた。これが、ヒト以外の霊長類で近親相姦の心理的な回避機構が存在することを世界ではじめて明らかにした発見であった。

ドナルド・セイドは、カヨ・サンチャゴ島のアカゲザルの放飼群で性行動を観察した。彼は母と息子の間で交尾の起こるのを見つけたが、それは息子が若者後期から大人初期の段階のときにほぼ限られた。しかし、あるシーズンに母親と交尾した息子（一〇ペアのうち三ペア）は、つぎのシーズンには交尾しなかった。七歳以上（成熟雄）の息子は母親とまったく交尾しないこともわかった。

自然状態では、マカクの雄は性的成熟とともに群れを転出するので、母息子、兄弟姉妹間の交尾はそもそも起こりにくい。しかし、こういった人口学的要因以外に、心理的な要因が働いていることがわかったわけである。

マカクの性関係を最も詳細に研究をしたのは、京都大学の大学院生だった高畑由起夫である。彼は、嵐山のニホンザルの性行動を研究し、三親等（オジとメイ、オバとオイ）までの血縁者の間の交尾は非常に少ないことを発見した。つまり、研究の最初の年は交尾ペア一三六組中三例、次年度は一一五例中二例にすぎなかった。

チンパンジーはヒトと最も近縁だが、性行動は非常に違う。チンパンジーの赤ん坊の雄は、一歳くらいから、マウントし、挿入もする。射精は九歳頃からである。ゴンベとマハレで、息子が四―五歳の離乳期に母親と交尾するのがよく見られる。それは離乳で欲求不満になった息子を「元気づける」行動である。

マハレでは、若者前期(九歳)の息子が母親をレイプしようとしたのが一度見られたが、母親が拒否して木から息子を突き落としたため、交尾にいたらなかった。マハレでは、三〇年間の調査で一度も母親と大人の息子間の交尾は見られていない。ゴンベでは、母親と大人の息子の特定の一組で交尾が見られた。しかし、これが特別な例であったことは確実である。

ゴンベでは、兄弟姉妹間でもまれながら交尾は見られたが、兄によるレイプであり、妹はいやがった。マハレでは、兄弟姉妹間の交尾もまったく見られていない。ゴンベは孤立した個体群であり、調査集団のまわりにはわずかしか隣接集団がない。そのため、若者の雌は「婚出」できずに集団に留まる傾向が強く、インセストの起こりやすい条件がととのっている。

ゴンベでは、また、群れ生まれの若者雌は、群れの年長の大人雄と交尾するのを避ける傾向が強く、アン・ピュージーは、雌が自分の父親である可能性の高い大人の雄を避けているのだと解釈している。しかし、マハレでの観察によると、雌は他の群れ生まれでも、年寄りの雄との交尾を拒否する傾向が強いので、近親交配回避機構として説明することはできない。しかし、チンパンジーではマカクと異なり、雌は性的成熟とともに、他の群れへ転出するので、父娘では交尾のチャンスが少ない。

4 鳥類における近親相姦回避機構

コンラート・ローレンツによると、ハイイロガン、カナダガン、シェルダック、エジプトガンなどのガンカモ科の鳥類では、核家族(単雄単雌群)が集まって「群れ」を作る。核家族内では、「夫婦」を除いて交尾はしない。つまり、母息子、父娘、兄弟姉妹間では交尾が行われない。ただし、同じ一孵りのヒナのうち二羽をふ化以前に分離し、成長したあと一緒にした場合はつがう。

それでは、まったく見知らぬ個体が選ばれるのかというと、そうではなく、同じ群れの他の家族のメンバーから配偶者を見つける傾向がある。ローレンツは、他の群れのメンバーに対しては、攻撃衝動が強くなり過ぎて交尾が難しい、と説明している。

パトリック・ベイトソンの実験によると、ニホンウズラでは、親子、兄弟姉妹間では交尾が起こらないが、まったくの非血縁者よりいとこの方が好まれる。以上から、鳥では「最適の族外婚」の相手がいると考えられている。

5 インセスト回避の起源を説明する仮説

インセスト回避の起源を説明する仮説には、つぎの五つがある。

ジグムント・フロイトは、同性の親子が性的に嫉妬するという仮説を提出した。フロイトは、成年男女は、たとえ近親であろうと、性的魅力を感じると考えた。息子が母親に感じる性的愛着は、父親の存在によって抑圧され、娘が父親に感じる愛着は母親によって抑圧される、という。

エドワード・ウエスターマークは、幼年時に同居して、親しく接触した相手には、成年に達したとき性的魅力を感じなくなる、と考えた。

マリアム・スレーターは、人口学的制限説を唱えた。狩猟採集社会では、母親が性的に活発なときは、息子は性的に成熟していず、娘は性的成熟とともに婚出し、また兄弟姉妹間でも出産間隔が大きいため、性関係ができにくい。つまり、人口学的に制限されていた近親相姦が、後になって制度化されたと考えた。

クロード・レヴィ＝ストロースは、近親相姦が許されると、ある家族と別の家族の間に婚姻によるつながりができず、生存・繁殖上不利になるので、近親相姦を禁止したという説を唱えた。いわば、家族間のネットワークを維持するためという仮説である。

最後に、有害遺伝子ホモ結合説という仮説がある。近親者同士で子どもを作ると、有害劣性遺伝子が顕在して死亡あるいは身体障害者が生まれる確率が高まり、親の繁殖にとって不利である。それゆえ、近親相姦を好む遺伝的傾向は淘汰されたとする。

五つの仮説といったが、最初の三つは、近接要因つまりメカニズムを説明したもので、後者の二つは、究極要因つまり適応的意義を考察したものである。それゆえ、前三者と後二者は、相互排他的ではない。

6　ヒトの兄弟姉妹の性的回避機構

子ども時代をともに過ごした男女は、成人してお互いに性的な興味をもたなくなるというウエスターマークの説を実験で確かめるわけには行かない。しかし、企まずして実験した結果になったのがイスラエルのキブツと、男女を幼年時代に結婚させるという台湾のかつての習慣である。

キブツの第二世代

キブツとはその成員が、財産を共有し、生産と消費を共同で行う隣保事業である。病院、乳児院、学校、農場などをもち、収入はすべて共通の金庫に入る。メンバーは、わずかの個人消費用の給料を得るだけである。個人の平等、男女の平等を集団生活の基本理念とする。

表6-1 ●キブツの子どもの育ち方

0-4，5日	病　院	看護婦が面倒を見る．
4，5日-6か月 6か月〜	乳児園	少なくとも1日に一度父親に，数度母親に訪問される． 夕方，1時間父母の家に連れて帰られる．
1歳	保育所	2人の看護婦と8人の子ども．夕方2時間，父母の家に帰る．
4-5歳	幼稚園	8×2=16人のメンバー=ケヴッツァ 子どもにとって，最も重要なグループ
5-6歳	移行クラス	読み書きをはじめる．
7-12歳	小学校	ケヴッツア16人は，彼らだけの担任の先生，教室，寝室をもつ． しかし，生徒全員が一緒に食べ，遊び，課外活動に参加．10歳から，シャワーと寝室は男女別になる．
12-18歳	ハイ・スクール	初めて，男の先生から学ぶ．キブツ経済で働きはじめる．
18歳	卒　業	1年間キブツの外で働く．

ここでは、子どもは誕生とともに乳児院に預けられ、キブツの社会機構で育てられる。子どもたちは、まず八人のメンバーを組として二歳から四歳までを同じグループとして過ごす。そして、四歳以降一八歳までは、二つの八人組が合わさって一六人が同じクラスで授業を受け、起居をともにする。このグループをケヴッツアと呼ぶ。これら一六人は兄弟姉妹以上にお互いに時間を共有して育つわけである。表6―1に、キブツの子どもの育ち方を示す。

これらの子どもたちが成長したとき、予測されなかった事態が起こった。かれら同士の結婚は親に望まれていたのに、結婚する者はまったくいなかったのである。かれらはお互いに血縁関係がないが、いわば疑似兄弟として育ったわけで、そこに鍵があるようだった。キブツ第二世代は、結婚相手として、兄弟姉妹のようにして育ったケヴッツアを選ばなかった。ケヴッツアの間では、結婚どころか、恋愛事件さえ起こらなかったのである。

台湾の幼児婚

アメリカの人類学者アーサー・ウルフは台北近くのある村で婚姻形式によって夫婦関係がどう違うかを調べた。そこには、二つの夫方居住婚がある。結婚の儀式には、いずれもつぎの三つの段階がある。(a)出自の家族のメンバーシップを放棄する儀式、(b)夫の家の敷居を越え、夫側家族のメンバーとなる儀式、(c)夫の祖先に提供され、妻のステータスを得る儀式。

「見合い婚」は、日本のお見合い婚とほぼ同じで、青年期にa、b、cのプロセスをほぼ同時に行う。「シンプア婚」は、a、bは花嫁が二—三歳のとき行い、cをその後一〇年ないし一五年後に行う。つまり、夫婦は兄妹と同様にして育つわけである。こうして育った者が結婚したとき、夫婦はお互いに性的魅力をあまり感じなかったらしい。その証拠は以下のようである。

第一に、シンプア婚の夫は、見合い婚の夫より、よく売春婦を買った。

第二に、よく姦通するのは、シンプア婚の妻であった。

第三に、妾との過ごし方が異なった。妾をもった場合、昼は妻とすごし夜は妾の家で寝るのだが、二年以上妾との関係が続いたのは一三例だった。このうち、シンプア婚は八人で少なくとも四人は一〇年以上妾との関係を続けた。一方見合い婚、妻方居住婚の五ケースは、いずれも四年以上続かなかった。

第四に、シンプア婚の女は、見合い婚の女より離婚・別居・姦通が多い。

第五に、シンプア婚の女は、見合い婚の女より三〇％ほど子どもの数が少ない。

一九一〇年以前では、シンプア婚の夫婦による婚約解消は二二件に一回であったが、一九一〇—三〇年の間には一九件のうち一五件に増大し、その後事実上、このタイプの結婚は消滅した。結婚様式のこの変化は、台湾の大きな経済変化と関係があった。一九二三年に鉄道ができ、村を台北市場へ一時間の距離に近づけたため、酒造業や石炭産業などの地域産業が成長した。これまでは、若者は老人、つまり土地と農業にしばりつけられて自由がきかなかったのに、いまや勘当されても都市労働者として働き、独力でメシが食っていけるようになった。若者に出ていかれると父親たる老人は食べていけず、シンプア婚解消に対しても抵抗できなくなった。

シンプア婚が嫌われた理由はいろいろ考えられるが、その根本には夫婦間の性的愛着が弱いと言う事実があった。インタビューによると、シンプア婚をした夫婦は、「格好悪い」、「恥ずかしい」、「おもしろくない」、「無意味だ」などと答えた。こういった動機が根本にあり、そしてシンプア婚を強制する経済的事情が崩れると、「本能」に反した制度は崩壊したのである。

兄弟姉妹間の近親相姦の例

カーソン・ワインバーグは、米国での兄弟姉妹間の近親相姦の例を三七集め、分析した。三二例では、関係は一時的で、お互いに結婚パートナーのように振る舞わなかった。

近親相姦したカップルの兄の方の性格タイプは、四つに分類できた。一つは「内婚型」で、家族外の接触に関して非常に臆病だが、一方家族内では攻撃的だった。それで、妹を犯すことになる。第二は、「乱交型」で乱交行動の一対象として妹を犯すケースである。第三は、「小児愛好型」で、妹も小児の一人にすぎない。第四のタイプは、正常な性格型だった。これは、兄妹がお互いに何年も離れて生活していた場合で、六例あった。いずれのカップルも相思相愛で、結婚しようと企んだ。これらの六例のみ、兄妹は子ども時代から離ればなれに育った。全員が、自分たちが兄妹であり、インセスト・タブーが適用されることを知っていた。かれらは、名前を偽り、公共機関や僧侶にも兄妹であることを偽った。かれらには、罪悪感がなかった。

異なる文化間での兄弟姉妹間近親相姦の頻度の相違

ロビン・フォックスは、子ども時代に兄弟姉妹がよく接触するような社会（タレンシ、アラペシ、ティコピア）では、インセストは起こらず、接触を禁じられているような社会（アパッチ、トロブリアンド島民、ユダヤ）では、インセストが起こることが多いことを発見した。

7　ヒトの親子間インセスト回避機構

母息子、父娘間のインセスト回避メカニズムについては、研究材料がない。しかし、兄弟姉妹間のインセスト回避機構からいって、フォックスが主張するように、「幼児時代に親密に接触した相手には、大人になったとき性的愛着を感じなくなる」と考えるしかないだろう。

母息子、兄弟姉妹、父娘の間の関係を比較しよう。どの社会でも母息子の間の接触は最も頻繁であろう。それゆえ、インセストは最も起こりにくいと予想される。そして、どの社会でも最も少ないと考えられている。

兄弟姉妹間の幼時の接触の程度は社会によって異なる。それゆえ、社会によって、インセストの起こる頻度は異なると予測できる。幼年時に兄弟姉妹の接触の少ない社会では、刷りこみができず、成年に達しても性交を望むことになる。実際、マリノフスキーの研究したトロブリアンド島民や、フロイトが研究したユダヤ社会では兄弟姉妹の接触が少ないという。それゆえ、こういった社会では、成年に達した男が姉妹とのインセストの夢を見るという告白も理解できる。一方、日本など接触の多い社会では、成年に達した兄弟姉妹はインセストなど考えもつかないという状態になる。

父娘はどの社会でも接触が最も少ないだろう。それゆえ、インセストは最も起こりやすいと予測される。これらの予測を裏づける研究はないが、ときに明るみに出るスキャンダルはこの傾向を示唆している。

動物実験で、近親者間の交尾では身体の弱い子どもができることが多いことが証明されている。人間でも、ジョセフ・シェファーによると、二人の親を共有する兄弟姉妹間や親子間のインセストの結果生まれた子の一七％は死亡し、二五％は不具になるという。つまり、四二％は生存能力を欠くわけだ。近親相姦を回避する個体は、そうでない個体より多くの子どもを残す、ということである。ということは、インセスト回避の究極要因は、近親者間の配偶は、有害遺伝子のホモ結合を生じやすく、個体の繁殖にとって不利であるからである。

つぎに、インセスト回避の近接要因を考えよう。近親者をどのようにして非近親者と区別するかという問題があるが、ヒトでは幼児期に密接に接触した相手を近親者と見なし、性交を忌避する強い遺伝的傾向が進化した、と考えればよい。そして、このように近親者を区別するメカニズムは、脊椎動物に広く共通しており、遠い過去に起源をもつものといえる。

さてこれまで述べたのはインセストの個体レベルの回避であった。どうして、回避が多くの社会で「社会的な禁止」であるタブーになったのであろうか？

もともと、あまり起こりそうにないことを起こってはいけないことに変えたのはなぜか？　それは、人類家族が姻族との連合を発達させる必要に迫られたからであろう。心の中で「回避」が「禁止」になるためには、言語が必要だろうとよく言われる。しかし、私にはそうは思えない。たとえば、チンパンジーがその伝統的な縄張りを維持していくとき、集団間の境界線を犯さないのは、一種のタブーのようなものである。集団のメンバーの共通認識といったものがタブーの働きをすることは十分に考えられる。

ただし、言語が生まれたあと、インセスト・タブーが拡張されたということは確実だ。たとえばタブーが義理の父母などにも適用されるようになった。家族間のネットワーク維持にインセストの禁止はなくてはならず、すでに成立していた家族外配偶は言語で裏打ちされた制度となった。また、いとこなどより遠い親族をインセスト・タブーの枠に入れるかどうかなど、文化によって異なるようになった。しかし、同じ村落に住むいとこ（平行いとこ）は、インセスト・タブーの枠に入れ（たとえば、兄弟姉妹と同列に扱う）、異なる村落に住むいとこ（交叉いとこ）は結婚してよい対象であるという意味で「他人」に分類することが多いのは、子ども時代に親しいつきあいがあるかどうかという点が、影響している可能性がある。平行いとこ間ではインセストが回避される傾向が強いが、アラブのようにむしろ結婚が奨励されている例外的な社会もある。しかし、アラブの平行いとこ婚では、他の組み合わせより二三％も子どもの数が少なく、四倍離婚に終わることが多いことが最近わかった。

2 人間家族における労働の性的分業

労働の性的分業は、カルチャー・ユニヴァーサル、つまり人間社会に普遍的な慣習の一つである。それは、生業の範疇がいずれかの性に割り当てられていることをさす。農業社会では、ある生計活動をどちらかの性に限るだけでなく、他の性が行うことを禁止さえすることがある。しかし、狩猟採集社会では、通常、そういったタブーまでは存在しない。

1 南方狩猟採集民の性的分業

狩猟とそれに関連する作業、罠の見まわりや狩猟道具の製作は、男の仕事である。蜂蜜集めもほとんど男だけの仕事である。男は大型獣を狩るために、キャンプから二時間以上離れることも多い。採集は男の仕事ではないが、キャンプから遠いところにいるとき空腹を満たすために採集することはある。かれらは通常、キャンプへ植物性食物をもって帰らない。男も女と同様、食物の得られた場所で飢えを満たす。男はひとりで火をつけ料理し、その場で殺した小動物を食べる。大型動物がしとめられたときは、肉をキャンプへもって帰る。男は不規則な仕事の仕方をする。ある日は重労働でも、つぎの日は一日中キャンプで休憩したり、道具の修繕や製作をする。

女は、植物性食品や卵や昆虫を集め、小型脊椎動物を狩る。また、水の運搬、料理、薪集めと子どもの世話も主な仕事である。採集はグループで行う。遠出をする必要がないので、採集に要する時間は狩猟に要する時間よりはるかに少なくてすむ。子どもたちが採集活動にかかわるのはきわめてまれである。女は毎日規則正しく数時間を採集のために費やす。女は食物をキャンプから一時間以内の場所で集める。どんな植物性食品であれ、大部分はその場で食べる。女は子どもたちとともに飢えを満たしたあと、余った食物だけをキャンプへもって帰る。

以上のような一般化は、アフリカやオーストラリアのオープンランド居住の狩猟採集民にはあてはまるが、アフリカや南米の森林に居住する狩猟採集民にはかならずしもあてはまらない。

2　農耕民の性的分業——アマゾンのテラ・フィルメ諸部族を例にとって

アマゾンのテラ・フィルメ（「固い土地」の意）に住む農耕を営む五つの近隣の諸部族の性的分業の実態がベティ・メガースによって調べられた。これは、同様な環境に住む人々の間で、労働の性による配置がいかに異なるかを知るのに好適な材料である（表6―2）。工芸や農耕では、同じ作業が異なる部族では異なる性に割り当てられていることがよくある。たとえば、糸紡ぎは、シリオノなど多くの部族では女の仕事であるが、ヒバロでは男の仕事となっている。しかし、家事はほとんどどれもが女の仕事である。生業のうち、狩猟や漁労はどの部族でもすべて男の仕事になっている。一方、採集は男女いずれもが行うことは、狩猟採集民と同様である。

3　性的分業の一般的パターン

マーガレット・ミードは、男女の役割は社会が異なれば異なると述べ、男女の役割は相互に変換可能で

表 6-2 ●テラ・フィルメ諸部族における性的分業

( ) は小さな役割を示す

仕事	シリオノ ♂	シリオノ ♀	ワイワイ ♂	ワイワイ ♀	ヒバロ ♂	ヒバロ ♀	カヤポ ♂	カヤポ ♀	カマユラ ♂	カマユラ ♀
生業										
狩猟	×		×		×		×			
漁撈	×		×		×		(×)		×	
採集	×	×	(×)		×	×	×	×	×	×
農耕										
開墾と火つけ	×	×	×		×		×		×	
主作物の植付け	×	×	×	(×)		×		×	×	
除草			×	×		×	×	×	×	
主作物の収穫	×	×	×	×		×		×	×	×
家事										
水くみ		×		×		×		×		×
薪あつめ		×		×	×			×	×	×
育児		×	×	×		×	(×)	×		×
マニオク調理				×		×				×
工芸										
糸つむぎ		×		×	×			×		×
機織り			×		×					×
編物		×	×		×		×			×
ハンモック織り		×	×							×
かご・ござ		×	×		×		×		×	
木工	×		×		×		×		×	
ヒョウタン加工	×		?		?		×	(×)	×	
楽器			×		×		×		×	
羽根飾		×	×		×		×		×	
種子、綿などの装寝具		×		×	?	?		×	×	×
土器		×		×		×				
丸木舟			×		×				×	
儀式			×	(×)	×	×	×		×	×
戦争					×		×			

メガース（大貫良夫訳）の『アマゾニア』より

あることを強調した。しかし、右の例からも明らかなように、仕事を性によってどのように割り当てるかは、でたらめではなく、一定のパターンがある。マードックは、世界中から二二四の社会を選び、さまざまな作業が男女にいかに割り当てられているかを統計的に調べた。その結果、ある種の活動は、生物学的な基礎があって性とリンクしており、文化的な修飾を受けてもそれは一定の制限の中にあると結論した。たとえば、狩猟は全社会の九八％で、罠かけや鉱物採取や石の切り出しは九五％の社会で、漁労は八六％の社会で、牧畜は八五％の社会で、男の仕事となっている。一方、食物や薪の採集、種子や穀粒ひき、保存のための食料の準備、編み仕事、土器製作、バスケット作り、マット作りは、七五％の社会で女の仕事とされている。

男の仕事は、高い移動性、瞬発力や筋力を要するだけでなく、部族の縄張に関する詳しい知識を要するような作業が多い。一方、女の仕事は食物採集を除いて、いずれも炉と赤ん坊の近くで実行できる。子育てとの両立可能性が最も重要な要素である。子育てと両立可能な仕事は男でもできるので、社会によって女の仕事になったり、男の仕事になったりするのは、こういった分野の活動である。

3 性的分業の起源をめぐる四つの問題

伝統社会では、村落全体が一つの家族あるいは拡大家族であることも珍しくない。こういった小さい社会でも、性的分業は貫徹している。というより、家族における性的分業がより広い共同体における分業の基礎といえる。家族とは、共通の子どもを育てるために雌雄が連合することである。今西は分業の成立条件については、立ち入った論議をしていない。家族の成立には、以下の四つの条件が必要だったと考えられる。

一つは配偶関係である。雌雄が排他的な性関係をもたなければ、子どもは共通の子どもとはいえない。雄は子どもの父親であるという保証がない限り、子どもを世話しない強い傾向がある。

二つめは、子育てには非常なコストがかかることである。子育てが母親ひとりで容易にできるなら、一頭の雌を妊娠させたとたん他の雌の尻を追う雄の方が、子育てに協力する雄より多くの子どもを残せるだろう。その場合は、「家族」が生まれる余地はない。ヒトと類人猿の共通祖先から人類が別れたあと、親への子どもの依存性が強まったに違いない。母親がひとりで子育てするのがむずかしくなったとき、子の世話をする雄の方がそうでない雄より多くの子を残せるようになったのである。

第三に、性によって食物獲得行動がいくらか異なっていなければならない。雌雄の繁殖戦略は違うので、最適な採食戦略も性によって相違しているはずである。

第四に、食物の分配と交換が、雌雄の間で見られなければならない。そのためには、まず、「犠牲を払うかわりに見返りをもらう」という互酬性の観念が発達していなければならない。また、「手から口へ」の生活から脱却しなければならない。類人猿と同様、狩猟採集民でも生産と消費が直結していることが多い。しかし、狩猟採集民はかなりの食物をその場では食べない。そして、もち帰った食物の分配や交換の場が存在しなければならない。

4 配偶関係

育てる子どもが雌雄共通の子どもであるためには、雌雄の間に配偶関係、つまり独占的な性関係が存在しなければならない。哺乳類では母親が授乳という子育ての中心的な役割を果たすので、父親は配偶者の子育てを助けるという形になる。

雄による赤ん坊の世話は、マカク、ヒヒ、チンパンジーその他多くの霊長類で見られるが、日常的な世話の見られるのは、マーモセット、タマリン（ボックス⑪）、ティティモンキー、ヨザル、フクロテナガザル（ボックス⑪）、ゴリラ（図6—1）など単雄単雌群か単雄複雌群の雄、つまり誰が父親であるか、父性（パターニティ）のはっきりしている霊長類だけである（表6—3）。しかし、父性のはっきりしていることは、雄が子どもを世話するための必要条件であっても十分条件ではない。大きな双子を抱えるマーモセットのように、母親が子育てに他の個体の援助を必要とするという条件も必要である。

5 子どもの依存期間の長期化

大型類人猿の子どもの成長は遅い。大型類人猿における成長の遅滞には、体格の大型化や食物の多様性が関係しているのであろう。ゴリラの離乳は三歳、チンパンジーやピグミーチンパンジーでは四—五歳である。しかし、ヒトでは少なくとも一五歳くらいまでは、独力で生活できない。

子どもの成長速度が変化したのは、猿人より後の時代、ホモ属になってからである。というのは、化石頭骨のCTスキャンによるベネット・ホーリー＝スミスの研究によると、歯の萌出パターンは、猿人は類人猿とほぼ同じであった。このことは、猿人はヒトよりずっと成長が早かったということを意味する。ヒトで六―七歳で萌出する第一大臼歯が、猿人では三歳―三歳半で萌出したと考えられる（第11章参照）。

ヒトにいたる系統における子どもの依存期間の長期化は、ホモ属の後期の段階にいたって、生計活動の中で洗練された道具使用を含む技能（スキル）の学習が重要となったからだと考えられる。つまり、道具をうまく使いこなせるようになるために学習期間の延長が必要になり、脳の拡大が起こった。大きな脳をもった赤ん坊を生むには産道が狭過ぎた。そのために、脳が十分大きくなる前に、頼りない赤ん坊を産み落とすことになった。アドルフ・ポルトマンのいう「二次的就巣性」である。この子どもの成長の遅滞により、雌は現在の子どもを育て上げるために、あるいはつぎの子どもを早く生むためには、雄の援助を必要とするようになった。

ボックス⑪：

タマリン　中米から南米北部に棲む小型のサルで、マーモセット科の一グループ。どの種も美しい体色をしている。
フクロテナガザル　マレーシアからインドネシアのスマトラ島にかけて棲むテナガザル。テナガザルの中では最大で、喉にある大きな袋をカエルのように膨らませて大声を出す。

第4章で述べたような、赤ん坊を世話したり、養子にとったりする霊長類の行動傾向は、人間家族の出現にとって必要な前適応だった。ヒトは、母親だけでは子どもを育てることのできない霊長類として、マーモセット類などとともにユニークな地位を占める。実際には、父親だけでなく、その他の親族も一緒にいることによってのみ、子育ては可能なのである。これは、半世紀前の日本や伝統社会の現状を見れば、容易にわかることである。

図 6-1●ゴリラの家族
かれらは単雄複雌の群を形成する。雌を得られない雄は単独であるいは雄グループを形成して生活する（写真提供：山極寿一氏）。

表 6－3●**ヒト上科の配偶パターンと父親の子に対する直接的な世話の有無**

テナガザル	単雄単雌	父親の世話なし
フクロテナガザル	単雄単雌	父親の世話あり
オラン	単雄複雌	父親の世話なし
ゴリラ	単雄複雌	父親の世話あり
ヒト	単雄単雌 / 単雄複雌（重層社会）	父親の世話あり
チンプ	複雄複雌	父親の世話なし
ピグミー	複雄複雌	父親の世話なし

6 生計活動の性差

労働の性的分業が成立する前に、「生計活動における性差」があった。雌の方が「親の投資」が大きいので、そのために最適な活動戦略が雌雄で異なってくる。性によって得意な活動の分野が異なることが、分業における相互補完性を導く。これまでに知られているヒト以外の霊長類における採食行動の性差を概観してみよう。

1 霊長類における採食行動の性差

オランウータンの大人の雄は、大人の雌より長時間採食する。つまりたくさん食べている。雄は主として休憩時間を減らすことによって採食時間を捻出しているようである。また、採食場所として、雄は地面から地上一四メートルまでの森林の最下層を雌より四・五倍もよく利用する。食物割合についても性差がある。雄は雌と比し果実の割合を減らして、樹皮をよく食べる。

ゴリラについては、採食時間の割合しかわかっていない。成熟雄の採食時間割合は、起きている時間の三五・三%、成熟雌のそれは二九・七%である。

ホオジロマンガベイの採食時間割合を比べると、雄は雌より、果実、樹皮・髄を食べる割合が高く、雌は昆虫を食べる割合が高い。

フクロテナガザルでは、大人雌は、大人雄より採食スピードが早く、しかも一日三〇分長く食べる。

ズグロキャプチン（191頁ボックス⑬参照）では、雄の方が採食時間が長く、休憩時間は短い。雄は地上で過ごす時間が長く、落葉をかき分けて、節足動物、落果したヤシ、カタツムリなどを探す。雌は、同じものを探すのに、枯れた木を割るか、ヤシの木の樹冠をさがすし、また髄を食べるためヤシのてっぺんを剥ぐ。ブラウン・キャプチンの雌は雄より昆虫をよく食べる。雄は休憩時間が長く、植物をよく食べる。雄は木を割るのに雌より時間を使う。雌はヤシの樹冠で昆虫を探す時間が長い。

アヌビスヒヒは狩猟・肉食をするが、四七の狩猟のうち、四四回は雄が行った。

以上から、つぎのようなことがわかる。

ゴリラもオランウータンも成熟雄の身体のサイズは、雌の二倍ある。このように性的二型、つまり身体サイズの性差が非常に大きい場合は、採食の絶対時間が雄の方が長くなる。また、大型の動物は小型の動物より体表面積が相対的に小さいので熱効率がよく、そのため栄養価の低い食べ物でもやっていける。その結果、樹皮など栄養価の低い食物を大きな大人の雄がよく食べると予測され、そして予測どおりのデータになっている。

しかし、性的二型が大きくない場合は、むしろ雌の採食時間が長くなる。これは、授乳や妊娠のために雄以上に栄養が必要になるためである。また、栄養素としてタンパク質は雌や成長途上の子どもにとっては、大人の雄より必要度が高い。そのため、雌は雄より昆虫をよく食べるはずであり、実際その通りになっている。

2　チンパンジーの生計活動の性差

チンパンジーは、ゴリラやオランウータンと違い、性的二型は小さく、ヒトのそれに近い（表6―5）。それにもかかわらず、長期にわたる研究により、生計上の大きな性差が詳しく知られている。それを紹介しよう。

集中利用域と遊動パターン

雄は雌より一日の移動距離が長い。一か月、あるいは一つの季節での個体の行動圏や一年のうちよく使う地域、つまり集中的利用域（コア・エリア）も広い。雌は同じ採食地をくり返し利用する傾向が強い。

ベッド作り

子持ちの雌は夜のベッドを雄より早いうちに作り、昼間のベッドを雄より頻繁に作る。また、雌はベッドを雄よりていねいに作るので、作る時間も長い。

食物構成

チンパンジーの雌は、雄よりシロアリやオオアリなど昆虫をよく食べる。また、雄は雌よりよく肉を食べる。

表6-5●大型類人猿における体重の性差（♂の体重／♀の体重）

ゴリラ	1.63 ～ 2.37
オランウータン	1.90
チンパンジー属	1.27 ～ 1.36
ヒト	1.24

道具使用

飼育下では、チンパンジーが他の仲間の虫歯を灌木の枝で抜くという道具使用行動が知られるが、雌の方がよく道具を使ったという。野生チンパンジーにも、道具使用にはっきりした性差があることがわかった。

まず、昆虫の釣りがある。ゴンベのチンパンジーの雌は、頻繁に、また一回当り長時間、シロアリやサスライアリの釣りを行う。

上原重男によると、グループサイズの大きいマハレのM集団では、雌は雄より長時間、また頻繁にオオアリ釣りを行う。一方、サイズの小さいK集団では、雄も雌も同じように釣りをする。

堅果割り行動では、もっとめざましい性差がクリストーフ・ボッシュによって発見された。象牙海岸のタイ森林のチンパンジーは、木のハンマーと台石を使って、コウラやパンダなど野生の堅果を割る。コウラ・ナッツを割るとき、雄は高さ一五メートル以上の樹上で、一二ないし一五個のナッツを集めて地面に降り、木のハンマーと台石のあるところへ運び、そこでナッツを割る。終るとまた、木に登り同じことを繰り返す。

一方、雌は、ハンマーを樹上に運び、ナッツを集めて口、手に蓄える。ハンマーを片手にもち、もう一方の手の親指と人差指でナッツを支え、水平の枝の上でハンマー叩きをする。他のナッツは、口と足の指に保持する。食べるとき、まずハンマーを枝の上におき、割っていないナッツをまず口からその手に出し（口から出さないと、邪魔になって食べられない！）、もう一方の手にある割られたナッツ・ミートを口に入れるのである。

道具使用の能率にも性差がある。雌は、地上でも樹上でも、長時間ナッツ割りをする。割るまでにハンマーで叩く回数は雄より少ない、それゆえ、一分当りに割ったナッツの数は雄より多い。

また、もっと硬いパンダ・ナッツを石ハンマーで割るのは雌だけである。このナッツを割るには力がいるが、力一杯叩けばよいというものではない。実が粉々にならないよう、力を加減しなければならない。それゆえ、パンダ・ナッツが欲しいときは、雄は雌のところへいき、雌が分配してくれるまで待つという。

狩猟行動

チンパンジーの雄は、雌よりよく狩猟する。マハレでは、雄はアカコロブスというサルを捕まえることが多く、雄の捕る獲物のサイズは雌のそれより大きい。雌はブルーダイカー（小型のウシ科偶蹄類）などの幼獣を捕らえる傾向が雄より強い。

また、雄の方がよく肉を分配する。その理由の一つは、雄が肉を入手することが多いからである。また、雄と雌では分配の方針が異なる。雄は他の雄、発情雌、近親者、特定の母子などに与えるが、雌は近親者、とくに、自分の子ども以外にはあまり与えない。

3　生計活動における性差の由来

チンパンジーはシロアリ、オオアリ、サスライアリの釣りのいずれでも、大人の雌の方が大人の雄よりよく行うこと、一方狩猟は大人の雄の方がよく行うことがわかった。昆虫も脊椎動物の肉も同じ蛋白質を求める行動であるが、どうしてこのような性差が生じるのだろうか?

まず、雄の方が身体が大きく犬歯も大きいので餌食に対して有利である。これは、アヌビスヒヒのように、雄が雌より身体がはるかに大きい場合、より明確である。雄間の闘争に役立つ筋肉や瞬発力は、狩猟のときにも役立つ。しかも、雄には赤ん坊の運搬というハンディキャップがない。雄の一日の移動距離は大きく、また他の仲間より遠くまで離れることができるので、獲物の存在にも雌より早く気づく。

雌にとってタンパク質は子育てのために日常的に必要であり、狩猟のように不安定にしか獲れないのでは困る。社会性昆虫の採集は、決まった場所へ行けばかならず可能である。アリ釣りは、なにより、子どもの世話と両立する。子どもを危険にさらすことも決してない。

それでは、マハレのK集団ではどうして、アリ釣りに性差が見られなかったのだろうか?

この集団では大人の雄の数がわずか三頭で、大人雄間の順位は非常に明確だった。上原重男が生計活動を調査した時期には、大人の雄がよりよき連合関係を求めてせめぎあうという状態にはなかった。つまり、かれらは「政治」に時間を費やすことはなかったのである。一方、M集団は大型であり、大人の雄は一〇頭を数えた。M集団の大人の雄は政治に忙しく、昆虫の採取に投資する時間がなかったと考えられる。また、大人の雄がたくさんいたM集団では、比較的容易にアカコロブスを狩ることができ、一方狩猟が困難だったK集団では大人の雄は昆虫に頼るしかなかったと考えられる。

7 食物分配と交換の問題

1 物と物の交換

ヒトと他の霊長類の違いは、後者には物と物の交換がないことである。チンパンジーには、たとえば、毛づくろいと毛づくろいの交換にみるように、行動と行動の交換はあるし、またつぎに見るように、行動と物の交換はあるが、飼育下での逸話的な観察を除いて、物と物の交換は確認されていない。

キャロライン・テウティンによると、チンパンジーの大人の雌は、ふだんよく肉の分配をしてくれる雄やよく毛づくろいしてくれる雄と、独占的・排他的な性関係を結ぶ傾向があるという。黒田末寿によると、ピグミーチンパンジーでも交尾と食物がよく交換されるという。ただし、いずれの場合も十分なデータが示されているわけではないので、将来の追試が必要である。

2 集まりの場

チンパンジーの食物分配は決まった場所で行われるわけではない。一方、ヒトの食物分配はキャンプあるいは集団の中心の場で行われるのがふつうだ。グリン・アイザックは人類進化において、食物の分配や交換が行われる「セントラル・プレース」が決まってくることが重要であると主張した。ジーン・セプトは、チンパンジーの食痕やベッドの密度を調べて、チンパンジーがよく集まる「サイト」が存在することを明らかにしたが、食物分配はそこでだけ行われるのではない。チンパンジーの消費は「手から口へ」であり、消費の遅滞はあまり起こっていない。

親への子どもの依存期間がのびたとき、母親は一定の場所に留まる傾向が生まれ、そこが食物分配の中心となったとすれば、上述のようにこの段階は後期のホモ属の時代であろう。

3　自発的分配

チンパンジーでは、分配者は物乞い、つまり要求されることなしに、自発的に分配することはない。積極的な分配は、明確な互酬性の意識が生まれたときであろう。

8　コミュニティ、家族の誕生と排卵の隠蔽

基本的な社会単位が他の同様な単位と協力関係を築くことができるとき、コミュニティが成立したといえる。

ヒトとアフリカの類人猿の共通祖先の社会の単位はどんなものだっただろうか？　これは難問である。山極寿一は、類人猿で性皮の腫脹をもつのはチンパンジーとピグミーチンパンジーだけであること、初期アウストラロピテクスの性的二型は大きいと考えられることから、共通祖先の社会の単位はゴリラ的な一夫多妻型だと考えた。榎本知郎もこの考え方に近いようである。この考えによれば、一夫多妻型のグルー

プが集まってチンパンジーやピグミーチンパンジーのような複雄複雌集団やヒトのコミュニティができたことになる。

私の考えは、ヒトとチンパンジー属の共通祖先はおろか、大型類人猿との共通祖先も、離合集散性のある複雄複雌集団であった、というものである。その理由は、大型類人猿の共通祖先は果実中心の食性をもっており、体格も大型だったと考えられるからである。このうち、散在する大型果実を食べるようになったオランウータンは単独行動をするようになり、また草本の髄やタケノコを主食とするように変わったヤマゴリラは、それに応じて一夫多妻のハーレム型に変わった。南米に住む大型の果食者クモザル類（クモザル、ウーリークモザル、ムリキ）が、離集性のある複雄複雌群を形成していることが、私の仮説の大きな拠り所である（282頁図11—7も参照）。

大型の集団から小型の単位ができる例があることは、幸いヒヒの社会を比較すればわかる。ヒト以外の霊長類では、半砂漠や草原に住むマントヒヒとゲラダヒヒだけが、重層社会、つまりコミュニティづくりに成功した。群れは、多くの単雄複雌（一夫多妻）のハーレムグループから構成されているのである。南アフリカ、中央アフリカ、西アフリカの樹木サバンナに広く住むサバンナヒヒは単層の複雄複雌の群れを作る。これがヒヒの一般的な社会なので、複雄複雌の群れこそヒヒ社会の古い型であろう。ヒヒと近縁であるマカクが複雄複雌集団をもつことも、それを支持する。それゆえ、ヒヒの祖先が北東アフリカの乾燥地に進出した過程で、群れの中に単雄複雌のグループ（サブユニット）が析出したに違いない。

集団は分裂する方が、あるいは下位集団を作る方が、合併したり統合したりするより容易である。霊長類の野外研究が始まって五〇年たつが、集団の分裂の観察はたくさんあっても、集団が合併したという話はほとんど聞いたことがない。それゆえ、大きな集団がまずあって、そこから家族が析出したと考える方が、その逆より自然であろう。大きな複雄複雌の単位集団から、一夫多妻の家族が析出し、そしてこれが一夫一妻の方向に向かった。

ホモ・サピエンスは雄の方が雌より体格がかなり大きいのに、少なくとも高度産業社会では通常の配偶パターンは一夫一妻である。これは大きな謎である。一夫一妻の歴史がまだ浅いため、というのが常識的な解釈だろう。第3章で述べたように、伝統社会では一夫多妻が多いからである。その理由については第11章で触れるが、アウストラロピテクスからホモ・エレクトゥスへと進化する過程で、性差は現代人並に小さくなった。だから、一五〇万年以上、現在のレベルの性的二型が維持されているのである。今日では、道具の進歩が性による労働の分業をほとんど無意味にしつつある。

人間家族にまつわるもう一つの謎は、排卵の隠蔽である。ヒト以外の霊長類は、排卵時に形態的・生理的な兆候を示す。とくに、チンパンジー属やヒヒは、性皮を腫脹させ、排卵を宣伝する。ゴリラとオランウータンは性皮の腫脹は示さないが、雄を誘う行動を頻繁に示すようになる。こうして、ヒトの場合は、排卵の隠蔽は徹底しているといえる。どうしてこんなことが起こったのだろうか？

まず、性皮腫脹を示さないのは、類人猿の共通祖先の形式だったと考えられる。テナガザルやオランウータンにも性皮の腫脹が見られないので、大型類人猿とヒトとの共通祖先は、性皮の腫脹をもたなかったという可能性の方が、その逆より高い。その場合、(a)ヒトの祖先と分岐した後、チンパンジー属の二種の共通祖先だけに性皮の腫脹が進化したか、(b)チンパンジーとヒトの共通祖先に性皮腫脹が生まれ、ヒトだけがそれをふたたび失ったという、二つの可能性がある。これは検証しようがないが、(a)の方が仮定は少ない方がよいとする「倹約の原理」（プリンシプル・オブ・パーシモニー）に合う。

いずれにしろ、排卵の隠蔽が家族の成立に役だったことは間違いない。なぜなら、雄同士が社会的紐帯を維持しながら、自分の繁殖を確保するには、雄同士の摩擦を最低限にする必要があるからである。

家族の成立のさい、雄同士は協力を維持するために、また夫婦は嫉妬を避けるために、性的競合があからさまになるのを避けなければならなかったのであろう。雌はよい遺伝子をもった雄との間に子どもを作り、一方パートナーからは世話を受け続けるためには、排卵を宣伝しない方が有利だった。よい遺伝子をもった雄との間に密かに子どもを作り、パートナーに育てさせるのは雌にとって有利だった。

セックスを皆の見ている前ではしない、というのもヒトの性行動の特徴である。この習性も、コミュニティを構成するメンバー間で、とくに男の間での嫉妬や競争を避けるためだろう。

第7章 攻撃性と葛藤解決

彼らは主がモーセに命じられたようにミデアンびとと戦って、その男子をみな殺した。――またイスラエルの人々は、ミデアンの女たちとその子どもたちを捕虜にし、その家畜と、羊の群れと、貨財とをことごとく奪い取り、そのすまいのある町々と、その部落とを、ことごとく火で焼いた――

『旧約聖書民数記』（日本聖書協会）より

なんらかの理由で資源が人口密度からいって過剰だとしよう。そうなら、動物の人口は増加していくだろう。一方、資源が過小なら人口は減っていくだろう。それゆえ、多くの場合、動物の人口はせいぜい資源と釣りあっているか、むしろ過剰気味のはずであり資源分配をめぐって個体間で葛藤が起こる。これは、まさにダーウィンの言う自然淘汰の起こる土壌でもある。

1 攻撃性

1 攻撃性の意味

「攻撃性」とは、個体あるいは集団が、他の同種個体あるいは集団に対して、資源（食物や異性はもちろん、空間も含む）をめぐって優位に立とうとする傾向を意味する。それは、生物の自発性の表われであり、良いも悪いもなく、生物の基本的属性である。攻撃性は遺伝的に異なる個体間ではつねに起こる可能性があり、それが欠けることのあるのはクローン同士だけである。たとえば、動物一個体の身体の細胞同士はクローンであり、お互いに協力することしかしない。

「攻撃」とは、同種個体に対して身体的打撃を与えるさまざまな行動パターンをさし、「暴力」はその極端なものである。暴力にいたる前に、さまざまな行動上の相互作用がある。「威嚇」とは、攻撃の意図運動である。攻撃の前触れだけで、攻撃と同様の効果があった場合、つまり資源占有の相手の優先権を放棄させた場合、それ以上の行動連鎖が進まず、ストップした状態が自然淘汰によって選択される。

2　攻撃性を調節する行動

二頭以上の個体が、資源に関して優先権を争うことがある。これを、社会的葛藤という。社会的葛藤において、一貫して勝利を得ることを、社会的優位というが、多くの場合、それは資源保持能力（ＲＨＰ＝リソース・ホールディング・パワー）、つまり闘争能力の大きさによって決まる。

ＲＨＰの小さい個体は、戦いを避けるのが賢明な解決策である。そのため、優位者が攻撃の態勢に入る前に、劣位者は「宥和行動」と呼ばれる慰撫的行動を示す。グリマス（図7―1）、プレゼンティング、接触などさまざまな行動パターンを霊長類は発達させている。

優位な個体も、闘争は避けた方が得である。勝負には勝っても怪我をするかもしれない。それに、多くの場合、ライバルは一頭だけではない。それゆえ、おびえた劣位者を、優位者が元気づける（「元気づけ行動」）ことによって、友好関係を維持するのは有効な方法である。

図 7-1●チンパンジーのグリマス
右側の若い大人の雄が見せている歯をむき出す行動をグリマスといい，恐怖の状態にあるときや宥和を示すときにしばしば観察される．ここでは，左側の高順位の雄に右手をさしのばしてあごにふれて恭順の態度を示している．右脚のスタンピング（足踏み）は，強い心の葛藤を示している．

それでは、どうして闘争が起きるのであろうか？　闘争のコストとベネフィットという考えが必要になる。資源をもっていない者は闘争によって失う資源がないので、闘争のコストは小さく、勝利によって資源を獲得できるかもしれないのでベネフィットは大きい。つまり、資源をもたない者は、闘争に打って出る可能性が高い。一方資源をもっている者は、もっている資源を失う恐れがある上に、新たな資源を得てもすでにもっている資源に上乗せされるだけだから、勝っても利益は小さい。それゆえ、争いを避ける傾向が強い。これが「金持ち喧嘩せず」という格言である。

霊長類において、闘争の勝敗は通常ＲＨＰによって決まるが、それだけではない。一頭で勝てない相手には、他の個体と連合することによって闘争を有利に展開することができる。

第三者は、闘争に対して、無介入と介入の選択肢がある。自己の得失と無関係なら、闘争に介入しない、つまり中立を保つのが、通常の反応である。闘争に介入するのはリスクを伴う行動だからである。

介入の一つの形式は、闘争の当事者のどちらかを応援することである。支持戦略、つまり応援の原則には、「優位者応援主義」と「劣位者応援主義」がある。闘争の結果、勝利する可能性の高い方に味方するのが前者であり、その逆が後者である。闘争のひぶたを切った方を応援するのを「攻撃者応援」、最初に攻撃を受けた方を応援するのは「被攻撃者応援」と呼ばれる。これらは、優位者応援、劣位者応援とほぼ一致するが、かならず一致するわけではない。

応援する方も、それによって利益がなければ応援することはない。血縁者を応援するか、かつて自分を助けた者、あるいは今後助けてくれる可能性の高い者を応援するだろう。こうして、闘争の応援は同盟という長期的な連合の形をとることもできる。

闘争の当事者は、第三者の支援を得るために積極的に働きかけることがある。闘争する二者のうちの一方が、近くの第三者に対して示す行動を、「第三者志向行動」と呼ぶ。これらは、自己元気づけ行動、あるいは応援を求める行動と考えられる。

第二の介入の形式は、仲裁である。つまり、攻撃あるいは威嚇によって、闘争をやめさせることである。仲裁者は、二人の敵対者より優位である必要がある。

第三の介入の形式は、第三者が、敵対者の間に入って、攻撃行動を使わずに、両者の和解を促すことである。これは、「仲介行動」と呼ばれ、ヒト以外の霊長類では、今のところ飼育下のチンパンジーだけに知られている。仲介者は二人の敵対者より優位である必要はないが、かれらとは異なるなんらかの資質をもち（年長であるとか、性が異なるとか）、かつ中立を保たなければならない。たとえば、ドゥ・ヴァールによれば飼育下では、大人の雌が、敵対者（大人の雄）の一方の手から、石を取り上げたり、敵対者の双方（大人の雄）を順番に毛づくろいして、二人が相互毛づくろいするように促したりするという。

3　ヒト以外の霊長類における攻撃行動や支持戦略の特徴

これまでよく研究されているのは、マカク（とくに、アカゲザル、ニホンザル、カニクイザル、ベニガオザル）、ヒヒ、チンパンジーくらいである。これらの研究から、闘争の支持戦略には、一定の共通性があることがわかってきた。それらをまとめてみよう。これらの研究対象は雄が雌より体格がかなり大きい霊長類であることに注意しなければならない。性的二型の小さい種では、ここに述べることは、かならずしもあてはまらないかもしれない。

(1) 攻撃の起こる文脈が性によって異なる。雄は、順位や発情雌をめぐって争うことが多く、一方雌は子どもの保護や食物をめぐって争うことが多い。

(2) 大人の雄は、大人の雄と大人の雌との葛藤については、大人の雌の方を応援する、つまり劣位者応援主義をとる。

(3) 大人の雌と大人の雌との葛藤については、大人の雄は、さまざまな選択肢がある。どちらの雌ともとくに強い関係がなければ、「中立」が雄にとって最も望ましい選択肢であろう。順位、血縁、性関係がどちらを応援するかに影響を与える因子である。

(4) 大人と子どもとの葛藤については、大人の雄は、子どもを応援する、つまり劣位者応援主義をとる傾向が強い。

(5) 大人の雄と大人の雄との葛藤については、大人の雄は、強い方を応援する、つまり優位者応援主義の傾向が強い。強い方を応援する方がリスクは小さいし、通常は利益も大きい。ヒトでは、この傾向は「寄らば大樹の蔭」、「勝てば官軍」というフレーズに表現される。

(6) 大人の雄と大人の雄との葛藤については、大人の雌は干渉しない、つまり中立の立場をとる傾向が強い。これは、RHPの小さい雌は影響を与えることができないだけでなく、リスクが大きいからである。ただし、飼育下のチンパンジーでは干渉が見られ、野生状態でもまれに見られる。ピグミーチンパンジーでは、大人の息子の戦いに母親が応援する。ヒトでは間接的に影響力を及ぼす。

(7) 大人と自分の子どもとの葛藤については、母親は自分の子どもを応援する、つまり劣位者応援主義をとる。

(8) 大人の雌と大人の雌との葛藤については、大人の雌は、自分の血縁者を応援する、つまりネポチズムを示す。

図 7-2●分離のための介入
毛づくろいしていた2個体（画面手前左右）に向かって突進しつつある第1位の雄（中央）．第1位雄はライバル（右側）が他の雄（左）と仲良くするのを妨害し，自分に敵対する連合が形成されるのを未然に防ぐ．

チンパンジーやヒトには、他の霊長類では見られない政治的行動が発達している。自己が連合するのは有益な行動だが、ライバルが第三者と連合することは、自己にとって不利である。それゆえ、ライバルが連合するのを未然に防ぐことができれば都合がよい。「分離のための介入」は、ライバルが第三者と連合関係を樹立・維持するのを妨害する行動であり、チンパンジーのアルファ雄はライバルが第三者、とくに強力な第三者と毛づくろいしているのを認めると、突撃ディスプレーによって毛づくろいをやめさせる（図7―2）。

2 葛藤解決

1 葛藤解決の方法

競合する資源の優先権の決め方には三通りある。

優劣の確定：どちらかが優先権を握る

平等関係：優先権を永久的に棚上げし、ケース・バイ・ケースで決めたり、たとえば、「早いもの勝ち」のような非攻撃的な慣例で決める

未解決関係：優先権を一時的に棚上げする

いつでも戦いには勝てばよい、というものではない。「勝つこと」にもコストがある。たとえば、雄が雌から食物を奪えば、雌は交尾を拒否するかもしれない。ヘンリー・ニッセン等の飼育チンパンジーの研究では、雌雄のチンパンジーを檻で飼い、一隅にリンゴ片などの食物が落ちてくるように仕組むと、雄が通常は独占する。しかし、発情し始めると雌はしだいに自己主張が強くなり、雄は遠慮するようになり、性皮が最大腫脹を示すときは雌が食物を独占するというパターンが一般的になった。雌雄間の争いは勝ち負けということとは、なじみが薄いのである。「夫婦喧嘩は犬でも食わぬ」とは、このあたりの事情を述べている。

このような事情は、雌雄関係だけにあてはまるのではない。第一位雄と第二位雄が戦っているとき、第一位雄が第三位雄の交尾を妨害したら、第三位雄は第二位雄を応援するかもしれない。すると、闘争中の優位の二頭の雄の最上の戦術は、第三位雄の交尾を大目にみるということになるわけである。

マカクとチンパンジーとヒトを比較すると、優劣→未解決→平等へと重点が移行する傾向が認められる。伊谷純一郎は、マカクの「優劣」を「先験的不平等」、採集狩猟民の「平等」を「条件的平等」と呼び、類人猿は条件的平等に近い体制をもっていると指摘した。

2　和解のテクニック

敵対者が、戦いのあと、接近して友好的な行動を示すことがあり、フランス・ドゥ・ヴァールはこれを「和解行動」と呼んだ。実際に和解したのかどうか、つまり永続的な効果があるのかどうかには議論の余地があり、記述的な言葉である「闘争後接近行動」という用語を使う研究者が多いが、少なくとも一時的には関係を回復したように見えるので、ここでは和解行動という用語を使うことにする。

和解は、集団を離れては生活できない、あるいは大きな不利をこうむる種で、多くの友好関係を維持することが繁殖上重要な種で進化した。ドゥ・ヴァールは著書『仲直り戦術』で、さまざまな種で和解の方法が異なることを示した。

アカゲザルは和解は得意でないが、喧嘩が終ったことを知らせる微妙な方法をたくさんもっている。ライバルのそばを接触しつつ通過するなぞは、暗黙の和解の好例である。

一方、ベニガオザルの見知らぬ雌同士を一緒にすると、互いに攻撃しあって、大混乱になったあと、マ

図 7–3●マウンティングを行う大人の雄のチンパンジー
チンパンジーのマウンティングとは，仲間の腰をうしろから抱きしめる行動である．不安を感じたときや，ライバルが現れたため第三者を自分の見方につけたいときにしばしば見られる．

ウント（尻抱え）が繰り返し見られる。和解するときの性的な姿勢には、オーガズムのときと同じ生理的な特徴が見られる。敵対する相手との仲直りのために、自然が既存の快楽であるオーガズムを提供したわけである。ベニガオザルは、六時間に五九回射精した個体がいるほど性的なサルである。和解にはプレゼンティング、マウンティング（図7―3）のほか、歯のカチカチ鳴らし、リップスマック、キス、陰部検査などの身振りが用いられる。

喧嘩のあと、和解する割合は、アカゲザルの二〇%に対し、ベニガオザルは五六%、和解行動のイニシアティブを優位者がとる割合は、アカゲザル七〇%に対し、ベニガオザルは五〇%と、和解のパターンは両者で大きく異なる。

チンパンジーには、劣位者が優位者に示す挨拶という行動がある。その代表的なものはパント・グラント（図7―4）と呼ばれるもので、優位者に向かって身体を低め、喘ぎ声を発するという行動である。片手を延ばしたり、プレゼンティングをしたり、大人の雌雄が他の雄の陰嚢を握って揺するという行動もある。

和解のイニシアティブは劣位者がとることが多い。和解行動のパターンには、抱擁、キス、相互毛づくろいがある。毛づくろいの過程で相手の鼻糞を食べることもある。いったん破れた連合関係がふたたび構築されたあとは、二人は共同でパント・フート（図7—5）という遠距離伝達用の大声を発することが多い。これは、観察者には、連合関係の再建を宣伝しているように聞こえる。

劣位の者にとって、和解は集団生活を送っていくうえに必要な手続きである。優位のチンパンジーはそ

図 7–4●チンパンジーのパント・グラント
劣位者が優位者に示す挨拶の代表的なもの．優位者に向かって身体を低め，喘ぎ声を発する（写真中央）．和解のイニシアティブは劣位者がとることが多い．

図 7–5●チンパンジーのパント・フート
パント・フートとは，通常，遠く離れた仲間とのコミュニケーションを行う場合に発せられる大声だが，連合している二頭の雄が，ライバルに対する威嚇として共同で発することも多い．観察者には連合関係を宣伝しているように聞こえる．

れを逆手にとって、和解の提案をわざと無視して相手をじらし、より劣位の地位を押しつける、という戦術が見られる。

ピグミーチンパンジーでは、和解のイニシアチブはチンパンジーと逆で、優位者がとる。ピグミーチンパンジーは緊張解消のために、性器こすり、尻つけ（図7―6、7―7）、交尾などの性行動を日常的に使う。

図7-6, 7-7●ピグミーチンパンジー（ビリヤ）の性器こすり（上）と尻つけ（下）
かれらは社会関係を円滑にする豊かな性行動のレパートリーを持つ（いずれも写真提供：加納隆至氏）.

ヒトの和解に関する本格的な研究はまだない。狩猟採取民の葛藤解決法として、最も普遍的なものは、「別れること」である。気まずいことが起こると、最小は核家族の単位で別行動をとる。ヒトに家族単位があることは、チンパンジーやピグミーチンパンジーと異なり、和解を長期にわたって延期することを可能にした。

また、ヒトには言語があるので、言葉だけの「形式的な和解」が可能になった。また、暗黙の和解だけでなく、より明示的な和解が可能になった。

ヒトでは、和解に非常に時間がかかることがあり、世代を越えることさえある。これは、記憶力がよくなり、また記録手段があることが一因だが、ヒト特有の復讐感覚があるのかもしれない。

また、ヒトには面子というややこしい問題がある。これはヒトだけの特徴と考えられてきたが、ドゥ・ヴァールが指摘するように、ヒトだけでなくチンパンジーにも面子の問題があるようだ。たとえば、喧嘩のあと、敵対者の二頭が、比較的近いところにいて、それぞれ延々とセルフグルーミングしていることがある。大人雌の「仲介行動」が、意味をもつのは、こういうときである。

ヒトの大人の和解の方法には、非対面的な和解と対面的な和解がある。前者には文書や電話による謝罪と、食物や花などの贈与による謝罪が含まれる。後者には、言葉による謝罪、お辞儀・土下座など表情や身振りによる謝罪、キスなど相手の身体にさわる行為、友好的行動の申し出、そして男女の間ではセックスがある。しかし、真の和解は対面的で、身体の接触を伴うものによって得られることは、チンパンジーと異ならない。

就学前の児童の行動学的研究によると、喧嘩のあと、和解する割合は、少年同士だと五〇%、少女同士だと四〇％だが、少年少女の間では一二％にすぎない。つまり、異性の間では和解が起こりにくい。児童の間の和解の方法は、友好的な、あるいは共同の行動の申し出をしたり、贈与や、相手の身体に触れたり、さすったり、キス、抱擁をしたり、言葉で謝ったり、象徴的な贈与をする、ということが含まれていた。

3 戦　争

1 集団間攻撃と戦争の普遍性

集団の内部での個体間の争いは、解決できることが多い。なぜなら、始終顔つきあわせていく以上、なんらかの妥協をしなくては争っている双方にとって損が大きいからである。異なる集団間の争いでは事情が異なる。

まず、戦争の定義をしておこう。戦争とは、「殺害を伴う、同種の動物の集団間の組織的な争い」としよう。戦争の生物学的起源なぞと言えば、かならず人文系の人々から、保守反動と非難される。かれらによれば、戦争は定住生活、ことに農耕を始めたあとに始まったものであり、資本主義的生産とともに頻繁になったという。

最近も、ある有名な考古学者が「人類にとって、戦争は新しいものである」ということを義務教育で教えることが、戦争を避ける有力な方法であると説いていた。しかし、間違ったことを義務教育で教えるべきでないし、そんな簡単なことで戦争が避けられれば誰も苦労しない。

戦争が人類の歴史に登場したのは、比較的最近のことであるという主張の根拠は、霊長類や狩猟採集民には戦争がないという誤った認識による。

確かに、アフリカの狩猟採集民、サンやンブティ(ピグミー)では、少なくとも最近戦争があったという報告は知られていない。しかし、サンには、バンド間で縄張りがあったという報告もあり、かつて戦争がなかったと断定はできない。

北米北西海岸のインディアンは、生計を海産の魚介類や哺乳類に主として依存していた狩猟採集民であるが、漁獲の多い地域をめぐって、しょっちゅう戦争をしていたので有名である。かれらの戦争は、長い作戦行動、長距離遠征、多人数による戦闘など、洗練されていた。戦争の主な動機は復讐だった。グレート・プレイン・インディアンは、女とウマを目的に隣の集団を襲撃した。これに対して、対等な報復や虐殺が起こった。慢性的な敵意があり、小規模とはいえ、戦争であった。オーストラリア原住民もかつて戦争していた、という報告がある。

原始焼畑農耕民では、アマゾンのヤノマモ族、ニューギニアの諸部族など戦争は日常的である。私がチンパンジーを調査している地域のバンツー系住民トングェ族もヘンリー・スタンリーが探検した頃は、村同士が仲が悪く、いつも戦争していたという。当時、かれらが張りめぐらした堀は、今も残っている。

ニューギニアは、山岳と谷が複雑に入り込んでおり、集団は地理的な理由からも隔離される傾向がある。ここでは、一〇〇〇にも及ぶ言語集団が分離していて、つい最近まで部族間で戦争を繰り返していた。ヒトは征服者による集団の統合、つまり合併による集団の大型化が見られるユニークな種であるが、一方では小さな集団に分裂する傾向があり、これが地方主義、部族主義、国家主義、民族主義などと呼ばれるものである。

定住や農耕、都市の発生、帝国主義とともに戦争は増加したかもしれないが、その最大の原因は人口過剰である。資源に対して人口が過剰になったとき、生き延びるために戦争をするのである。もちろん、人口と資源不足や貧困はかならずしも平行せず、不公平な分配をもたらす社会制度が直接の原因であることも多い。しかし、根本が人口過剰であることは否定できない。

2 ヒト以外の霊長類の集団間攻撃

ヒト以外の霊長類では、死にいたる同種集団間の争いというのは、ほとんど知られていない。しかし、集団間は仲が悪いというのが一般的であり、集団の縄張りの境界をお互いに避けあう。群れ同士が肉弾あい打つ喧嘩になることはまずないが、〝声の戦い〟と呼ばれるような応酬は、テナガザルやホエザルなどで知られている。

一つの群れが、隣の群れの縄張りの奥深くまで入り込むということは、ほとんど知られていない。サバンナモンキーには、乾期にも縄張りの中に水場をもつ群れと、もたない群れとがある。水場のない群れは、隣の集団が水場にいないときに限って入り込み、水を飲むという。この場合は、劣位の群れが優位の群れの縄張りにこっそり忍び込むのであり、攻撃のため侵攻するのではない。しかし、チンパンジーには、ヒトの攻撃性の起源を想わせるようなエピソードが知られている。

チンパンジーも集団同士は仲が悪い（図7—8）。マハレでは、隣接するK集団とM集団の縄張りが、大幅に重複していて、かつてその重複地域に観察用の餌場があった。ある日、K集団が餌場から立ち去ったあとに、M集団がやってきたときのことである。M集団の雄たちは毛を逆立て、地面の臭いを嗅ぎ、下痢便を漏らした。そして、K集団の立ち去った方向へ地面の臭いを嗅ぎつつ移動していったが、K集団の方へ近づくにつれ、下痢はひどい状態になっていった。

K集団の六頭が餌場に座っていたときに、それとは知らずM集団の大人の雄が一頭で近づいてきたことがある。Kの大人の雄たちは、たちまちその雄を協同で追跡し、第一位の雄が組みつき倒した。しかし、他の雄が跳びかかる前にM集団の雄は逃げおおせた。

発情していなければ、大人の雌でさえ隣接群の雄に攻撃される。K集団の高齢の雌は、M集団の雄たちに袋叩きにあい、観察者のアシスタントをしていたアフリカ人が棒を振り回して助けたという。

Kグループは一九六六年には大人の雄六頭を含む約三〇頭からなっていた。しかし、群れの大人の雄が、一頭また一頭と次第に消えていき、一九七九年には大人の雄は一

図 7-8●緊張するチンパンジー
見知らぬチンパンジーがやぶの中に姿をみせたら，それ迄落ちついて採食していたチンパンジーたちはあわてふためいてその方を凝視した．現れたのは若い発情した雌だったので，性器検査のあとグループに受け入れられた．もし，大人の雄だったり，発情していない雌だったら，集団攻撃を受けたことだろう．

頭だけになった。それと同時に発情可能な雌はすべて隣接する大集団Mグループに移籍し、一九八三年には最後の大人の雄も消えた。こうして、Kグループの縄張りは、北のBグループと南のMグループに併合される結果となった。なぜ大人の雄が消えていったのだろうか？　MグループがKグループの大人の雄を殺すところは観察されていないが、状況証拠からその可能性は高い。

タンザニアのゴンベ公園で、ジェーン・グドールの研究していたカサケラ・グループが分裂し、カハマ・グループとして南部に独自の縄張りを形成したときのことである。しばらくして、カサケラ・グループのパトロール隊はカハマの縄張りに侵入して、一頭また一頭とカハマのメンバーを集団で殺害した。こうして、大人の雄八頭、大人の雌一頭が殺された。カハマの若い雌一頭は、殺害されず、カサケラ・グループへ連れ戻された。こうして、カハマ・グループを全滅させた。カハマ群は消滅し、カサケラ群は元の縄張りを取り戻したのである。

これらの観察がある前は、「同種の他集団の縄張りに侵入して組織的に殺害する」という行動は、ヒト特有と考えられていた。

3　ヒトの攻撃行動の特徴

ヒトの戦闘行動には、ユニークな点がある。(補記2)

「われわれグループ」と「かれらグループ」の峻別

集団間の敵意は、動物にもあるが、ヒトの場合は極端に走る。仲間を殺せば殺人だが、敵を殺せば英雄になる。敵意は、家族、村落、系族、氏族、部族、民族、人種、国家、宗教セクト、政治セクト、学校、会社、スポーツチームのファンなど、あらゆるグループ間で生まれる。

チンパンジーは、メンバーと非メンバーの峻別についてはかなりヒトに近い。チンパンジーは、他集団のメンバーに対し恐怖や嫌悪のみならず抹殺したいという感情をもっているようだ。それは、他集団の成員が近くにいると知ったとき、かれらが毛を逆立て、恐怖の表情を示し、仲間と抱きあい、下痢便をすること、あるいは見知らぬ雌に腕を触られた雄が、触られた部分を木の葉で拭き取ったというグドールの記した事例からも明らかである。

シンボルによる敵意の増大

ヒトには、言語以外のシンボルによって敵意を増大させるという特徴がある。旗、バッジ、入墨、制服、偶像などグループを象徴するものが、敵意を増幅する。

言葉による攻撃

ヒトは言葉による攻撃を用いる。動物や陰部を意味する言葉が敵を侮辱する言葉になる。野生霊長類がヒトの使うような言語を用いているという証拠はないので、シンボルを攻撃に用いるのは、ヒト特有の行動である。しかし、人間の家庭で育てられ手話を教えられたチンパンジーが、はじめて他のチンパンジーを見たとき、手話で「黒いナンキンムシ」と罵ったという逸話がある。

ジャレッド・ダイヤモンドによると、ナチスはユダヤ人を「シラミ」と呼び、フランス人はアルジェリア人を「ネズミ」、パラグアイ人も狩猟採集民のアチ族を「ネズミ」、ボーア人はアフリカ人を「ヒヒ」、教育を受けた北部ナイジェリア人は、イボ族を「害虫」と呼んだという。

見知らぬ者に対する許容性

一方では、人間は見知らぬ者に対する許容性が他の霊長類より大きい。たとえば、高度産業国では、人々は赤の他人で満員になった電車で通勤するが、こんなことはチンパンジーなどに耐えられるとは考えられない。これが、人類の将来を楽観的に見させる人間の数少ないユニークな要素である。

武器の使用

ヒトは武器を使用するが、これは岩石や棒を投げたり、棒を振り回したりするチンパンジーの武器使用との連続性がある。

復　讐

憎悪に裏打ちされた復讐が武力行使の原因になることが多い。

マーティン・デイリーとマーゴ・ウイルソンは、殺人の理由として復讐は文化横断的なものだと述べている。イヌイットやオーストラリアのアーネムランドのマーンギンは、妻女を盗まれると、報復の攻撃を起こした。サンは親族が殺されたときその復讐として殺人した。リチャード・リーによると、五〇年間の二二例の殺人のうち一五例は復讐である。アンダマン諸島民にとって、復讐は聖なる義務である。フィリピンのイフガオには、「一つの命は一つの命をもって購わねばならない」という規則があった。血による復讐は、アマゾンのジバロの最も神聖な義務であり、数十年も復讐の機会をうかがい、実行するという。

デイリーとウイルソンによると、居住パターンによって、ある程度戦争や復讐の頻度を予測できるという。狩猟採集民の出自は双系であることが多く、居住パターンは日和見的である。縄張りをもつ父系氏族が発達しないので、父系親族の軍団は容易に作れない。焼畑農耕民では父系傾向は強くなるので、血讐も多くなる。遊牧民では父系傾向はさらに強くなるので、血讐はもっと多くなる。定住農耕民では、土地が富の源泉になる場合は、臣従による結びつきが血縁に取って替わる。こうして、中央政権が発達して氏族間の報復機能をテイクオーバーするので、血讐は減る。

飼育下で霊長類集団を調べたドゥ・ヴァールによれば、「目には目を、歯には歯を」というマイナスの互酬性は、マカクなどサルには欠けているが、チンパンジーには認められるという。野生では、系統的な証拠ではないが、すでに述べたように、チンパンジーで数件の集団リンチ事件が記録されており、復讐という要素が攻撃の原因であった可能性が高い。

ジェノサイドの傾向

ヒトは集団間の争いとなると、大量殺りく、あるいは皆殺し（ジェノサイド）をする傾向が強い。そして、意図せずに持ち込んだ病気も加わって、侵入を受けた民族が全滅するといった事件は歴史上枚挙にいとまがない。

ＤＮＡの塩基配列を調べた最新の人類史の再構成によると、ホモ・サピエンスは、一〇万年前、アフリカを出て、アジア―ヨーロッパのプレ・サピエンスを皆殺しにしたことになっている。つまり、われわれは、皆殺しに従事した集団の子孫である。

ダイヤモンドは、人類史に知られるジェノサイドの例を列挙している。バンツー族は、コイサン系アフリカ原住民をアフリカ全土から、ほぼ消滅させた。ヨーロッパ人は、新大陸、とくに北米の原住民をほぼ皆殺しにした。英国人は、タスマニア原住民五〇〇〇人を皆殺しにしたし、オーストラリアのアボリジニを、一〇万人以上殺した。

二〇世紀になると規模はますます大きくなる。ナチはユダヤ人を一〇〇〇万人以上殺害したし、スターリンはロシア人を一〇〇〇万人以上、少数民族を一〇万人以上殺害した。クメール・ルージュはカンボジア人を、パキスタン軍はベンガル人を一〇〇万人以上殺害した。インドネシア人は共産主義者と中国人を一〇万人以上殺した。なお、一万人程度のレベルの殺害なら、他にいくらでもある。本書執筆時も、ルアンダ・ブルンディのバフトゥ対バトゥシや、セルビアとアルバニア人の戦いが進行中である。ジンバブエでは現大統領派の軍隊が、かつて反対派の村落の住民二〇〇〇人を皆殺しにしたという。

4　戦争の原因

北米北西海岸インディアンの戦争する理由は、魚介類や海獣のとくに豊富な沿岸部を奪取することである。南米の原始焼畑農耕民ヤノマモが戦争する理由は、プランテンバナナの畑を奪うことである。

これらには、つねに人口増大が関係している。人口密度が、環境収容能力を突破すれば戦争が起こると考えることができそうだ。

チンパンジーによる隣接集団の皆殺しの原因はなんだろうか？　ゴンベ国立公園は狭く、しかも周囲に緩衝地域がなく、村落に取り囲まれている。本来ゴンベのチンパンジーは公園の境界の外の地域も採食地として利用していたが、一九六〇年代終末より境界の外の地域はほとんど農耕地と化してしまった。つまり、実質的に個体群密度は高くなっていたと考えられる。

なぜ、ジェノサイドになるのだろうか？　攻撃性の現れ方には、ヒトとチンパンジーで共通性がある。一つは、誰がグループのメンバーで誰がメンバーでないかを決めるのに大きな力をもつのが、第一位雄だということである。そして、付和雷同し、強い者つまり第一位雄に味方するという強い傾向が存在することである。好戦的なリーダーに従う傾向が、ジェノサイドの大きな原因であろう。その上、武器の発達のため、敵を殺さなければ、こちらが殺されるという恐怖が生まれたのが、さらなる理由であろう。

第8章 文化の起源

進化論者：――しかし、これによって、いままでの人間と動物という差別に立脚した、便宜的な、人類学と動物学という分類が、いささか動揺して、カルチュアを問題とする限り、人類学と動物学とがもっと歩みよらねばならない、あるいはカルチュラル・バイオロジーといったものが必要である、ということが認識されるだけでも、科学にとって大きな進歩ではないでしょうか。――

「人間性の進化」（今西錦司）より

「文化こそヒトの領域なり」、とよく言われる。ヒトは文化によって、他の動物とは異なる独自の生態学的地位を獲得したというわけだ。「生態人類学」はヒトと環境の相互作用を研究する学問だが、その場合にも、ヒトを取り巻く環境として、まずヒトの身体のまわりには人工的（文化的）環境があり、その外縁に自然環境がある、というふうに定式化される。ヒトの生態学は、その点が一般の動物生態学とは異なるのである。文化がこのようにヒトを特徴づけることは否定できないが、だからといって、ヒトの行動は動物の行動とは次元が違うので比較することはできないとか、動物には文化がないとか考えるのは誤りである。

本章では、文化を成り立たせる学習とはどんなものかを説明し、ついで文化は情報伝達手段として、他の手段とはどのように違うのかをまず考え、そしてヒト以外の動物における文化の例について検討する。

1 学習

1 学習の定義

長い間、学習は本能と対置されて考えられてきた。この立場では、本能は遺伝子によって決定されている行動で、学習は遺伝子から解放された行動ということになる。しかし、この二分法が正しくないことは、二〇世紀の中頃には確立した。ニコ・ティンバーゲンの教科書にはつぎのようなことが書いてある。行動の発達と発現を制御する遺伝的なシステムのことを、本能あるいは生得的行動機構という。経験の結果、この生得的行動機構にある程度持続的な変化が起きたとき、これを学習という。そのとき、中枢神経の過程にはなんらかの変化が起こっているはずである。

コンラート・ローレンツの「行動が適応的に修正されること」という定義も同じことを意味している。行動といえども、基本は遺伝的なシステムに依拠しており、学習はその修正にすぎない。

学習には、二つの型がある。一つは、運動性反応自体が変化するもので、たとえばヘビを見て逃げていたヒトが、逃げなくなったとしたら、運動性反応自体を変化させたことになる。第二に、運動性反応自体は変わらないが、「解発機構」が変化する場合である。解発機構とは、生得的な反応を引き起こすような刺激のことである。たとえば、ニホンザルのある個体がそれまで食べなかったサツマイモを食べだしたとする。口に入れ噛んで呑みこむという本能行動自体は変化しないが、この行動を引き起こす刺激である食物は新しくなったので、上の第二の範疇に入る。ヒトも含めて動物の学習は第二の範疇の方がずっと多い。

2 学習の種類

「学習」には、非常に多様な現象が含まれていて、多くの範疇に分けられるが、分類はかならずしも相互に排他的ではない。これらの多様な現象の神経生理学的なメカニズムは、共通なのか、まったく異なる場合もあるのか、はっきりしていない。

(1)刷り込み(インプリンティング)とは、動物の発育の初期の「敏感期」と呼ばれる一時期に起こる非可逆的な(一度起きると元に戻らない)過程で、超個体的な種固有の特性だけを学習するものである。この学習は特定の反応に限られ、適切な行動パターンが成熟していないときに対象の決定が起こる。たとえば、ハイイロガンのヒナは孵化後、自分の近くを動き回るもの(自然界では通常は母親)を、追従する対象として学習する。なにかを追従する反応は生得的であるが、追従する対象自体はＤＮＡが直接的に決めているのではなく、ヒナが環境の中で最初に出会う「動き回るもの」なのである。

(2)慣れ（ハビチュエーション）とは、くり返し同じ刺激にさらされた動物が、次第にその自然な反応を低下させ、ついにはまったく消失させることである。たとえば、野生のゴリラが危害を加えない研究者と毎日出会っているうちに、研究者を見ても逃げなくなったのは、「慣れ」の過程が起こったのである。「慣れ」の機能は、動物の生活において意味をもたない逃避反応を除去することである。危害を加えないとわかったら研究者から逃げずに採食など有益な行動に時間を使う個体は、いつまでも逃げる個体より多くの子どもを残すはずである。

(3)「古典的条件づけ」とは、最初はとくに意味のなかった事象（中性刺激）が、生得的な解発刺激とともに繰り返し提示されることにより、生得的な解発刺激なしに、生得的な反応を引き起こしうるようになる過程である。パブロフのイヌが、ベルで唾液を流すようになった過程である。

(4)「試行錯誤学習」とは、探索行動を行っている動物が同じ行動で報酬を繰り返し得たときに、報酬をもたらしたその行動と報酬の間で結合が確立されることである。学習心理学の分野では、これをオペラント条件づけという用語で呼んでいる。

(5)洞察学習とは、思考実験の結果として、新しい適応的反応を生み出すことである。

3　学習への制約

学習には遺伝的な制約がある。学習が生得的行動機構の修正であることは、以下の解説から理解されるだろう。種によって、学習に対する生得的素質があり、学習できる内容は異なる。また、学習はできても容易に学習できることと、そうでないことがある。この種間の差異は、適応的な意味をもっている。

たとえば、人間が、セグロカモメのヒナを孵化のあと五日以内に取り替えても、カモメは養育・給餌・救助をする。しかし、五日齢を過ぎてから交換すると親はヒナを拒否し、殺すこともある。一方、卵を識別する能力はきわめて貧弱である。他の巣の卵と取り替えられても、抱卵してしまう。どうして、五日齢のヒナを容易に識別する能力があるのに、卵やかえりたてのヒナを学習しないのだろうか？　少なくとも、人間にとっては、ヒナを識別するのは不可能に近いが、模様のある卵を識別するのは容易である。

それは、このカモメにとっての学習の適応的意義を考えれば容易にわかる。孵化後五日以降のヒナは動くので個体識別しないと、他人のヒナを育ててしまう危険性がある。他人のヒナを育てるような親は、その遺伝子を残す可能性は小さくなる。しかし、卵や五日齢以内のヒナは、巣からひとりで出てしまうことはないので取り違えする恐れはない。つまり五日齢以降のヒナの識別には強い淘汰圧が働くが、卵や動かないヒナの識別には淘汰が働かないのである。識別に要する脳のシナプス形成を含め、身体的な装備にはコストがかかる。不要なコストは支払わないのが、生物の進化過程である。

こんな実験もある。ラットにサッカリン入りの水（Sとする）、あるいは、舌が水に触れると発光しクリック音が出る水（Lとする）を飲ませる。Sを飲んだラットの一部にはX線を照射して病気にし、一部には苦痛のある電気ショックを与えた。同様に、Lを飲んだラットの一部にX線を当て、一部には電気ショックを与えた。回復した後、以前に飲んだのと同じタイプの水を提示し、忌避反応が起こるかどうか調べた。すると、Sは病気とペアにしたときは避けられた（学習が起こった）が、ショックと結びついたときは避けられなかった（学習が起こらなかった）。一方、Lはショックとペアしたときは避けられたが、病気とペアしたときは避けられなかった。

この結果をどう考えたらよいだろうか？　ラットは味と病気、あるいは光＋音とショックは連合させる（学習する）が、光＋音と病気、味とショックとは連合させることはできない。自然環境では、光＋音は病気と関連することはないし、味とショックが関連することもないからである。つまり、学習は適応的意義のないときには、起こらないようになっていたわけである。

容易に学習できる内容が、性によって異なることもある。メダカの仲間であるグッピーの雌は、同種の雄と同属の他種の雄とを生得的に区別できるが、雄は同種の雌と同属他種の雌を生得的に区別できない。雄は他種の雌とつがおうと無益な試みを繰り返すが、他種の雌に断られるうちに、次第に同種の雌を選択するように学習する。雌雄によって、どうして学習能力に違いがあるのだろうか？

ここでも、学習の適応的意義を考えれば、容易に解答が見いだされる。大きな卵を生む雌は種を間違えると大きな繁殖上のコストをこうむるが、小さい精子を作る雄は失敗したところで、損失は小さい（第3章の性淘汰の説明を参照のこと）からである。

ヒトにも学習のしやすいことと、そうでないことがある。たとえば、ヘビを嫌う習慣は容易に学習するが、それをペットとして飼うことを学習するのは難しい。また、男女で学習の容易な分野が異なることはよく知られている（第2章参照）。

2 文化の定義

1 文化の定義

アルフレッド・クローバーとクライド・クラックホーンは、一九五二年にそれまでに出版された書物や論文をレビューし、一五〇もの文化の定義があると記した。それほど、誰もが納得するように文化を定義するのは難しい。一九世紀の文化人類学者エドワード・タイラーは、文化を「知識・信念・芸術・道徳・法律・習慣、そして社会のメンバーとして人間によって獲得される他のあらゆる能力と習性を含む複合的な全体」（傍点は筆者）と定義した。一つ一つ例を枚挙するというあまり洗練されていない最も初期の定義だが、わかりやすいことは確かである。文化人類学者は、最初から文化をヒトだけのものと考えているから、動物の文化を包含するような形での定義は提供しない。

ヒトだけのものという偏見にとらわれず、生物学あるいは自然人類学の立場から、文化の根本的な特徴とはなにかと考えてみよう。

まず、タイラーの挙げた「知識・信念・芸術……」等々は、少々荒っぽいが「情報」という言葉で一括できるだろう。「社会のメンバーとして獲得される」というところは、「社会の他のメンバーがもっている」ということと、「社会の他のメンバーから入手する」という二つの意味がある。また、タイラーは習慣とか習性という言葉を使っていることから、「世代間に伝わる」という意味を言外に認めている。

それゆえ、文化を「集団の多くのメンバーによって共有され、世代から世代へと、社会的に伝達される情報で、単に異なる局地的環境条件に対する適応ではないもの」と定義しておこう。最後に追加した条件は、環境によって異なる行動パターンを示すような動物では、行動が地域的に異なっても文化とはかならずしもいえないからである。

2 情報獲得の三つの手段

動物が情報を獲得する手段は三つある。一つは、「遺伝的伝達」である。遺伝子たるＤＮＡは、生存と繁殖にとって基本的な情報を親から子へと伝える。第二に、「個別的学習」がある。これは、個体がその成長の過程で、環境との直接的なつきあいの中で、試行錯誤によって獲得していく情報である。個体が個々に経験して、脳の中に蓄積していく情報だ。第三に文化的伝達がある。これこそ、社会の他のメンバーから、とくに母親から獲得する情報である。

これら三つの情報伝達手段は、それぞれ活躍する場面が異なる。すばやい反応が必要なときには、遺伝情報の利用が適当である。たとえば、サルの赤ん坊のしがみつき反射は、生命に直接かかわるような重要な反応である。母親にしがみつくのは本能行動である。これを生後、時間をかけて学習していたのでは、その間に赤ん坊は命を落としてしまう。遺伝的伝達は、長期的に変わらない環境条件に対応したシステムである。

これと逆に、個別的学習は、短期的に変化するような環境条件に対応できる。たとえば、群れのメンバーの個体識別などは、遺伝情報に含ませるのは不可能であるばかりでなく、不適当である。メンバーは生まれたり死んだり移籍したりして変わっていくからである。それゆえ、こういった情報は、個体がその生涯で個々に蓄積していくしかない。早く新しい情報を得られるだけでなく、古い情報をすぐに捨てることができるのも学習の特質である。遺伝情報は簡単に捨てることができない。

文化的伝達は、これら両極端の間、つまり中期的に変化するような環境条件に対応する。少なくとも何世代にもわたって変化しないような環境条件に関する情報は、社会の知識として蓄えられ、社会の他のメンバーから別のメンバーに与えられれば都合がよい。

ハンス・クマーによれば、こういった情報の伝達法にはつぎのような利点がある。

⑴　どの個体も発明・発見の才があるとは限らない。また、メンバーはそれぞれ異なったタイプの学習に才能を示すかもしれない。文化的伝達は、個体の達成を血縁集団の中でプールすることができる。

⑵　毒草や毒蛇など、環境に対し直接実験するのが危険な場合がある。そんなとき、文化的伝達は情報獲得の安全な手段である。「代理経験」といってもよい。

⑶　集団のどのメンバーもが直接経験することはかならずしも可能ではない、たいへんまれだが重要な事件がある。そんなとき、年長の経験者が、適切な情報をもつ数少ないメンバーだということがある。未経験者は、年長者から必要な情報を得ることができる。たとえば、マントヒヒの長老は、干ばつの年には、通常の行動圏を越えて枯れ谷に全群を連れていき、そこの土を掘って水を得、渇きを癒すという。長老のみが一五年以上前の干ばつ時に行った水場のありかを知っていたのである。

3　文化情報伝達のチャネル

文化情報は、どのように伝わるのだろうか？　情報伝達のチャネルには、四種類ある。

普及　一頭あるいはごく少数個体の革新的な行動パターンが、集団の他のメンバーに拡がることで、普及、あるいはプロパゲーションと呼ばれる。簡単に、「一個体から多数へ」の情報の移動といえる。

伝統　確立された行動パターンが、上の世代から下の世代へと伝わることを伝統、あるいはトラディションという。大部分は、母親から子どもへ伝わるので、簡単に「母から子へ」の情報移動と考えてよい。

文化化　他集団からの転入者が、移転先の集団の文化を獲得することであり、文化化、あるいはエンカルチュレーションと呼ぶ。これは、「多数から一個体へ」の情報の流れである。伝統と文化化をあわせて、社会化（ソーシャリゼーション）と呼ばれることもある。

伝播　ある集団独自の行動パターンが、他の集団に拡がることを伝播、あるいはディフュージョンと呼ぶ。キャッチフレーズは、「群れから群れへ」である。「多数から多数へ」と考えてもよい。一個体が文化を移転先に持込み、普及させることもある。

4　ニホンザルの文化

自然状態で生活しているヒト以外の霊長類に文化があるというのは、ニホンザル研究の初期の成果の一つである。たとえば、川村俊蔵が示したように、日本各地の群れで、自然条件としては同じ植物が利用できるにもかかわらず、ある群れの食事メニューには入っているが他の群れのメニューには入っていないということがある。また、人間に慣らせようとあちこちで餌づけが試みられたが、あるところでは一か月で成功したのに、他の場所では三年もかかるなど、人間に対する態度がまったく異なった。

とくに注目されてきたのは、川村と河合雅雄が詳しい報告をした宮崎県幸島のイモ洗いや小麦洗い文化である。「イモ」と名づけられた一歳の雌ザルが、土のついたサツマイモを小川へもっていき、洗って食べ始め、この行動が姉妹や母親、遊び友だちへと拡がり、最終的には群れの大多数に拡がったというものである。これは日本はおろか、外国の人類学の教科書にさえ載るほど有名になったが、この行動の普及が社会的学習によるものかどうかについて疑問が呈されている（第4節参照）。

最近、田中伊知郎は、長野県地獄谷の野猿公園でビデオ画像により毛づくろいを調べているうちに、大発見をした。シラミ卵の除去の方法に四つのやり方があり、しかもその流儀が個体から個体へ伝わることをほぼ証明したのである。順位の低い家系のメンバーは卵の処理技術を共有している。一方、高順位の家系ではかならずしも母親のやり方が子どもに伝わっていないという。どうしてだろうか？

低順位の家系では、子どもが観察するのは、母親あるいは母系のメンバーが他の個体を毛づくろいしているところに限られる。ところが、高順位の家系では、母親は低順位の他の家系の雌に毛づくろいされていることが多い。だから、高順位雌の子どもは他の家系の雌のやり方を観察する機会が多いことになる。こうして、シラミ取りの微妙なテクニックが、社会的に伝達されていることを田中は立証した。

3 霊長類の文化

実際に個体から個体へと社会的に情報が伝達されるのを野外で確かめるのは非常に難しい。しかし、地域間での行動の相違は、観察することができる。現在では、ビデオ録画によって、現地へ行かなくても、あちこちの霊長類の野外での行動を詳しく見ることができる。文化である可能性が高い行動を、多くはチンパンジーを例にとって紹介しよう。

なお、ここで地域文化という場合、単に一個体だけが示す行動は、たとえそれが習慣的なものであっても個体特異的行動であり、文化として取り上げない。これには後で紹介する細い棒を鼻孔に入れてクシャミを誘発する行動がある。また、数個体が習慣的に示す行動は、「くせ」という範疇に入れ、慣習(文化)として扱わない。もちろん、個体特異的行動もくせも、文化へと発展する可能性はある。

1 空間利用と地理的情報

チンパンジーをはじめ、霊長類の集団は、一定の行動圏の中を動き、通常その外へは出ない。たいてい、境界線にはなんらの目立った物理的な、あるいは地理的な障害はなく、容易に越えられるものである。それゆえ、この境界線はかれらの中で記憶されていなければならない。

ロナルド・ホールがアフリカでヒヒを研究していたとき、ジープである群れを追ったところ、サバンナのある地点までくると、きまってヒヒたちは方向を逆転し折り返したという。そこには、見えない伝統的な境界線が引かれていたわけだ。これは集団間の境界なので、他の個体から学ぶ情報であるはずである。

2　食物レパートリー

マハレのチンパンジーは、オオアリ、シリアゲアリを日常的に食べるが、一三〇キロ離れたゴンベのチンパンジーは、これらを食べない。一方、ゴンベではサスライアリが食べられるが、マハレでは無視される。

ゴンベのチンパンジーは、アブラヤシ（油椰子（図8―1））の実の柔らかい果肉とフロンドの茎の部分を

図8-1●アブラヤシ
西アフリカ原産であり，自生状態でも見られる．ゴンベのチンパンジーは，この実の柔らかい果肉とフロンドの茎の部分を食べる．また西アフリカのボッソウでは，ゴンベで食べる果肉の部分だけでなく，硬い仁を石器を使って割って食べ，杵つきに似たやり方で茎の上方の髄も食べる．しかし，マハレのチンパンジーは，アブラヤシはどの部分もまったく食べない．こういった食べ方の違いは，ある程度チンパンジーとアブラヤシとの接触の歴史の違いによって説明できる．

食べる。しかし、マハレでは、アブラヤシはどの部分もまったく食べられない。西アフリカのボッソウでは、ゴンベで食べる果肉の部分だけでなく、硬い仁を石器を使って割って食べ、杵つきに似たやり方で茎の上方の髄も食べる。

アブラヤシの食べ方のこういった違いは、ある程度チンパンジーとアブラヤシとの接触の歴史の違いによって説明できる。アブラヤシは西アフリカ原産であり、自然植生としても見られる。だから、西アフリカのチンパンジーは非常に古くからアブラヤシを知っていたはずである。東アフリカでは人が持ち込むまでチンパンジーはアブラヤシと接触しなかったが、ゴンベは一九四〇年代には動物保護区になり、住民が出て行ってチンパンジーは自由にアブラヤシを試すことができた。一方、マハレは国立公園になってまだ一〇年強で、それほど試し食いをする時間がなかった。また、マハレにはリス、数種のサルなどヤシの実を食べる動物が多いことも影響していよう。

3 食物獲得・調理の技法、道具使用

チンパンジーは、パイソン（アフリカニシキヘビ）の死体のように危険かもしれない物体を調べるとき、直接近よって臭いを嗅がずに、木の枝で触って臭いを調べる。木の枝を、木のウロに突っ込んで調べることもある。これらは、「探索」のための道具使用である。こういった道具使用は、長期に調査されたフィールドではどこでも見られているようで、チンパンジー共通の文化といえる。

食物の「採集」と「調理」に関係する道具使用は日常的に見られる。東アフリカや中央アフリカでは、アリやシロアリの釣りは、チンパンジーの生計活動として重要な道具使用行動である。シロアリの塚の穴

に、蔓やイネ科草本の茎、細く割かれた樹皮などを差しこみ、咬みついた兵隊シロアリを釣り上げる。シロアリ釣りは、東アフリカから、中央アフリカを越え、西アフリカまで知られている汎アフリカ文化であるが、まだ確かめられていない地域もある。

図 8-2●オオアリ釣りをするマハレのチンパンジー
木のうろに蔓やイネ科草本の茎，細く割かれた樹皮などを差しこみ，噛みついてきた兵隊アリを釣り上げる．チンパンジーでは食物の「採集」と「調理」に関係する道具使用は日常的に見られ，その代表的なものがアリやシロアリ釣りだが，オオアリ釣りはマハレだけで知られる文化である．

中央アフリカのチンパンジーは、シロアリ釣りのさい、堀棒を使うという点で、東西アフリカとは異なる。コンゴのンドキでは、長さ八〇センチ、直径一センチ程度の丈夫な棒をシロアリの塚に突き刺して巣穴を広げ、そこへ、今度は別の細い釣り棒を垂らし込んで釣るという。この行動は、一つの目的に異なった機能をもつ複数の道具を継時的に使用する点で特筆に値する。それゆえ、黒田末寿や鈴木滋らは、「道具セット」の使用の例だといって、たんなる道具使用と区別している。

オオアリ釣りはタンザニアのマハレだけで知られる（図8―2）。オオアリ釣りは、行動パターンに関してはシロアリ釣りに似るが、たいていは樹上行動である点や、季節に限らず日常的に見られる点で異なる。

サスライアリのとり方も、集団によって異なる。ゴンベでは一メートル近い長い棒をアリの行列あるいはビバークしているアリに浸し、アリがたくさん駈け登ってくると、もう一方の手でしごき上げて、口に放りこむ。西アフリカでは、ギニアのボッソウのチンパンジーは三〇センチ程度の短い道具を使い、しかも、しごき上げることはしない。象牙海岸のタイ森林のチンパンジーはボッソウと同様の短い道具を使うこともあるが、たいていは、道具を使わずに手で直接食べる。

狩猟のときは道具を使うことはまずない。しかし、木のうろにひそむリスやガラゴ（ボックス⑫）や鳥を追い出すために、丈夫な棒を穴に差しこむのはたまに見られる。これは比較的目につきにくい行動なので、地方的な相違があるかどうかまだ明らかでない。

「調理」の文脈に入るのは、石器を使って堅果を割る行動である。これは、西アフリカだけから知られる。ギニアのボッソウでは、土台の石の上に、アブラヤシの仁のような堅果をおき、ハンマー石で叩く。象牙海岸のタイ森林では、土台として、木の板根が使われたり、石ハンマーのかわりに、太くて重い棒が使われることが多い（図8―3）。タイでは割った後、細くて丈夫な楊枝様の枝で胚乳を取り出して食べる（図8―4）。こういった堅果割りの技術は、三〇年以上も研究の行われている東アフリカのゴンベやマハレでまったく見られていない。よく、「証拠の欠如は、欠如の証拠ではない」と言われるが、堅果割りを東アフリカのチンパンジーがしないのは、間違いないことである。

シロアリ釣り同様、いまでは小学生の教科書にまで載っている木の葉のスポンジも地方によって異なる。ゴンベでは、数枚の葉を噛みしがんで、それを木のウロの水溜りに浸し、口に入れ吸い取る。外岡利佳子によると、西アフリカのボッソウでは、葉は折り紙状になっていて、スポンジ状ではない。おそらく、口内で噛まれずに舌や唇、口蓋で折り曲げられるらしい。マハレでは、二頭の雌がゴンベ型のスポンジづくりをするのが二回見られただけで、集団の文化ではない。一方、アネット・ランジョウによると、東部ザイールのトンゴのチンパンジーは、日常的にスポンジを使うという。

「ベッド」は大型類人猿共通の道具であり、夜を過ごすため毎夕作られるし、昼間にも昼寝用に簡単な

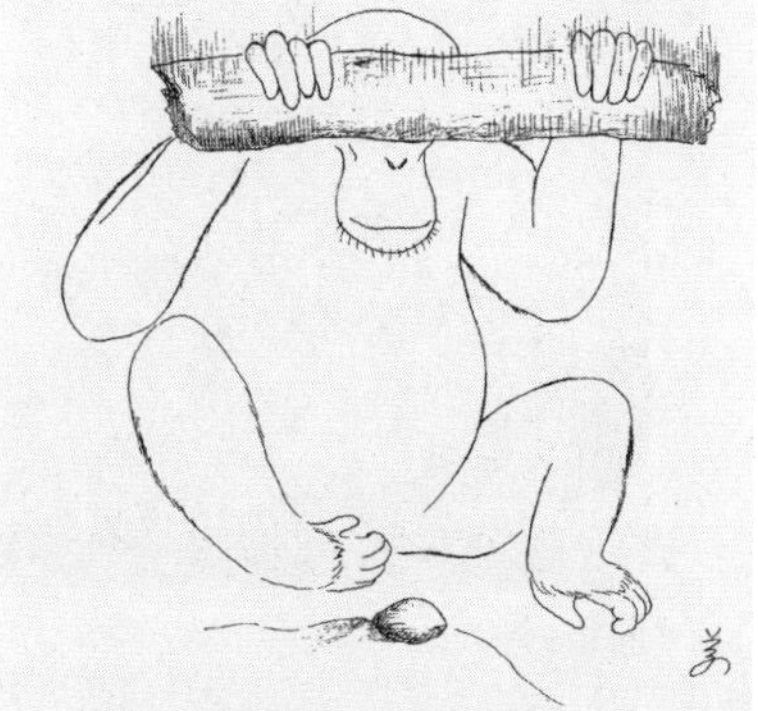

図 8-3（上）●道具を使った「調理」 丸太で堅果を割る

図 8-4（下）●「楊枝」で胚乳をせせる

西アフリカのチンパンジーは堅果の実を石や丸太を使って割って食べる．ギニアのボッソウでは，土台の石の上にアブラヤシの仁のような堅果をおき，ハンマー石で叩く．象牙海岸のタイ森林では，土台として木の板根が使われたり，石ハンマーのかわりに太くて重い棒が使われることが多い．タイでは割った後，細くて丈夫な楊枝様の枝で胚乳を取り出して食べる．（スケッチ提供：中村美知夫氏）

ボックス⑫：

ガラゴ　アフリカに棲む原猿の一グループ。夜行性である。俊敏で長い脚を使ってジャンプし，昆虫などを食べる。

図8-5●チンパンジーのベッドづくり
「ベッド」は大型類人猿に共通した道具であり，夜を過ごすため毎夕作られるし，昼間にも昼寝用に簡単なデイ・ベッドが作られることがある．生得的要素の強い行動だが，素材に何を選ぶかなどは学習されている可能性が高い．

デイ・ベッドが作られることがある（図8―5）。生得的要素の強い行動だが、どの樹種を選ぶかなどは学習される可能性が高い。松沢哲郎と山越言によるとギニアと象牙海岸の国境にあるニンバ山のチンパンジーは地面にベッドを作ることが多いという。しかし、マハレなどでは、夜のベッドを地面に作ることはまずないといってよい。しかし、この相違は文化ではない可能性がある。たとえば、マハレではヒョウやライオンという捕食者がおり、またヤブイノシシのような危険な動物が夜間に地上を徘徊する。ベッドを地面に作ったのでは危険である。ニンバではそういった危険な動物が少ないのかもしれない。そうであれば、環境の違いに反応しただけにすぎない。

新しいフィールドでチンパンジーの生態が研究され始めるたびに、また観察者に対する慣れが進むたびに、こういった道具使用に関する地域間の違いがつぎつぎと明らかになる。すでに、チンパンジーの文化だけで本が一冊書ける時代で、実際、巻末の参考文献にも挙げたウィリアム・マックグルーの本は邦訳にして四〇〇頁もある。

社会行動の場面でも道具が使われる。雄のチンパンジーは、「威嚇ディスプレー」として岩を投げたり、棒を引きずったりする。「棒引きずり」は、クライマックスでは枝は投げられる。このパターンは多くの調査地で知られ、また類似の行動がピグミーチンパンジーでも見られることから、チンパンジー属共通の行動パターンのようである。

同様に岩や石を投げるディスプレーも、種に固有の行動パターンのようである。しかし、マハレの大人の雄のチンパンジーは、大きな谷に入ると、きまって石や岩を水中に投じる。若い雄は小さな石を片手で投げ、しかも水中に落ちることは少ない。ところが、二〇歳を過ぎるころから、両手で大きな岩を抱え、はっきり水面めがけて投げるようになる。この水音高くしぶきを飛ばす威圧的な投石ディスプレーはマハレのチンパンジーの文化である可能性がある。(図8—6)。

図8-6●マハレM集団の大人の雄の川への投石ディスプレー（スケッチ提供：中村美知夫氏）

マハレの雄のチンパンジーは、乾期には、地面に積もった枯葉を手足でかきまぜて音をたて、あとは走って枯葉を放る。これも、他の地域では知られていず、文化である可能性がある。

以上紹介したのは、調査集団の全メンバーか、あるいは特定の性・年齢の全員のレパートリーになっている行動である。それ以外に特定の一頭あるいは少数の個体だけが示す道具使用がある。一頭だけが示す行動の一例を示そう。一九九一年、マハレのM集団のチンパンジーにインフルエンザ様の病気が蔓延した。鼻づまりになった大人の雄カルンデは、イネ科の茎とか細い枝を取り、それを鼻の穴にゆっくり差し入れ、粘膜を刺激して大きなクシャミをして鼻汁を出し、食べてしまったのである（図8―7、8―8）。彼は一か月の間、少なくとも四回、同じ行動を繰り返した。しかし、他の個体は誰もこんなことはしなかった。どういった道具使用行動が普及しやすく、どんな行動がしにくいかは、残されたテーマの一つである。

4　ヒトに対する態度、捕食者に関する情報

野生ニホンザルの初期の研究で、すぐ餌づけのできた群れと三年以上もかかった群れのあったことを述べた。群れによって、人間とのつきあいの歴史が異なったのである。三年以上かかったのは千葉の高宕山のサルで、戦前や戦時中ハンターによく撃たれたという。

ジョン・ボナーの記しているエピソードはおもしろい。畑荒しをした南アフリカのゾウの群れが、専門的ハンターによる狙い射ちの対象となった。ハンターは最初のうち、大きな成果をあげたが、そのうち、ゾウたちは非常に用心深くなって夜行性になり、とうとうハンターもゾウを根だやしにするのをあきらめた。このゾウの集団は、親たちが死んでも、つまりハンターによる執拗な攻撃を経験した世代がすべていなくなっても、人間に対する態度を変えず、夜行性であり続けたという。

野生のチンパンジーは、人間に対する警戒心を身につけている。私がマハレで餌づけをしたとき、集団の三分の一が私が五メートルくらいまで近づいても逃げなくなるまでに五年以上かかった。現在では集団

図 8-7, 8-8●鼻ほじりする雄チンパンジーのカルンデ
1991 年, マハレの M 集団のチンパンジーにインフルエンザ様の病気が蔓延した. 鼻づまりになったカルンデは, イネ科の茎とか細い枝を取り, それを鼻の穴にゆっくり差し入れ (8-7), 粘膜を刺激して大きなクシャミをして鼻汁を出し (8-8) 食べてしまった. 彼は 1 か月の間, 少なくとも 4 回, 同じ行動を繰り返した. (写真提供: アニカプロダクション)

図 8-9●地方的な文化の相違①　対角毛づくろい
対角毛づくろいのさいは，2 頭のチンパンジーの間に一連の駆引きがみられる．たとえば「提案者」が右腕を肘で曲げつつ上に挙げ，ときに喘ぎ声を出して相手の顔を見る．すると相手も右腕を曲げて挙げ，その瞬間に空中で右手同士が握りあい右腋の下を毛づくろいする．つぎにまた左腕上げの提案があって左を同じように握りあい，今度は左腋の下を毛づくろいしあう，といったのもである．この相互毛づくろいのパターンは，マハレやキバレでは見られるが，ゴンベでは知られていない．

のメンバーのほとんどが三メートル以内でも逃げない。集団にはときどきよその集団から若い雌が移籍してくる。もちろん、最初のうちかれらは人間を見るとすぐ逃げるが、おもしろいことに、あっというまに慣れてしまう。早いのは一週間、遅くても数か月である。これは、移籍雌が既存メンバーである人間に慣れたチンパンジーの態度を学習したからとしか考えられない。そうだとすれば、情報が「多数から一個体へ」流れたケース、つまり文化化が起こったことになる。

5　身振りによるコミュニケーション

身振りによるコミュニケーションに地域的な相違があることがわかっ

ているのは、ヒト以外ではチンパンジーだけである。

マハレのチンパンジーは同時に相互毛づくろいするとき、よく対称的に片腕を挙げて片手同士を握りあい、空いた腋の下を毛づくろいしあう（前頁図8―9）。この「対角毛づくろい」はマハレではごくふつうに見られるが、ゴンベでは行わない。対角毛づくろいのさい、「提案者」はたとえば右腕を肘で曲げつつ上に挙げ、ときに喘ぎ声を出して相手の顔を見る。すると相手も右腕を曲げて挙げ、その瞬間に空中で右手同士が握りあう。握りあうといっても、両方が握りあっているのはまれで、一方が握るだけのことが多く、双方とも手を接触させているだけのこともある。そして右腋の下を左手で毛づくろいする。これは二〇秒ないし一分間ほど続き、つぎにまた左腕上げの提案があって左を同じように握りあい、今度は左腋の下を毛づくろいしあう。対角毛づくろいがゴンベにないということは、こういった一連の駆引きもないことを意味し、想像されるより大きな行動上の差異である。ただし、その後ウガンダのキバレやカリンズでもこの行動が行われることがわかった。

最近、中村美知夫らが詳しく報告した「社会的背中掻き」（ソーシャル・スクラッチ）は、なんの変哲もない行動である（図8―10）。相手の背中などをゴシゴシと大きな音をたてて片手で引っ掻く行動で、マハレのM集団では、若者以上の個体は誰でも行う。自分の身体を掻く行動は、どの地方のチンパンジー集団でも見られるが、他人を掻いてやる行動はマハレ以外では知られていない。ドーキンスの『利己的遺伝子』の第一〇章は、互酬的利他行動の話で、「ぼくの背中を掻いてくれ、そうしたら君の背中を掻いてあげよう」という題がついている。たいていのフィールドでは、チンパンジーが相手の背中を掻くこともしないと聞いたら、ドーキンスは驚くことだろう。断っておくが、背中を掻かないだけで、どの地方でも他の個

体の背中の毛づくろいはする。(補記3)

「葉の噛みちぎり誇示」(リーフ・クリップ)は、雄が木の葉を一枚とって片手で葉柄をつかんだまま、口の間に葉身をはさみつつしごく行動である(図8—11)。このとき葉は破れてビリビリという音がする。この音に気づくと発情雌はすぐ近づき交尾が起こる。発情雌が雄に対し噛みちぎり誇示をすることもある。これは、マハレでは最もよく行われる求愛誇示である。ところが、この求愛誇示はゴンベや他の調査地で

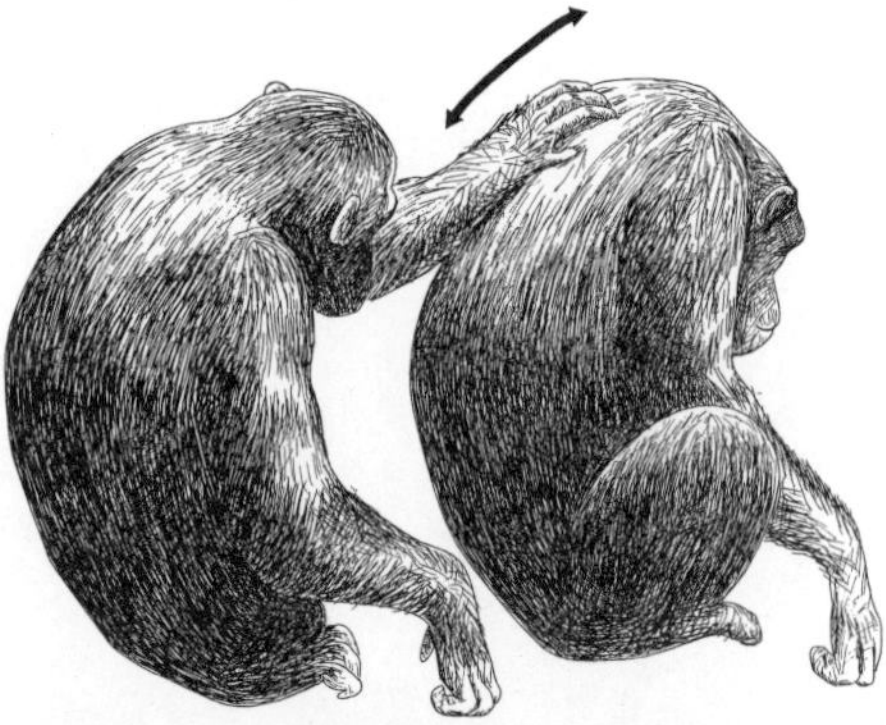

地方的な文化の相違②

図 8–10●ソーシャル・スクラッチ(社会的背中掻き) 相手の背中などをゴシゴシと大きな音をたてて片手で引っ掻く行動で,マハレのM集団では,若者以上の個体は誰でも行う.自分の身体を掻く行動は,どの地方のチンパンジー集団でも見られるものの,他人を掻いてやる行動はマハレ以外では知られていない.(中村美知夫画)

図 8–11●リーフ・クリップ(葉の噛みちぎり誇示) 雄が木の葉を1枚とって片手で葉柄をつかんだまま,口の間に葉身をはさみつつしごく.このとき葉は破れてビリビリという音がするが,この音に気づくと発情雌はすぐ近づき交尾が起こる.発情雌が雄に対し噛みちぎり誇示をすることもある.マハレでは最もよく行われる求愛誇示だが,ゴンベや他の調査地では知られていない.

は知られていない。ボッソウには同様な行動があるらしいが、「儀式化」していない。つまり、杉山幸丸によると、人間の観察者に対するアジテーションや欲求不満行為として見られるだけだという。ボッシュによると、タイ森林では、葉の咬みちぎりはドラミング（板根を手で叩いたり、足でけったりするディスプレイ）の前に行われるという。

マハレには、もう一つ、地面に灌木を折曲げてかんたんなクッションようのものを敷き、その上に坐って片足でスタンプする、「シュラップ・ベンド」と名づけた求愛誇示がある（図8―12）。これは雄だけの誇示である。このパターンは、他の地域からはまったく知られていない。

こういった身振りを知らない個体が移籍したとき、うまくコミュニケーションはできているのだろうか？　私たちは調査集団以外のよその集団の行動を知らないので、はたしてディスプレーを知らない個体が入ってくるのかどうかわからない。しかし、無知であっても、こういった求愛誇示は理解できるだろう。雌は性皮に腫脹という明確な発情の印をもっているし、雄は誇示のときペニスを勃起させているからである。それゆえ、リーフ・クリップやシュラップ・ベンドはコミュニケーションとしてはやや冗長であり、せいぜい意図をより明確にするという機能しかないだろう。

6　音声コミュニケーション

音声レパートリーに、地域間で相違があるかどうかは、ヒトや鳥の方言との比較から興味深いテーマである。残念ながら、霊長類の同種の二つの地域個体群の音声レパートリーを詳細に比較した例はない。

ゴンベのチンパンジーの雄のパント・フートという遠距離伝達用の声の録音を聞いた長谷川寿一はおも

図 8-12●マハレのチンパンジーの大人の雄が示す「シュラッブ・ベンド・ディスプレー」折り曲げた灌木で地面に簡単なクッションをつくり，その上に坐って片足で足踏み（スタンピング）する求愛動作．（中村美知夫画）

しろい違いに気づいた。ゴンベのパント・フートの方が彼が聞き慣れているマハレのパント・フートより音程が高く、発声の間隔が短く間延びしているのである。双方から一〇頭近い雄の声を録音して音響スペクトログラムで比較した結果、ジョン・ミタニと長谷川らは、これには有意な差があることを明らかにした（図8―13）。これが文化の例かどうか、まだ確実なことはいえない。

4 霊長類における社会的伝達

これまで挙げたチンパンジーやニホンザルの文化の例は、どのようにして個体から個体へと伝わったのだろうか？

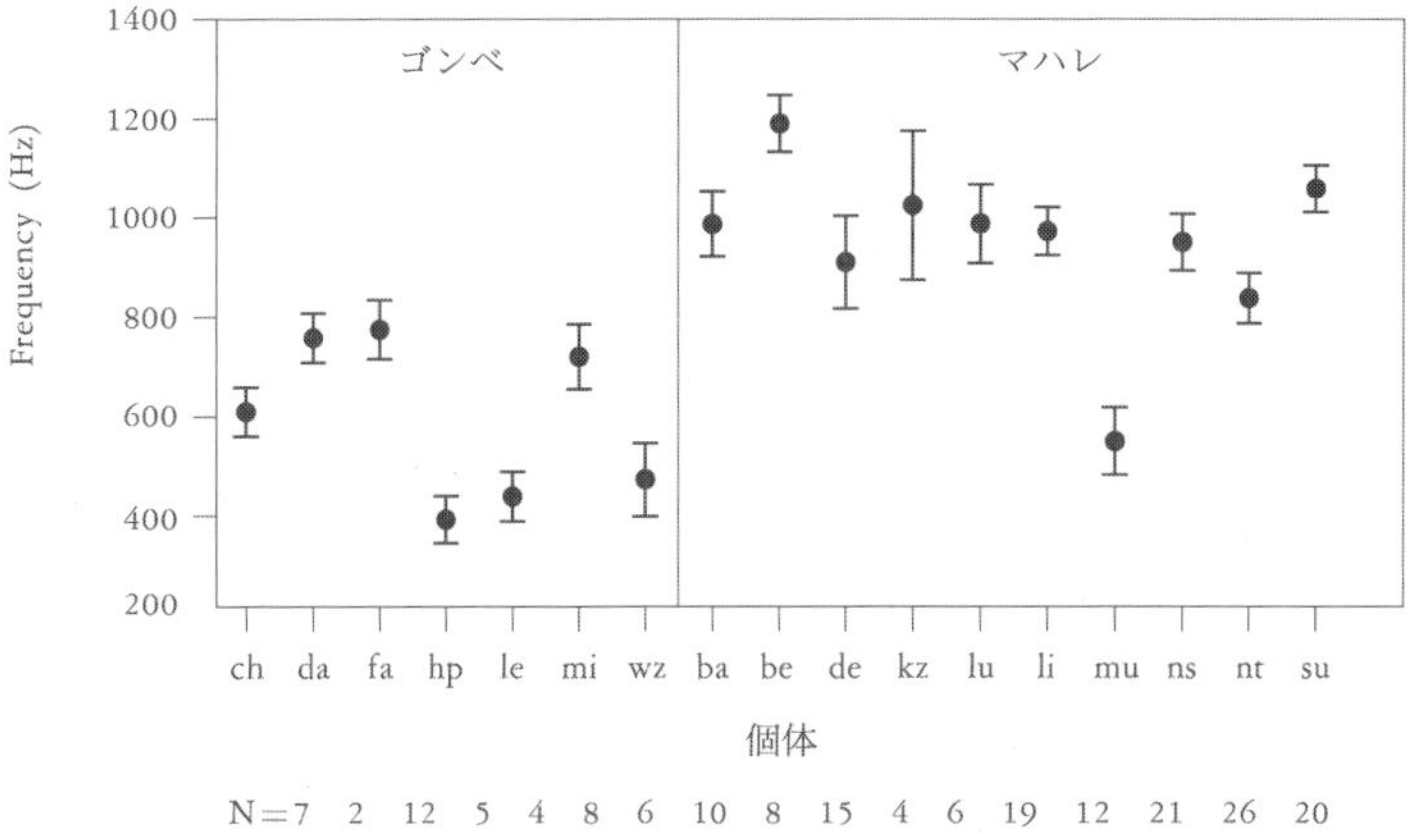

図 8-13●パント・フートのクライマックス時に示される周波数の範囲
マハレの方がゴンベより高い位置にある．（Mitani et al. 1994 より）

1 イモ洗い文化の謎

幸島のニホンザルのイモ洗い行動が本当に文化と呼べるかどうか疑問視されていると、さきほど述べた。その理由には、つぎのようなことがある。イモ洗いは、「イモ」という子どもの雌の行動を、姉妹や母親、あるいは遊び友達が真似をして拡がったと説明されている。しかし、本当に模倣の過程によって拡がったのかどうかに疑問が呈されている。

一つには、「普及」に時間がかかり過ぎていることである。たとえばイモの姉はイモから覚えたとされるが、そのズレは三年もある。他の個体が行っているのを見習ってイモ洗いを覚えるのなら、どうしてこんなに時間がかかるのだろうか？　その上、模倣で習得者が増えるということは、「モデル」の数は月日が経つほど増えるから、習得者の増加率は日が経つほど高くなるはずである。しかし、実際は、そんな増加傾向を示していない。

第二に、イモ洗いといっても、さまざまなパターンがある。片手でイモをもちもう一方の手でブラシする、両手の間でイモをこする、片手でイモをもち岩や砂にこすりつける、片手にイモをもち、水中でもてあそぶ、海水につけ味つけする等々である。もし、イモ洗い行動を子どもが母親のイモ洗いを見て覚えるなら、母親のパターンと子どものパターンが一致しなければならない。しかし、渡辺邦夫によれば（渡辺氏から筆者あての私信）、あまり一致しないという。

第三に、キャプチンモンキー（191頁ボックス⑬）を飼育し、水場を設け、少し離れたところにイモをおいて観察したところ、どのサルもイモを水につけ、洗いだしたという観察がある。実験をしたイタリア人エリザベッタ・ヴィザルベルギによると、どのサルも自分から試行錯誤でイモ洗いを始めたという。つまり、仲間から習い覚えたという社会的な情報伝達のルートを考える必要はなく、さきに述べた「個別的学習」で十分説明できる、というのである。もちろん、キャプチンでこうだったから、ニホンザルでもそうでなければならないとはいえないし、狭い飼育下での実験である。しかし、十分検討に値する意見である。

2　霊長類の社会的伝達機構

実は、野外では、社会的学習が起こったことを証明するのは非常に難しい。本当に他の個体を見習ったのか、ひとりでやったのか、あるいは一部は他の個体の行動を見習い一部は自分の試行錯誤か、いろいろなケースが考えられるのである。ある個体が他の個体の近くにいるときに同じような行動をとり始めたとき、一般に模倣が起こったと表現される。一九世紀の偉大な生物学者であったダーウィンやジョージ・ロマネスは、多くの動物に模倣能力が発達していると考えていた。たとえば、ダーウィンは、つぎのように書いている（『人類の由来』、四四頁）。

――デサー氏によると、下等動物はヒトの行為を自発的に真似することはない、しかし自然の階梯を上に上がるにつれ模倣はよく見られるようになり、サルにいたっては馬鹿ばかしいほどの模倣屋として有名である。――

こういった考えに批判的であったのはエドワード・ソーンダイクという人であった。ある個体がある行動を示し、その後に他の個体が類似の行動を示した場合、それはさまざまな現象を含んでいる。そして、その過程を説明する用語はなんと二〇以上もある。実際、それらの個々の定義を読んでもどう違うのか私にもよくわからない。ベネット・ガレフやアンドリュー・ホワイトンは、これらの用語の大整理をした(図8―14)。ソーンダイクの伝統を引き継ぐ現在の実験心理学者は、「模倣」と呼ばれているものには非常に多様な現象が含まれていると考えている。理論的には少なくともつぎのような社会的に起こされる擬態の過程が考えられている。

「社会的影響」とは、他の個体の存在のために、個体がすでにもっている行動が発現しやすいことである。行動の発現は、他の個体の同じ行動に影響されるが、行動のどの部分も学習していない場合である。たとえば、他人があくびをしたら自分もあくびをする「伝染」という現象が含まれる。

ボックス⑬：

キャプチンモンキー　南米に棲む小型のオマキザルの一種。適応力に富み新世界(南米)で最も分布が広く、森林が伐採されると畑荒しもする。

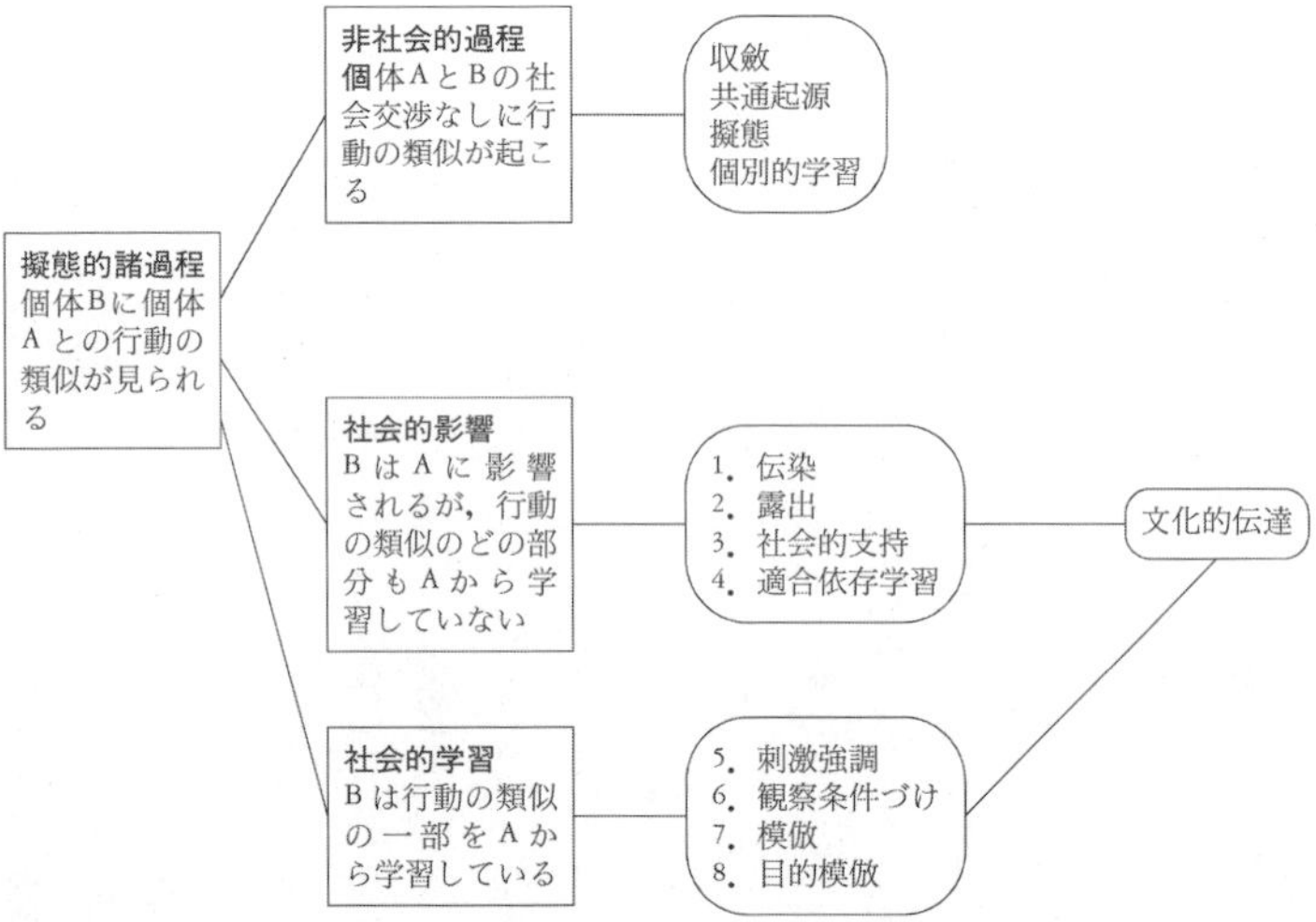

図 8-14●擬態過程の分類学　数字を付した八つの範疇が行動の文化的伝達を生みだすことができる．つまり，行動の一致が非遺伝的に集団や世代を越えて拡がる（Whiten & Ham, 1992 より）

1. 伝染：Aの行為はBによる類似の行為の刺激にすぎない
2. 露出：Aと一緒にいるため，Bは類似の学習環境にさらされる
3. 社会的支持：Aの存在がBの動機づけに影響を与えるため，Bは同様の行動を学習しやすくなる
4. 適合依存学習：Aの行為がたまたまBの行為と似ていたため，Bは弁別サインとしてAの行為を用いることを学習する
5. 刺激強調：BはAから，行動を何に（物体あるいは場所）方向づけるかを学習する
6. 観察条件づけ：Bは，行動がどんな状況に対する反応であるべきかをAから学習する
7. 模倣：BはAから，行動の形の一部を学習する
8. 目的模倣：BはAから追求すべき目的を学習する

一方、社会的学習は、他の個体から行動の一部を学習している場合をいい、四つの現象が含まれる。「刺激強調」（あるいは、ローカル・エンハンスメント）は、他個体の行動によって、環境の一部（場所あるいは物体）に注目するようになり、試行錯誤によって、他個体と類似の行動がなされることをさす。

「観察条件づけ」とは、観察された新しい刺激のもとに本能的な忌避反応が起こるように条件づけが起こることである。スーザン・ミネカによると、ヘビを恐がらなかった実験室生まれの子どものアカゲザルが、野生生まれの母親がヘビを見て恐怖の表情を示すのを見てからは、ヘビを見ると恐怖の表情を示すようになった。環境の一部に注目する点は刺激強調と同じだが、刺激強調では学ぶのは刺激の方向だけであるのに対し、観察条件づけではそれ以上のことを学習している点が異なる。

「目的模倣（ゴール・エミュレーション）」は、観察によって他個体の行う行動の目的（ゴール）を理解するが、そこにいたる過程は試行錯誤によると思われる観察学習である。

「（真の）模倣」とは、他個体の固有の行動パターンの少なくとも一部を学習することである。

たとえば、チンパンジーの母親がアリ釣りをするのを子どもが観察しているようなシーンはよく見られる（図8―15）。はじめは、道具になる蔓を口にくわえたり、母親の釣り棒に手を伸ばしたりするだけである。そのうち、アリにさわって噛まれ、用心するようになる。しかし、手足の運動機能が充実するにつれて、指を巣穴につっこんだり、アリを手の甲でふいて食べたりするようになる。三歳でやっと釣り棒をアリの巣穴に入れ、かみついた兵隊アリを釣り出して食べるようになる。（補記4）しかし、釣り棒は非常に短く、一回に釣るアリの数も少なく、能率は悪い。技能的に完成するのは七歳を過ぎるころである。

さて、チンパンジーの赤ん坊は、母親のアリ釣りを見て、「環境の一部」であるアリやアリの巣穴や釣

図 8–15●母親のアリ釣りを観察するチンパンジーの子ども.

り棒（紐状のものもふくむ）に注目するようになり、そして、あとは試行錯誤によって熟達するのであろうか？　そうなら、これは刺激強調の過程による社会的学習である。もし、赤ん坊が母親のアリを釣るというゴールを把握し、あとは試行錯誤で習得するなら、この過程は目的模倣である。もし、赤ん坊が母親のアリ釣りを見て、道具の材料、道具のタイプ、動作などをコピーするなら、これは「真の模倣」の過程である。

チンパンジーのアリ釣りの学習の大部分は、刺激強調の過程で説明できる。しかし、釣り紐の材料がきわめて限られていること（表8—1）、材料によって釣り棒の作り方が異なることからいって、少なくとも材料の選択については模倣されている可能性が高い。試行錯誤の過程で、どの個体も偶然にウヴァリア（*Uvaria*）属とその近縁種の二種の木性蔓を選んで、偶然その樹皮をはがして、スルメのように裂いて釣り紐にするとは考えにくいからである。

刺激強調は社会的学習の一つなので、真の模倣という過程が含まれなくても、アリ釣りも立派な文化である。もし、

表 8-1 ●オオアリ釣りの道具の材料
(全体の 1%以上を占める種のみを示した)

Plant name	植物の生活形		%
*Uvaria angolensis**	木性つる	99	(48.1)
Brachystegia bussei	樹木	15	(7.3)
Tinospora caffra	木本性	11	(5.3)
Combretum molle	樹木	11	(5.3)
Grewia forbesii	木性つる	6	(2.9)
Landolphia sp.	木性つる	6	(2.9)
Glycine sp.	草本性つる	5	(2.4)
Olyra latifolia	イネ科草本	4	(1.9)
Setaria candula	イネ科草本	4	(1.9)
Canthium rubrocostatum	樹木	4	(1.9)
Pycnanthus angolensis	樹木	3	(1.5)
Bauhinia petersiana	木性つる	3	(1.5)

* 近縁のもう一種をふくむ

オオアリ釣りが個体の試行錯誤のみによって発達する個別の学習行動なら、四〇年近くも観察されているゴンベでオオアリ釣りが見られないのをどう説明すればよいだろうか？　マハレではチンパンジーの母親がアリ釣りをするから、子どももするようになると考えるのが最も合理的であろう（補記5）。

ふたたび、幸島のニホンザルのイモ洗いを考えてみよう。そこでは、母親と子どものイモの洗い方が異なるので、真の模倣でないことは確実である。しかし、刺激強調や目的模倣という過程が存在しなかったと言い切るのは難しい。

イモ洗い以外に幸島のサルは砂浜にばらまかれた小麦を砂ごと手で握って小川に投げつける。砂は沈み、小麦は浮く。この「砂金採集法」は、入手した小麦をいったん手放す点を含め思いつくのは難しいと思われる。この行動も多くのサルが習得したことを河合雅雄が報告している。幸島のサルは砂金採集法を、仲間からまったく見習うことなしに個別的に発見し学習したのだろうか？　幸島での最近の調査によると、砂金採集行動にもさまざまなヴァラエティが出てきた。小麦と砂を一緒にもって投げても、高順位の個体に横取りされることが多い。それで、握ったこぶしから少しずつ混合物を水面に落としたり、握ったまま水中で揺すって砂の落ちるのを待ったりする行動が生まれた。行動が非常に多様であること、それぞれのパターンを示す個体がかならずしも多くないことからいって、すべてが社会的学習によって伝わったものではなさそうである。しかし、すべてが個別的学習で起こったとも考えられない。多くの場合、少なくとも刺激強調という社会的学習過程は存在したであろう。

田中伊知郎の発見したニホンザルのシラミ卵取りの技法は、間違いなく社会的学習によって広まったと考えられる。母系グループごとに異なるテクニックがあること、ある母親がテクニックを変えると娘二人がそれぞれ一・五か月後と二・五か月後には技法を変えたことなどからいって、真の模倣が起こっている可能性さえある。田中の観察は、イモ洗いなど人間が介在した行動ではないので(人間がサルにシラミの取り方を教えたのではない!)、非常に大きな意味がある。

チンパンジーの文化の中でも、コミュニケーションに使われる身振りの普及はどのようにして起こっているのだろうか? 葉の噛みちぎり誇示、対角毛づくろい、社会的背中掻き、などの身振りによる伝達行動には、理論的には学習の仕方が二つある。まず、直接自分に対して向けられた身振りから学ぶことができる。第二に、他者である二名が行っている相互作用を、第三者として観察することができる。

第一の場合は、心理学の用語で「第二者模倣」と呼ばれる過程である。自分に向けられた身振りを、つぎは身振りを行った相手に向かって、あるいは別の第三個体に向けることになる。

第二の場合は「第三者模倣」と呼ばれる過程である。観察者は他者である二名のコミュニケーションの目的を把握し、行動パターンを覚えなければならない。これはその政治的行動から三者関係の把握ができるチンパンジーにとっては、むずかしい課題ではなさそうである。少なくともヒトの幼児にとっては、第二者模倣の方が第三者模倣より容易であり、幼年のうちに起こる。それゆえ、チンパンジーは、どちらの過程でも身振りを学習していると考えられる。

ただし、少なくとも「背中掻き」の場合は、互酬性という習慣があれば簡単である。実際、チンパンジーは毛づくろいのさい、お互いに毛づくろい役を交替して続ける。背中掻きは社会的毛づくろいの過程の中で行われるので、毛づくろいの互酬性がそのまま使われたと考えればよい。

いずれにしろ、以上の二つのプロセスで説明することが可能ではある。しかし、あまり難しい伝達機構を持ち出す必要はないかもしれない。まず、実際にチンパンジーが示す身振り自体は非常に簡単なものである。腕を挙げて手を握りあい別の手で相手の腋の下を毛づくろいする、相手の背中を掻く、葉を噛みちぎる、それだけである。腕を挙げたり、掻いたり、毛づくろいしたり、葉を噛みちぎったりは、ひとりでしょっちゅう行っている行動であり、これらは、行動パターンとして新たに学ぶ必要のないものである。それゆえ、他の個体から社会的な誘いとして身振りを示されたとき、同じ行動パターンを示したり、適当なパターンで応じたりすることは容易にできそうである。それは上に述べた「社会的影響」というプロセスで説明できるかもしれない。

マイケル・トマセロは、チンパンジーの個体がさまざまな個体特有の行動パターンを発達させることを「個体発生的儀式化」と呼んだ。たとえば、赤ん坊が母親から食物を取ろうと手を伸ばすのを繰り返しているうちに、手を伸ばすという行動パターン（意図運動）が儀式化され、物乞い行動となる。同じ状況が他の母子にもあるので、どのチンパンジーも手を伸ばして、物乞いするようになる。私も、葉の噛みちぎり誇示などの起源は、こういったプロセスによって生まれたとかつて推測している。しかし、トマセロのように、どの個体もこのようにして噛みちぎり誇示を身につけた、つまり個別的学習だと考えるのには反対である。それでは、なぜゴンベでは噛みちぎり誇示を行わないのだろうか？　なんらかの社会的学習や社会的影響が関与しているのは確実である。

なお、身振りといってもこれら三つは、やりとりがかなり異なる点は注意すべきである。たとえば、葉の噛みちぎり誇示は交渉が一方的だが、対角毛づくろいは対称的であり、背中掻きでは互酬的になりうる。こういったコミュニケーションの当事者の関係のもち方の違いが普及の成否に影響しているかもしれない。

3　ヒトの社会的伝達の特徴

模倣能力

こういったヒト以外の霊長類の文化の研究の進展から、おもしろい事実が浮かび上がった。よく、「サル真似」といって、人が他人の行動を追従するのを嘲るが、実はサルはあまり他のサルの行動を真似しない(できない)のである。いまや模倣は高級な認知能力と見なされている。サル真似という言葉は、おそらく人に似たサルの仕草や姿勢を見て、昔の人がこれはサルが人の真似をしているに違いないと思いこんだのであろう。英語でも ape (尾のないサル)は真似をするという動詞にもなり“Do monkeys ape?”という論文があるほどである。チンパンジーやオランウータンなど類人猿は、サルと比べるともっと模倣能力がある。しかし、それでもヒトの比ではない。鼻づまりのさいチンパンジーのカルンデが棒を鼻の穴にさしこんだ話をさきほど紹介した。カルンデがこの行動をするのを、集団の他の個体が見ていたのだが、誰も真似をしなかった。二年後と四年後、ふたたび風邪が流行したが、やはりカルンデしかこの「道具使用」行動をしなかった。

かつては、模倣はレベルの低い行動だと考えられていたが、これはヒトにとっては容易な行動だからであろう。昔と違って現在では、模倣がきわめて高級な行動とされているのは、おもしろいことである。とくに、模倣によって運動性反応を学習する能力というものは、ヒト以外の動物ではいちじるしく制限されている。

つい最近まで、模倣能力はヒトに生まれつきのものではなく、生後段階を追って学んでいくものであると考えられていた。これは、発達心理学者が、ジャン・ピアジェというスイスの偉大な心理学者の書いたことを疑わなかったからである。アンドリュー・メルツオフは綿密な実験によって、生後三日以内の乳児が大人が口を開けたり、舌を突き出す行動を模倣することを明らかにした。これはピアジェによると一歳を過ぎてから現れる模倣能力である。生後九か月の赤ん坊は、卵形のプラスチックの物体を揺すったり、板に取りつけた揚げ蓋を挙げるというような動作を模倣できるし、しかも大人が動作を示したあと、二四時間後に対象を示しても模倣したのである。これは、遅滞模倣という現象であるが、ピアジェはこれを一歳半から二歳の間に発達する能力と記していたのである。

メルツオフは、こうして、ヒトは生まれつきある程度の模倣能力をもっていることを証明した。それで、ヒトを「ホモ・イミタンス（模倣人）」と呼ぶことを提唱している。ただし、すでにアリストテレスは、「模倣の能力はヒトにとって自然なものであり、それは他の動物をしのぐヒトの利点であり、ヒトは地球上最もよく模倣する生き物である」と書いているという。

ティーチング

ヒトにおける社会的伝達には、ティーチングが大きな比重を占める。ティーチングは、「モデル、つまり教える方が、直接的な利益を得ることなしに、生徒に生存上有益な情報を積極的に与えること」と定義できる。

なぜ、「直接的な利益を得ることなしに」という語句が必要か説明しよう。たとえば、子どもBが大人の雄Aの前で食物を取ったとき、AはBを攻撃して咬む。その結果、BはAの前では食物を取らないことを学習する。こうして、Bは彼にとって有益な情報を得たことになる。しかし、このAの行動を誰も教育とは呼ばないだろう。なぜなら、Aの行動の動機は、Bに有益な情報を与えるということよりも、食物を入手することにあったと考える方が自然だからである。

ティーチングは、哺乳類では、霊長目と食肉目に見られるのみで、きわめてまれである。しかも、第4章で述べたように、母子間に限られる。母親が、子どもがある行動をするように励ます場合を「奨励による教育」、ある行動をしないように制限するのを「禁止による教育」と呼ぶ。

霊長類では禁止の教育は「奨励」と比べるとよく見られる。たとえば、環境の中にふだん見られない物体に、赤ん坊が近づこうとしたら母親は引き留める。これはニホンザルやチンパンジーでよく知られている。チンパンジーの母親や代理母は、集団の食物レパートリーにない木の葉などを赤ん坊が口に入れたとき、それを奪って捨て食べさせないことがある。この行動は頻繁には見られない。こういった禁止の教育は、霊長類の文化の同一性を保つ働きをする。つまり、文化の保守に役立つ。

奨励による教育は、むしろチーター、ライオンなど食肉目哺乳類で知られている。親が獲物を半殺しの状態で子どものところへくわえてくる。子どもはこの獲物を追いかけて狩りの練習をするのである。親が獲物にすでに大きなダメージを与えていれば練習材料として物足らないであろう。しかし、傷つけ方が足らないと獲物は逃げてしまうかもしれない。ということは、この教育はチーターなどの親にとっては、かなり大きいコストがかかるということを意味する。教える方にとって、コストがかかることも、教育の条件である。

こういう奨励の教育は、ヒト以外の霊長類にはほとんど報告がない。例外は、マカクやヒヒ、ホエザルなどの母親が生後まもない赤ん坊の歩行訓練をすることである。母親は、赤ん坊を放置して数メートル歩き、そして赤ん坊の方を振り返って口をパクパクしたり、声を出したり、身振りを示したりして自分の方に近づくよう奨励する。飼育下のチンパンジーにも類似の行動が観察されている。

クリストーフ・ボッシュによると、象牙海岸のチンパンジーの母親が、五—六歳の子に石器を使って堅果を叩き割る方法を教えた。母親は堅果を台石の上におくやり方と、ハンマー石の握り方を示したという。ボッシュはこれを「積極的なティーチング」と呼んでいる。しかし、数年に渡る観察期間中にたったの二度だけである。ハンマー石と台石と堅果の三つを揃えて、子どもに作業場をあけ渡したという観察はずっと多い。母親は子ども以外にはこういう格好で仕事場を明け渡すことはないということは、教育を示唆している。他の調査地からは、チンパンジーが積極的なティーチングをしたという報告はない。一般的に言って、チンパンジーにはシステマチックなティーチングが欠けているといってよいだろう。

ティーチングには二つのお互いに排他的でない形態がありうる。一つは身振りと表情によるものであり、デヴィッド・プレマックが「サイレント・ペダゴジー（無言の教育）」と呼ぶものである。もう一つは言語による教育である。

ティーチングがチンパンジーや他の霊長類に欠けている理由として、これらの動物の認知能力が劣っているからと考えられている。ティーチングは、「先生」が「生徒」の能力や考えていることを察知しなければうまくいかないし、一方生徒の方も先生の意図を察知しなければならない。いわば、相手の意図を読み取ったり、相手の立場に立って考えたりする必要があるわけである。チンパンジーがどの程度相手の立場に立って考えられるのかはまだ明確にされてない。動物界には異なるレベルのティーチングがあり、ヒトのティーチングはレベルが高いとはいえよう。つまり、ヒト以外の動物で一般的なのは非意図的なティーチングであり、ヒトの多くは意図的なティーチングだということだ。

5 ヒトの文化

1　ヒトの文化の特徴

さて、文化というものを一七二ページのように定義した場合、ヒト以外の霊長類にも、文化のあることは確かだ。しかし、チンパンジーと比較した場合でさえ、ヒトと動物の間には大きな違いがあることがわかる。

第一に行動の融通性である。ヒトの行動は融通性に富み、反応と学習能力には多様な選択肢がある。

第二にティーチングがあることである。奨励にせよ、禁止にせよ、他の個体に積極的に教えるという行動は、ヒト以外の霊長類にはあまり発達していない。かれらの情報伝達の手段は、大部分観察学習である。それにもかかわらず、模倣能力に大きな違いがある。文明社会では、システマティックなティーチングがあり、学校という制度さえもっている。

第三に、シンボルによる強力な情報伝達である。ヒトは言語や書物や芸術のような人工物を通じて、情報を伝達できる。

第四に、情報の貯蔵と蓄積である。言語とくに書き言葉により、ヒトは身体の外に、莫大な情報を貯蔵し、蓄積できる。

第五に、ヒト以外の動物の文化には蓄積効果が小さい。

上に挙げた五つの点は、大きな違いかもしれないが、言語の使用を除いては、質的な違いとはいえない。最後の節で、この点をもっと詳しく論じる。

2　ヒトにおける自然淘汰と文化進化

ヒトの行動、習慣、規則などは、世界規模で比較すると非常に大きな変異がある。そのため、文化人類学という学問分野が存在する。それでは、文化進化と生物進化とは無関係なのであろうか？

ヒトの多くの文化的装備は、実は自然淘汰によってヒトが身につけた本能・衝動・心性に基礎をおいている。

たとえば、貞操帯という奇怪な道具を考えよう。これは、中世ヨーロッパで長期出張する夫が妻の不倫を妨げる目的で使った鍵つきの金属製のトランクスである（45頁図3—2参照）。貞操帯は他の地域では知られていないが、同じ機能をもつ文化的な習慣は、多くの地方で知られる。中国には妻の足首を長期にしばるてん足の習慣がある。イスラム世界では、妻の顔をベールで隠して他の男に見られないようにする。好きなだけ食事をさせて王妃を超肥満にしたのは、バガンダ王国の王室の習慣である。これらはいずれも妻の自由な動きを封じようとしたものである。つまり、他の男の子どもを育てさせられるのは、男にとって親の世話を無駄にする行動としては最たるものである。そのため、自然淘汰は妻に対する性的嫉妬を進化させせた。妻の不倫を防ぐこれらの文化装置は、性的嫉妬という生物的適応にもとづいた本能的な心性に基礎をおいているのは明らかである。

一方、文化的な制度、とくに文明がもたらした制度が、自然淘汰の働きを弱めていることもまた事実である。火の発見、衣装の発明などは、身体の弱い者も生存を可能にした。軍隊制度は、強壮な若者を選択的に死にいたらしめるし、病院は弱者を保護するのに主としてはたらく。大学院は社会的な交際能力には乏しいが好奇心の強い若者の繁殖を助ける傾向がありそうだ。

文化が自然淘汰の産物と矛盾している場合もある。河合香吏が研究したケニヤの農牧民チャムスは奇妙な生殖理論をもつ。それによると、子どもの元は精液であり、材料である経血と混じって胎児が作られる。月経周期は月齢で数え、月経は毎月同じ月齢の日に始まり、四日間続く。経血は七日目まで体内に残る。月経中の性交は、経血が男の身体を壊すため、できれば避けた方がよい。

以上の理論は、現代の生殖生理学理論とはまったく食い違っており、妊娠の可能性のない時期を、最も妊娠しやすい時期と見なしている。それでも、チャムス族が滅亡することがないのは、かれらが理論通りに行動していないからであろう。「言うこと」(理論)と「すること」(実際)の乖離は、性行動に関する限り調査は困難である。なぜ、こんな「理論」ができるのか、推測するしかない。女たちが愛人との子どもを夫の子どもと思わせる操作として考案されたという可能性が考えられる。いずれにしろ、社会生物学とまったく矛盾する理論や慣習が作られても、それらは人々によって無視されがちになるだろう。

3 文化はヒトと動物を分ける究極要素か?

最近ボッシュとトマセロが、ヒト以外の動物の文化には「蓄積効果」は存在しないといって、ヒトと動物の最大の相違だと主張している。しかし、私にはこれが根本的な差異とは思えない。

杉山幸丸はチンパンジーが、一つの目的のために異なる道具を順番に使う例を一〇以上も挙げた。これらは一つの発明発見の上につぎの新しい発明発見が積み重ねられた例と考えられる。たとえば、水を飲むために、木の洞にたまった水に噛みしがんだ葉を浸し、それを棒でひっかけて取り出すという行動がある。これは葉のスポンジの技術が発明されてから、棒で取り出すというつぎの技術が付加されたものだろう。とすれば、「蓄積効果」が見られたことになる。

一九九八年一〇月、プレマックが二〇年ぶりに日本を訪れ、京都で「ヒト、チンパンジー、文化」という題で講演を行った。彼はさまざまな話題に触れたが、要するにチンパンジーには文化はなく、この点ヒトと根本的に違うというのが論旨であった。私たち霊長類学者は動物も文化をもつと主張するが、プレマックによると、チンパンジーの文化さえ、取るに足らないものだという。なぜなら、チンパンジーの生活は何千年、何万年となんの変化も見ていない。人類のみが、遺伝的な素質を変えることなしに大きな「変化」(プレマックの表現ではトランスフォーメイション)を見た。文化といっても、そこに動物と人間では大きな違いがあるという。そして、チンパンジーには積極的に教えること、つまりティーチング(ペダゴジー)が欠けているのがチンパンジーが文化をもたない最大の理由である、という。

チンパンジーや他の霊長類がティーチングを欠いているというのは確かだが、それがヒトとの根本的な相違かどうかは疑問の余地がある。第一にすでに第4節で指摘したように、萌芽的であるとはいえ、チンパンジーにも鼓舞と禁止の教育がある。第二に、市川光雄らによると狩猟採集民にはペダゴジーといえるものはほとんどないということである。つまり、狩猟採集民の子どもたちは、観察学習によって大部分を学んでいるのだ。学校をはじめとするペダゴジーの制度は最近の発明であり、狩猟採集民にはないとすれば、ヒトと動物を区別する決定的な特徴とは呼べないであろう。

そして、「変化」も人間の特徴かどうか怪しい。そもそも人類の文化も、その歴史の大部分は変化を見なかったというのが正直なところではなかろうか? オルドワン文化もアシュリアン文化も(第10章260頁参照)一〇〇万年以上変化しなかった。中世のヨーロッパや日本も、変化はあったにせよ非常にゆるやかではなかっただろうか。早い文化変化はむしろ例外的事象であり、せいぜいこの数世紀のことであり、とくに第二次大戦以降の半世紀の現象だと思われる。それは、農耕文化に由来し、化石燃料を使い始めたあと爆発的に起こった例外的な現象のように思う。単にエネルギーの浪費により支えられた異常現象であろう。それゆえ、人間の文化は「大きな変化の可能性をもつ」というのが正しい表現であろう。

人類の歴史の大部分は保守的だった。高度文明社会を除くと、子どもは親に従い、親は祖父母に尋ねればよかったのである。高度文明社会と呼ばれる国々でも、五〇年から一〇〇年前までは、年寄りの智恵に頼っていれば済んだのだ。人類は、文化変化あるいは進歩という観念を誇るより、その実体を反省した方がよいのではないかというのが筆者の考えである。それは、最終章で論ずることにする。

第9章 言語の起源

——サルは人間の命令の多くを理解し、自然状態では仲間に危険をしらせる叫びの信号を発する。だから、迫っている危険が何かを仲間に示すために、例外的に賢い類人猿様の動物が、猛獣のうなり声を模倣することを思いついたとしても、まったく信じられないことではなかろう。これが、言語形成の第一段階だっただろう。

ダーウィン『人類の由来と性の淘汰』より

言語は、ヒトと他の動物を区別する最大の特徴とされている。言語の起源を論ずるのは不毛である、とかつて考えられたが、少しずつ断絶は埋められてきた。言語の起源を探る方法としては、野生霊長類の音声研究、飼育下の類人猿の言語研究、脳の電気生理学的研究、現生霊長類の発声器官の解剖学的研究、化石人類の頭骨の研究、考古学的研究などがある。

1 野生霊長類の初期の音声研究

野生霊長類研究の草分けであるクラーレンス・カーペンターはテナガザルの音声を約二〇種類とした。伊谷純一郎は、ニホンザルの音声を詳細に記述し、三七種類に分類した(表9―1)。伊谷はサルが音声を状況に応じて使い分け、その意味が人間に理解できることを実証した。一方、かれらの音声が情動的であり、表情・動作と結びついており、記号的でないこと、非獲得的であることを指摘した。また、ニホンザルの音声を近距離・遠距離、情動的・平静という二つの次元で切ると、多くの音声は〈近距離―情動的〉、あるいは〈遠距離―平静〉であり、言語の特徴である〈近距離―平静〉のカテゴリーに入るのはわずか二種類しかない、ことも明らかにした(表9―2)。

表9-1 ●(伊谷 1963)

A.	平穏な音声	15
B.	防御的な音声	4
C.	攻撃的な音声	5
D.	警戒音	4
E.	発情雌に独特な音声	3
F.	赤ん坊と子どもに独特な音声	6

表9-2 ●(伊谷 1963)

―	長距離伝達(1対多)	近距離伝達(1対1)
情動性強し	バーク (5)	クライ (8)
感情平静	コール (13)	マター (2)

(表9-1のEとFのカテゴリーを除く)

日本語は動物の音声研究には不向きな言語である。発声を表す動詞には、「鳴く」、「泣く」、「うなる」、「吠える」、「さえずる」など数えるほどしかない。英語なら、ネコ、ブタ、ウシ、ウマ、ヤギ、カラス、ハト、カエルなど、動物ごとに「鳴く」という動詞が違う。音声を表すのに何十という動詞がある。"Scream"、"Squeal"、"Squeak" など、どう違うのかわかる日本人は少ないだろう。伊谷はやむをえず、サルの音声をローマ字で表記したが、この方法では研究者間、とくに異国の研究者間で音声の対応をつけるのが困難である。

それで、テルマ・ラウエルは、鳥類の音声研究で使われていたスペクトログラムによる音声分析を使い、これがその後スタンダードな方法となった。スペクトログラムは横軸に時刻、縦軸に異なる周波数に存在するエネルギー量（キロヘルツ＝一〇〇〇サイクル／秒）を示す。

ラウエルは、アカゲザルの音声を連続型と不連続型に分けた。ピーター・マーラーは、動物を、連続型の音声システムの種と不連続型の音声システムの種に分類できることを示した。不連続型とは、鳥や原猿が典型である。アトリの音声は一二の基本的な音声型に分けられる。オナガザルとコロブスは常同的なタイプの音声をいくつかもつ。例外はアカコロブスで、一つの基本的パターンのヴァリエーションであるという。連続型は、ヒヒ、マカク、チンパンジーなどの音声である。

ヒトの言語は、外的な指示物（レファラント）をもつが、サルの音声はこの特徴を欠いているといわれてきた。それゆえ、アフリカのサバンナに住むヴェルヴェットモンキーが、異なる捕食者に対し異なる警戒音をもっていることをトマス・ストルーゼイカーが発見したときは、大反響を呼んだ。この発見をもとに、詳細な観察と野外実験を行い、その後の音声研究をリードしたのがロバート・セイファスとドロシー・チェニーである。

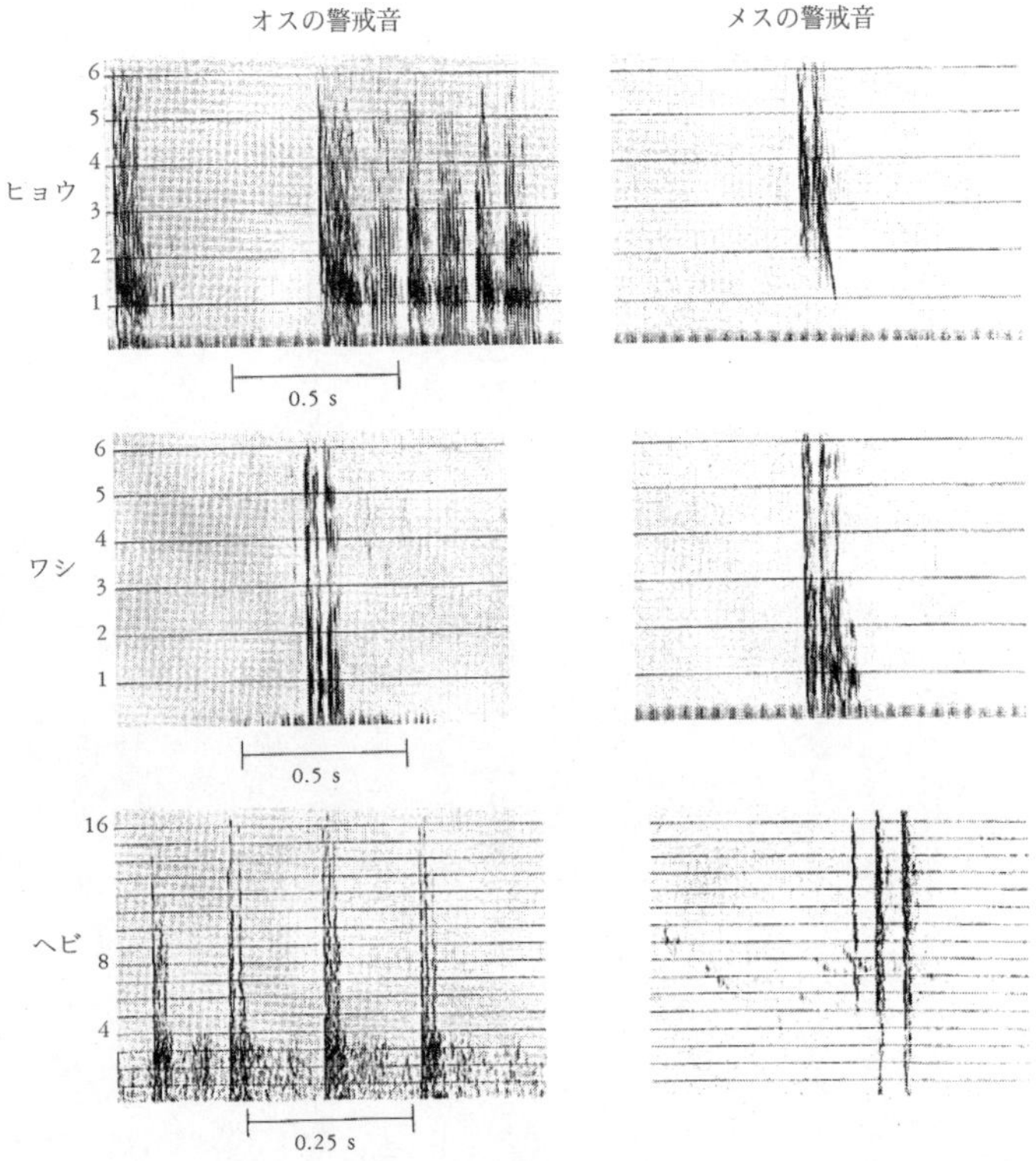

図 9-1●ヴェルヴェット・モンキーの警戒音のスペクトログラム
雌雄のヴェルヴェットモンキーがヒョウ，マーシャルイーグル，パイソン（ニシキヘビ）に対して発した警戒音のスペクトログラム．x 軸は時間を，y 軸は 1 キロヘルツ（1 秒に 1000 サイクル）を単位とした周波数を示す（Cheney & Seyfarth 1992 より）

2 ヒトの音声言語と霊長類の音声の相違

さて、チェニーとセイファスが画期的な研究を行う一九八〇年代に入る前には、ヒトと他の霊長類の音声伝達にはつぎのような違いがあるとされていた。

第一に、随意の発声能力である。ヒトは自由に発声できるが、サルは随意に発声できない。条件づけによって発声を消去したり強化したりできない。一方、大脳辺縁系を電気刺激することによって、リスザルは通常の発声を行うことが示された。いわば、サルの音声は適当な刺激が存在するときだけ発せられる。

これと関連して、チャールズ・ホケットは、ヒトは目に見えない物、過去や未来のこと、存在しない物のことさえ自由に話すことができるが、サルの音声は時間的・空間的な転位を示さないと指摘した。

第二に、ヒトの場合は複雑な指示物をもつことである。サルの音声は、たとえば情動状態や発声者のその後の行動のような、単純な指示物しかもたない。外界の事物を指定するような音声をもたない。

第三に、範疇的な知覚である。ヒトは音響的に連続な音を、一連の相対的に不連続なカテゴリーとして知覚する。

第四に、サルの音声に学習は不要だということである。サルの音声には発達上の変化が見られない。たとえば、リスザルには発声に漸次的な発達が見られない。サルの音声システムは、大脳辺縁系によって生み出され、刺激と反応の関係は遺伝学的に決定され、融通性に欠けるように見える。一方、ヒトの言語は大脳皮質によって生み出され、伝統により伝達される。

以上のような要約は、主として最近の二〇年間の研究によって修正されることになった。

1　発声の随意・不随意の問題

発声が不随意であるなら、サルを音声で条件づけすることはできないはずである。ところが、アカゲザルを音声で条件づけることが可能であることがわかった。赤、緑、青、白の四色の灯のある部屋に座っているサルが、そのうちの一色がついたときだけ発声することを学習した。ついで、一色がついているときだけ、〝クー〟音あるいは吠え声を発声することを学習した。

野生のヴェルヴェットモンキーは、他個体の警声を聞いたとき、警声を発する場合と、発しない場合の二種の反応がある。また、ソリタリーの雄は決して警声を発しない。つまり、一つの刺激に自動的に発声するわけではない。

雌は、自分の子どもが一緒にいたときの方が、無血縁の子どもと一緒にいたときよりよく警声を発する。これは、「聴衆効果」と呼ばれるもので、発声が随意でなければ不可能である。こういった例には、雄が優位雄と一緒のときよりも、雌と一緒のときによく警声を発したり、優位個体は雌雄ともに劣位個体よりよく警声を発する、などがある。優位個体の方が捕食者のよく見えるところにいるわけではないし、優位個体の方が近縁者が多いわけでもない。それゆえ、この違いの適応的意義は不明であるが、違いのあることは間違いない。以上のように、サルは社会的文脈によって発声したり、しなかったりすることができることが示された。

チンパンジーも、随意に音声をコントロールできるという証拠が集まっている。かつて私が餌づけをしていたとき気づいたことだが、野生チンパンジーの大人の雄は、餌のサトウキビの量が多いときだけ、パント・フート（フード・コールの一種）を発した。マーク・ハウザーは飼育下でも、このことを確かめた。

グドールによると、ゴンベのチンパンジーは、群れの縄張りの境界をパトロールするとき、ときに、三時間以上も沈黙を守る。また、枯葉を踏まないようにするし、音を出す者は叱責される。また、若い雄のチンパンジー、フィガンは、餌場でバナナを見ると興奮して発声し、聞きつけた大人雄にバナナを横取りされた。何日かすると、ひとりでいるときバナナをもらっても声を出さなくなった。しかし、声を呑込むのに往生し、のどを詰まらせたという。

ドゥ・ヴァールによると、アーネム動物園の放飼場では、若い雌は順位の低い雄と交尾するとき、優位の雄にばれないように、大木のうしろに隠れ、交尾のさいに通常発せられる金切り声を発しないように我慢した。

しかし、状況により発声の頻度を変えるのは、霊長類だけの得意技でないことがわかった。ヤケイの雄は、ひとりのときより、同種の仲間がいるときに、有意に高い頻度で警戒音を発する。このことを、ピーター・マーラーらは、ニコ・ティンバーゲンの古典的実験（215頁ボックス⑭）を模して、タカのモデルをヤ

ボックス⑭：

ニコ・ティンバーゲンの古典的実験　ティンバーゲンは、模型のタカとハトを針金上で動かすことによって、アヒルのヒナが猛禽に対してのみ本能的に逃走反応を起こすことを示した。

表9–3 ●三つの警戒音と反応パターン（チェニーとセイファース, 1990）

	地上での反応					樹上での反応				
警戒のタイプ	プレーバック試行回数	樹上に逃げる	ブッシュに逃げこむ	見あげる	下を見る	プレーバック試行回数	木のもっと上へ逃げる	木から跳び降りる	見あげる	見おろす
ヒョウ	19	8	2	4	1	10	4	0	3	4
ワシ	14	2	6	7	4	17	4	5	11	12
ヘビ	19	2	2	2	14	9	2	0	5	9

ケイのケージの上に飛ばせて証明した。

2 複雑な指示物

ヴェルヴェットモンキーは、異なるカテゴリーの捕食者に対し、六種類の警戒音をもっている。六種の捕食者とは、ヒョウ、ワシ、ヘビ、ヒヒ、ヒトと捕食者として重要度の低い肉食性哺乳類（ジャッカル、ハイエナ、ライオン、チーター）である。そのうち、ヒョウ、ワシ、ヘビに対する三種類の警戒音は、何度も録音できるほど頻繁に発声される。これらは、異なる逃走戦術と結びついている。ヒョウ、カラカル、サーバルに対する警戒音、つまりレパド・アラームに対しては、「木に登る」という反応を引き起こすし、マーシャルイーグルやカンムリクマタカに対する警戒音、すなわちイーグル・アラームに対しては、「上を見上げてブッシュにとびこむ」という反応が起こる。一方、パイソン、マンバ、コブラに対する警戒音、スネイク・アラームに対しては、「二足で立ち、周囲を見回し、見つけたら騒ぎ立てる」という反応を引き起こすのである（表9—3）。

「異なる警戒音は、異なる覚醒レベルの表われである」という批判はあたらない。確かに、ヒョウはワシより、ワシはヘビより恐ろしい。それに応じて、実際レパド・アラーム∨イーグル・アラーム∨スネイク・アラームの順に声が大きい。しかし、異なる警戒音の振幅レベル（音量）を同じにしても、やはり異なる反応を起こす。また、警戒音の長さや振幅を変えても、効果に影響はない。警戒音の音響構造だけで十分なのである。ただし、これは情動と無関係ということではない。声の大きさ、長さ、発声の率、警声を発する個体の数は、捕食者がどれくらい近くにいるか、危険が差し迫っているかを示す。

「警戒音は外的な指示物をもたない。たんに、信号発信者のその後の行動の確率についての情報を与えるだけだ」という批判や、「警報は一般化した内的状態の表われであり、生理的に特定の行動セットと分かち難く結びついている」という批判も的外れである。どうしてかというと、サルは逃走反応なしに、警戒音を発することがしばしばある。また、自身は警戒音を発せずに、警戒音のプレーバックに反応することがある。それゆえ、警戒音と逃走反応の間にリンクがあることは事実だが、サルは警戒音の生成と、警戒音が通常引き起こす反応のセットを分離することができるのである。ヴェルヴェットの警戒音は、特定の「外的な指示物（レファラント）」をさしているのは明らかである。これらの声は、指示しているものと外見が似ていない、つまり任意であり、非肖像的である。おそらく、これらは、内的な知覚概念、あるいはシンボル形成を含むのであろう。

ヴェルヴェットモンキーに比較できるような警戒音は、その後、他のサルや霊長類以外の哺乳類でも見いだされた。アカコロブスは、猛禽と地上捕食者の二種類の警戒音をもっていることがわかった。最近では小田亮が、ワオキツネザル（ボックス⑮）がやはり二種類の警戒音を使い分けていることを報告した。プレイリードッグも、空中捕食者と地上捕食者の二種類の警戒音をもっている。一方、カリフォルニヤ・ジリスは、四種類の警戒音をもつ。一つはワシとタカに対する音声で、「空を見、穴に逃げ込む」という反応を起こす。第二は、ヘビに対する音声で、第三は地上性哺乳類の捕食者に対する音声であり、いずれも「下を見る」という反応を起こす。第四の音声は、攻撃的な同種個体に対する音声である。

ジリスとヴェルヴェットモンキーの警戒音には違いがある。ジリスの警戒音は、捕食者の距離と関係するという点であり、これは緊急度のレベルの違いで説明できる。ジリスにとっては、敵の種類はさして重要ではない。ジリスはどんな敵に対しても、同じようなやり方で逃げるからである。

サラ・グーズール等によると、アカゲザルは喧嘩の相手によって違う金切り声を上げる（図9―2）。かれらには、五種類の金切り声がある。一つは、ノイジー・スクリームといわれる音声で、身体の接触のあった優位個体に対して発声される。第二はアーチ・スクリームで、身体の接触のなかった劣位個体に対して発声される。第三のトーナル・スクリームと第四のパルス・スクリームは、親類に対して発せられる。最後のアンドゥレート・スクリームは、優位個体に対して（身体の接触あり）発声される。これらの音声と、発声者のその直後の行動とはなんの関係もない。プレーバック実験をしたところ、スクリームのタイプによって、声を上げた喧嘩の当事者の母親の反応は異なることがわかった。母親の反応の強さの順は、ノイジー＞アーチ＞トーナル＞パルスであった。

ボックス⑮：

ワオキツネザル　マダガスカル南部に棲み、尻尾をピンと立てて歩く姿はテレビ番組などでもよく登場する。複雄複雌の群れをつくる。

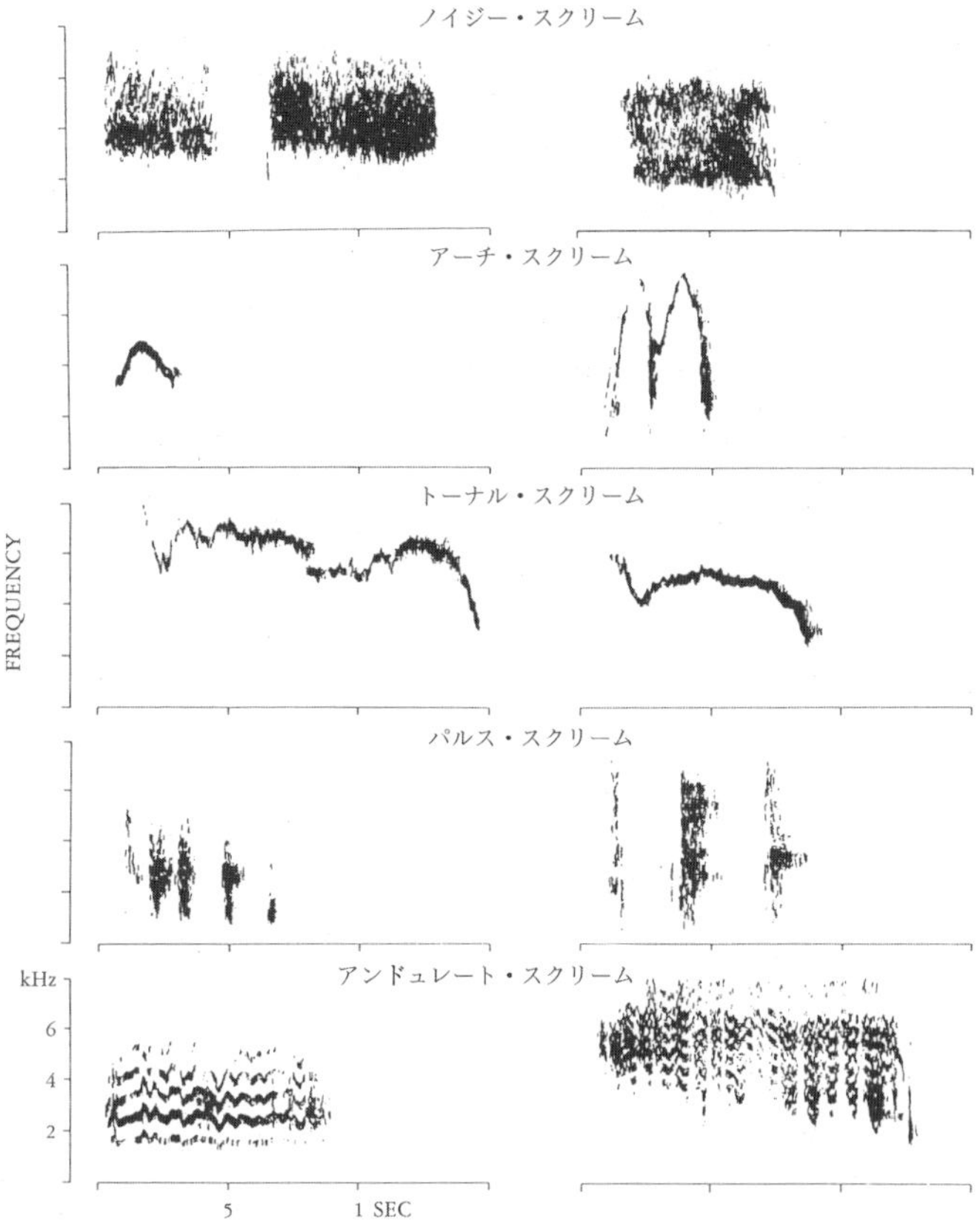

図 9-2●子どものアカゲザルが発する５つのタイプの悲鳴のスペクトログラム
(Gonzoules, Gonzoules & Marler 1984 より)

3　シンタックスの問題

シンタックスとは、シグナルの連鎖を予想できるようにする規則のことである。これには、「音韻的シンタックス」と、「語彙的シンタックス」がある。前者は、音響シグナルのレパートリーから、要素を取り出し、それらを秩序だった予測可能なやり方で再結合して新しい音声を作ることであり、後者は構成単位の意味の総計から、合成音の意味を生じさせることである。

前者はヒト以外の霊長類にもある。たとえば、ジョン・ロビンソンによると、キャプチンモンキーでは、独立して使われることのある音声が、二つから四つまで組み合わされることがある。合成音は、各音声の発せられる状況の中間的状況で発せられるらしい。

テナガザルでは、音響的に異なる要素（ノート）がある。ジョン・ミタニによると、雄のテナガザルは、多数のノートを組み合わせて歌う。各ノートは、それだけで発せられることはまれである。ノートの組合せ方には規則があるので、歌の数は有限である。歌のノートを配置替えすると、雄の反応は質的に異なってくるという。

正高信男は、ピグミーマーモセット（ボックス⑯）には会話の規則があることを明らかにした。森の中で昆虫を追い、お互いに仲間の見えない状況で「トリル」を交わす。ヒトの会話のような会話の交代がある。Aが鳴くと、つぎにBが鳴き、Cが鳴くまでAとBは鳴かない。他のグループメンバーの動向をモニターしているらしい。

4　学習や発達の問題

ヴェルヴェットモンキーの赤ん坊は生まれた日から、グラントという音声を発声するが、大人のそれとは異なる。一〇週、一年、二—三歳と三段階を経て、大人のグラントになる。

警戒音については、チェニーらにより興味深い発達の過程が観察されている。赤ん坊は、イボイノシシを見て、レパド・アラームを鳴くことがある。また、ワシだけでなく、ジサイチョウ、ハト、ローラー、落葉を見て、イーグル・アラームを鳴くことがある。スネイク・アラームは毒蛇マンバだけでなく、蔦が揺れるのを見て発せられることがあるという。

子どもは、ヒヒを見てレパド・アラームを発することがあるし、ワシだけでなく、コウノトリやスプーンビルを見てイーグル・アラームを発したことがある。

大人では、コウノトリを見て、イーグル・アラームを発した例がただ一度観察された誤りであった。

こうして、赤ん坊、子ども、大人と年を経るにつれて、イーグル・アラームは、特定の動物にのみ選択的に発せられるようになる（図9—3）。ただし、赤ん坊もデタラメに警戒音を発するわけではない。たとえば、赤ん坊は地上性の哺乳類にだけ、レパド・アラームを発する。赤ん坊から大人になるにつれ、捕食

ボックス⑯：

ピグミーマーモセット　マーモセット（77頁ボックス⑤参照）の一種で、世界最小の真猿類。体長は一三—四センチメートル、体重は一〇〇グラム程度にすぎない。

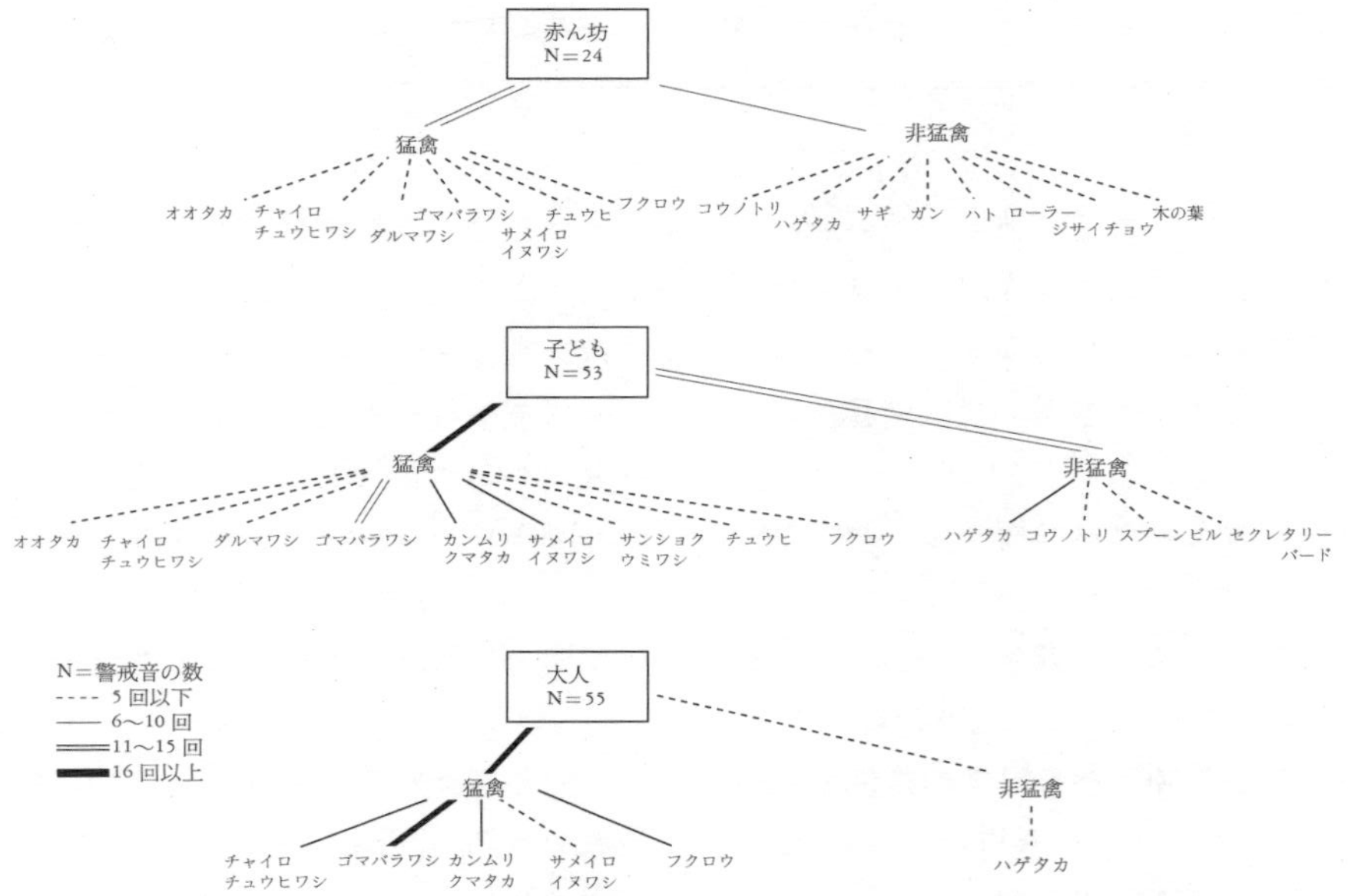

図 9-3●ヴェルヴェットモンキーの音声認識の発達
異なった年齢のヴェルヴェットモンキーから警戒音（イーグル・アラーム）を発声させた刺激
(Cheney & Seyfarth 1986 より)

者と警戒音との対応が次第に正確になることがわかる。

発声だけでなく、音声の使用状況も学習されているようである。カメルーンの森林では、ヴェルヴェットは、イヌを連れた猟人に狩られる。そこでは、ヒトおよびイヌに対する警戒音は小さく、ピッチは周辺のノイズにマッチした周波数の内にある。その結果、警戒音を発しているサルを見つけるのは難しい。サルの反応は、声を立てずに深いブッシュに逃げ込むことである。一方、近くのサバンナでは（そこでは、ヒトに狩られることがない）、サルは樹上に逃げ、イヌが近づくと大声の警戒音を発する。

音声に対する反応も学習する。赤ん坊は六か月を過ぎると、警戒音に対して、大人と同じような反応を示す。反応の仕方は大人から学習するが、ティーチングはない。捕食者の多いところでは、低年齢で学習する。これは、「成熟現象」ではないこと、つまりある年齢で発現が遺伝的に保証されている行動ではないことを証明する。

なお、鳥類では発声に学習が関与していることを示す証拠がたくさんある。たとえば、同種個体から隔離されて育った若い鳥は、アブノーマルな音声を発するようになるのが普通である。また、野外では、近隣の雄たちは、地方的な歌の方言を共有する。こういった点については、研究の歴史が長い鳥類の方が霊長類より証拠が豊富である。

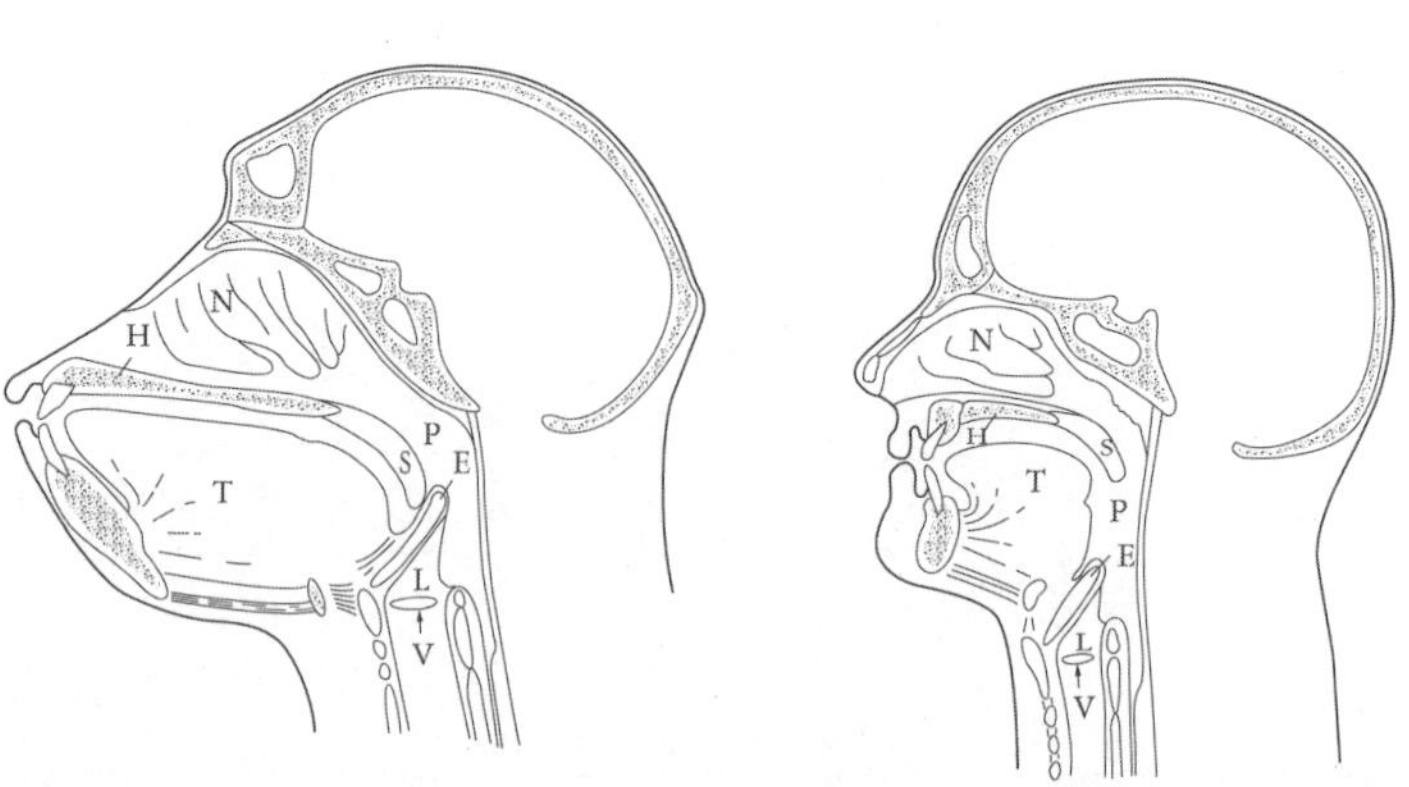

図 9-4●チンパンジー（左）とヒト（右）の発声器官
N＝鼻腔，S＝軟口蓋，T＝舌，P＝咽頭，L＝喉頭，E＝喉頭蓋，V＝声帯　ヒトでは咽頭部が大きくなって，音声修飾の範囲が広がった（ルーウィン著　保志・楢崎訳 1989，より）

3 飼育下の類人猿の言語研究

1　ヘイズ夫妻のヴィッキー

キース・ヘイズとキャサリン・ヘイズは、チンパンジーが言葉を話せないのは、親が話せないからであろう、という「言語の文化決定説」にもとづいて、ヒトの子どもを育てるようにして、チンパンジーの赤ん坊ヴィッキーを家庭で育てた。しかし、カップ、ママ、パパの三語しか話せるようにならなかった。

その後、のどの形態の相違により、類人猿はヒトの音声言語を発声することはできないことが明らかになった。類人猿では、喉頭（ラリンクス）の位置が高く、頸の上部に位置する。ヒトでは喉頭は頸の低部に位置するので、咽頭部（ファリンクス）が大きくなり、音声修飾の範囲が拡がった（図9―4）。

2　ガードナー夫妻のウオッシュー

類人猿には発声が無理だということがわかったため、ベアトリス・ガードナーとアレン・ガードナーは手話（ＡＳＬ＝アメリカン・サイン・ランゲージ）をウオッシューという名のチンパンジーに教えた。ウオッシューは二〇〇以上の単語を覚え、一定の語順があり、単語を新しいやり方で結びつけることができると夫妻は主張した。しかし、身振りが意味と対応しているかどうかを判定する基準があいまいだという批判や、実験者の無意識の表出をチンパンジーが読み取っているとかの批判をかわすことができなかった。かつて、調教者の述べた数だけ床を蹄で叩くクレヴァー・ハンスと名づけられたロバがいた。しかし、ハンスは、必要な数を叩き終わる直前に調教者の表情が変化するのを読み取っているだけだとわかった。このクレバー・ハンスの教訓が生かされていないという批判が起こったのである。

3　プレマックのサラ

右の批判を避けるため、デヴィッド・プレマックは一単語に相当する磁石のついたプラスチック・カードを、金属ボードに並べて文章を作成するという作業をチンパンジーのサラに教えた。サラは四単語からなる文章を作り、色、果物などの概念をもつことが示された。しかし、記憶（まる暗記）だけでできるのではないか、という批判が出た。それ以来、プレマックは、「心の理論」（第10章参照）の研究に転じた。

4　サヴェジ＝ランバウのカンジ

以上のように、一九五〇年代に始まり、一九六〇年代から一九七〇年代にさかんに行われた類人猿の言語実験は多くの批判にさらされ、一九八〇年代にはこの種の研究では、アメリカで研究費を得るのが困難になり、下火になった。しかし、類人猿の能力を高く評価していた心理学者たちが、あきらめきれずに、ほそぼそと研究を続けた。そして、画期的な発見がなされたのである。

シュー・サヴェジ＝ランバウは、ピグミーチンパンジーの雌であるマタタに、さまざまなシンボル（単語に相当）を教えようと毎日訓練していた。訓練のとき、サヴェジ＝ランバウはヒトの幼児に対するように無意識に英語で話しかけていた。マタタの養子の息子カンジは、まだ赤ん坊で訓練を受けていなかったが、母親のそばにいつも一緒にいた。

ある日、サヴェジ＝ランバウはカンジが英語の聞き取りができることに突然気づいた。つまり、英語を教えられないのに、英語が話される環境で育てられただけで、英語を聞き取る能力を自然に身につけてしまったわけである。カンジは英単語を数百語知っており、シンタックスも理解している。たとえば、"Let snake bite dog" と "Let dog bite snake" の区別ができる。グレープフルーツを部屋中にばらまいて、「冷蔵庫の前のグレープフルーツをもってきなさい」と話しかけると、冷蔵庫の中にも、前にも、後ろにもグレープフルーツはあるのに、「前の」ものをもってくる。

ガードナー夫妻への批判を考慮し、カンジに向かって英語を発声する研究者と、カンジの行動を観察する研究者がお互いの知識を伝達できない「ダブル・ブラインド実験」の形をとっているので、カンジ研究の信頼性は高い。

この研究がそれまでの飼育下の研究と違うところは、カンジは研究者により徹底的に言語を教え込まれたのではないことである。ヒトの赤ん坊が育つような環境で育ったわけである。

5 自然状態でのピグミーチンパンジーのコミュニケーション

ピグミーチンパンジーは自然状態では言語を話さない。それなのに、どうして、ピグミーチンパンジーには英語を理解する能力がそなわっているのだろうか？ 自然状態で役に立たないような能力を、自然淘汰が育てるはずはないのである。するとカンジの言語能力は、

A 野生のピグミーチンパンジーはヒトの言葉に似た言語を使っているが、研究者がまだ気づいていないことを示すのか、

B 野生でピグミーチンパンジーが行っているある種の行動の副産物であるか、

のどちらかである。私はBの立場である。サヴェジ=ランバウは前者の考えをもっているらしく、彼女は加納隆至が長期研究しているコンゴのワンバへ出かけた。そして、ワンバのピグミーチンパンジーは遊動時に、あとからくるメンバーに移動方向などを示すために枝をおいていくと書いている。ピグミーチンパンジーではないが、その親類のチンパンジーを自然状態で三〇年以上も研究している私からいえば、チンパンジーが方向を示すために、サインを残していくという証拠はない。また、音声言語を使っているという可能性も、ちょっと考えられない。しかし、少なくともピグミーチンパンジーがヒトによく似た思考能

力をもっていることは間違いない。そして、これはチンパンジーにもあてはまるだろう。

いずれにしろ、ピグミーチンパンジーやチンパンジーの近距離での音声や表情、身振りによるコミュニケーションの研究は、十分行われたとはとうてい言えない段階である。だから、今後の野外研究の最大のテーマの一つは、ピグミーチンパンジーやチンパンジーの近距離コミュニケーションの詳細な分析であろう。

4 言語の起源

言語起源の問題は、ダーウィンの時代から人類進化の最大の難問である。

まず、言語は文化でありながら、ヒトの本能的な能力にもとづいていることはダーウィンが指摘している。第一に、個人差はあるものの生後一歳頃に話せるようになるということである。喃《なん》語期（バブリング・ステージ）という時期をもつなど、発達過程も民族が違っても同じである。第二に、さまざまな民族が一つの場所に集まったとき、移民一世はピジンと称されるブロークンな言葉を話すが、生まれながらにしてそういった言語環境に育った二世たちは、クレオールと呼ばれる文法の備わった立派な言語をいわば創出し話しだすという事実である。第三に、ノーム・チョムスキーがいうように、世界の言語には共通の文法があることである。

1　進化のプロセスを説明する仮説

話し言葉の前に、ヒトの祖先は身振りを使っていたというのが、言語の「身振り言語起源説」である。これは、ゴードン・ヒューズが三〇年ほど前に提案した仮説である。これを支持する証拠は、チンパンジーやピグミーチンパンジーが表情や身振りによるコミュニケーションの豊かなレパートリーをもつことだ。また、ヒトの大多数が右利きであり、それを支配する左脳に言語中枢があることが第二の証拠である。これは、道具使用と言語の関係を示唆するものと通常は解釈されるが、身振り言語に主として右手を使ったという解釈も可能である。第三に、ヒトが会話をするとき、どの民族も例外なく、無意識に手や腕を動かすという事実である。

一方、この仮説の難点は、もし身振りをコミュニケーションに使うとすると、その間手は、他の仕事に、とくに赤ん坊を抱いて歩いたり、生産や道具使用や製作に使えないということである。このことは、ダーウィンがすでに指摘している。第二に、ＡＳＬのようなサイン・ランゲージが話し言葉よりずっと単純であるというようなことはないことである。単純でないなら、わざわざ身振り言語を中間段階にもってくる意味はない。

言語起源の「正統派」の仮説は、スティーブン・ピンカーのように、サル（類人猿）の音声からヒトの話し言葉が出現したというものである。これまで紹介したサルの音声研究から明らかなように、サルの音声とヒトの話し言葉を分ける基準の多くは崩れ去った。認知能力についてはカンジが証明済みである。あとは、有節言語を話せるような咽喉の構造の問題である。

2　機能から考えた言語起源説

言語の機能はなんだろうか？　それには二つある。デズモンド・モリスは、話し言葉を「インフォメイション・トーキング」と「グルーミング・トーキング」とに分けた。前者は情報の伝達であり、後者は社会関係の維持である。この二つの機能があることは、誰にも異存はないだろう。問題は、太古の昔、有節言語の起源は、どちらの機能とより強く結びついていたかということだ。

社会関係の維持

モリスの強調した点は、通常話し言葉の機能は情報の伝達だと考えられているが、会話の多くは他愛のないもので、話の中身よりも「話している」こと自体が重要である、ということだ。恋人同士の会話などを考えてみればその通りだろう。要するに会話は社会関係を維持するためにあるのであって、会話の内容は二次的であるということだ。

ロビン・ダンバーは、このモリスのアイデアを極限にまで押し進めて最近、言語起源の新仮説を発表した。まず、人間側のデータは、大学のキャンパスなどで密かに録音したテープである。その結果によると、会話の内容は人のうわさ話や、社会関係の話題が圧倒的に多い、ということだ。このことは、ずっと以前に行われた狩猟採集民サンの会話内容の研究結果と似たりよったりである。つぎに、霊長類側のデータだが、彼によると、毛づくろいは集団生活をする霊長類の生活にとって、社会関係を調節する手段として最も重要な社会行動である。しかし、グループサイズが大きくなるにつれ、毛づくろいで社会関係を調節するのは難しくなる。というのは、第10章でも述べるようにグループサイズが増大すると社会関係の組み合わせが幾何級数的に増大するからである。つまり、毛づくろい相手が非常に多くなり、時間には限りがある以上、大きな集団は維持できなくなる。霊長類各種のグループサイズと脳における新皮質の割合（第10章参照）は相関関係にある。ダンバーによると、ヒトの新皮質率は、一五〇人というグループサイズに相当する。この数字は、ヒト以外の霊長類のグループサイズが、一五〇を越えることはほとんどない事実とも符合する。

ダンバーの仮説は、ここに紹介していないさまざまな興味深い補強事実を挙げており、それなりに説得力をもっているのであるが、大きな穴がある。というのは、グループサイズが大きい場合、社会関係を調節するのに、いちいち全員と調整する必要はないからだ。集団の中の「重要人物」とだけつきあえばよいのである。一五〇人ものメンバーがいれば、それはなんらかのサブグループから構成されているだろう。ニホンザルのような母系リネジかもしれないし、マントヒヒのような一夫多妻家族かもしれないし、自民党のような派閥かもしれない。そして、このサブグループのリーダーやサブリーダーとだけ関係を調整しておけば、あとの連中とは必ずしもつきあうことはないのである。すると一五〇人とダンバーは言ったが、実際はせいぜい十数人と毛づくろいしあえば十分である。もちろん、交際を一五〇でなく十数人に限るためには、それなりの高い認知能力が必要である。しかし、それは会話能力とはかならずしも関係はないだろう。

情報伝達

私は、話し言葉の起源は、その最も重要な機能である情報伝達や情報操作と結びついていると考える。社会関係の調節には、現在でも表情や身振りの方が重要であり、音声はせいぜい感動を表す声や単純なフレーズだけで十分である。人を慰めるのに何万語の言葉より、腕で優しく抱きしめる方が有効であろう。謝罪するのに何万語使うより、土下座した方が有効である。

それでは、言語の誕生を促した情報伝達の中身はなんだろうか？　その情報は生存と繁殖にたいへん役に立つ情報でなければばらない。すると、(1)危険、(2)食物、の二つがまず考えられる。危険を知らせるというのは、本章の初めに引用文を示したように、ダーウィンのアイデアである。

危険とは、捕食者や他の集団の接近など、である。危険を知らせる警戒音は、すでに紹介したように、霊長類だけでなくジリスや鳥類なども使っている。食物に関する情報とは、食物の在りか、獲得法と処理技術などがある。ヒトの祖先が広い範囲を動いて食物を集め、その調理に道具が必須になったとき、音声言語獲得は生存価を得たのではなかろうか。そして、ある食料の在りかについて教えるかわりに、他の食料の在りかを教えてもらうといった情報の交換がきわめて重要になったであろう。言葉があれば、いつ、どこで、何が、どれだけ取れるか明示できる。情報交換が血族の範囲を越えたとき、それは取引の色彩を強くしたことだろう。

人類学者クローバーは、なぜ類人猿はヒトのように話をしないのかと自問し、その理由を「かれらには話すべきことがないから」と言った。つまり話す必要のある情報はないと考えたのである。しかし、それは間違いである。チンパンジーの雄は食物を発見するとパント・フートという大声を発し、仲間に伝える。

もし、あるチンパンジー集団が、「ここにイチジクがある」とか、「サルがたくさんいる」とか言えれば、パント・フートしか鳴けない隣の集団より能率よく採食でき、多くの子どもを残せるだろう。

しかし、ここに問題が生じる。情報というものはタダではないことだ。コストがかかる。チンパンジーも大声を出して仲間に知らせるのは大人の雄だけであり、しかも食物が大量にあるときだけである。雌や子どもがめったにパント・フートしないのは、食物の在りかを教えたら、大人の雄など優位なメンバーに横取りされる可能性が高いからであろう。

情報を与えるというのは、利他行動であり、これは血縁者同士でないと起こりにくい。以上の考察から、高い血縁度をもった者の集まりが存在しないと、言語の起源は説明できないことがわかる。そして、情報伝達のコストを減らすもう一つの方法は、声を小さくすることである。類人猿はどの種も遠距離伝達の大きな声をもっており、それがフード・コールとして使われている。大声の伝達は広報であり、誰でも情報を入手してしまう。それを血縁者や性的パートナーのみに限るには小さな声ではっきり発声する必要があった。大声を出す能力は、言語発声の前適応であった。大きな肺活量をもったお陰で、ヒトの祖先は少しずつ息を吐き出しながら有節言語を話すことができたのだろう（補記6）。

言語起源はいつ頃？

サヴェジ＝ランバウのカンジの研究が教えたことは、ヒトに最も近い類人猿には、シンボルを理解し操作する能力があり、ヒトと同じ水準でないにしても類似の思考能力があることを示したことである。野外調査は、音声言語が使えれば、類人猿の生活にとっても有益だろうということを示した。かれらには、伝えたい情報があり、それを話すために言語が生まれたということである。

言語は、情報を共有すべき社会集団の出現と、のどの構造の変化さえ起これば、現在のチンパンジーやピグミーチンパンジーなみの認知能力で可能ということになる。

家族の起源、複雑な道具の製作と使用の技術の伝達、右手の利き手としての確立、喉頭の位置の変化が、有節言語の出現と密接な関係があるだろう。利他行動としての情報の伝達は、親子や、兄弟姉妹、夫婦の間で芽生えるべきである。道具使用の複雑なスキルの問題がなければ、言語は必要なかっただろう。道具製作と右利きは、言語中枢が左脳にあることと関係があるだろう。まず間違いなく、言語を話し始めたのは女性であり、母親であった。かれらは左手で赤ん坊を抱き、右手では石器を使って堅果や地下茎を叩き割ったのである。こういった推測は当てずっぽうでなく、霊長類学の根拠がある。第8章で示したように、チンパンジーは雌の方が雄より道具の使用に高い能率を示す。また母親のチンパンジーは、小さい赤ん坊を左腕で抱くことが多い。そして、人間の女性は男性より高い言語能力を示す。

石器から直接証拠が出そうなのは利き手である。ニコラス・トスによると、一九〇万年前、ツルカナ湖畔のコービフォラで初期ホモによって作られた石器のフレーク片は、左手で石核をもち、右手でハンマー石をもって叩いたことを示しているという。しかし、野生チンパンジーの道具使用には、集団レベルでの右利きは認められない。もっとも、個体レベルではどちらかの手に利き手が決まっている。これまで、ハンマリング、シロアリ釣り、オオアリ釣りなどが調べられたが、いずれも右利き、左利き半々だった。集団レベルで右利きが圧倒的に多い作業は大型類人猿では見つかっていない。

原人の喉頭の位置は、八歳のヒトと同じくらいの高さで、三〇万年前の古代型サピエンスになってようやく現代人と同じパターンが現れたという説がある。化石から、喉頭の位置が明確に示せるようになったとき、人間の話し言葉がいつ始まったかという難問は解決されるかもしれない。

第10章 知能の進化

農業から化学にいたるまで、人類の最も賞賛さるべき技術的発見の多くは、実際的な知能を意図的に応用したからではなく、社会的知能を幸運にも誤って応用した結果生まれたのかもしれない

ニコラス・ハンフリー「知能の社会的機能」から

知能とは、脳の機能であり、融通性に富んだ問題解決能力をさす。しかし、脳は汎用コンピュータのようなものではない。脳も進化の産物であり、なにか一般的な問題に対処できる機械として設計された器官ではないからである。脳はモジュールという機能単位からなり、それぞれは特定の働きしかもっていないということがわかってきた。進化の過程では、生物は時を経て少しずつ新しい能力を身につけていくので、その全体像はモザイクになると考えられる。モジュールは、こういった進化像とぴったりあう。

表10-1 ●体重65 kgの休息中の男の主要器官の熱生産（Schmidt-Nielsen 1997より改変）

	重さ(kg)	体重に占める割合(%)	熱生産(kcal/h)	熱生産全体に占める割合(%)	熱生産指数
腎臓	0.29	0.45	6.0	7.7	17
心臓	0.29	0.45	8.4	10.7	24
肺臓	0.60	0.90	3.4	4.4	5
脳	1.35	2.10	12.5	16.0	8
内臓(消化系)	2.50	3.80	26.2	33.6	9
皮膚	5.00	7.8	1.5	1.9	0.5
筋肉	27.00	41.5	12.2	15.7	0.4
その他	27.97	43.0	7.8	10.0	0.2
計	65	100.0	78.0	100.0	1

そもそも、知能とは、本能に対する用語として使われてきた。しかし、環境に対する個体の反応システムを、(イ)入力装置としての感覚器官、(ロ)出力装置としての運動器官、(ハ)情報処理・意志決定装置としての脳、と考えるとき、実際には知能と本能の区別は難しい。つまり、脳が情報処理・意志決定装置としてある程度以上の水準に達したとき、その機能を知能と呼んでいるにすぎない。知能と学習能力とはよく同一視されるが、それは同じものではない。知能は学習能力を包含するもので、行動の融通性をさす。つまり、環境の変化、あるいは刺激に対して多くの選択肢を準備でき、適切に反応できるとき、知能が高いという。

知能が高いと生活するのに便利であるはずだ。どうして、他の動物もみな脳を大きくしなかったのだろうか？　それは、コストの問題である。脳は維持するのに、非常に高くつく器官である。脳の重量は、ヒトの成人の体重のわずか二％しかないが、全エネルギーの一六％も消費する（表10―1）。脳を大きくしなければ、他のもっと直接繁殖に役立つ器官に栄養を振り向けることもできよう。また、脳が大きいと難産になり、出産に長時間かかると捕食者に襲われる機会が増える。武器やシェルターなどの道具、介護者の存在などの社会的支援がないと、脳を大きくしたら絶滅ということになりかねない。

1 知能進化の二つの仮説

大きな脳はヒトの最も目立った器官である（図10―1）。これまで述べてきたようにヒトはさまざまな行動特徴をもち、それは他の類人猿、とくにチンパンジーやピグミーチンパンジーとつながりが見られるが、それでもヒト特有の発達を見せているものがある。互酬性の強い傾向、攻撃性、複雑な道具使用、高い模倣能力、文化を蓄積する飛び抜けた能力、言語などである。これらの能力は、大脳の発達によって支えられている。

脳はいかにして進化したのだろうか？　脳の進化を説明する仮説は大きく二つに分けられる。これらを「生態仮説」と「社会仮説」と呼ぶことにする（図10―2）。これらは相互に排他的ではないが、人類進化のどの段階でどんな淘汰圧が強力であったかを考えるとき有用である。また仮説には、霊長類が他の哺乳類よりなぜ脳が大きいかを説明しようとするもの、ヒトの脳が他の霊長類よりなぜ大きいかを説明しようとするもの、双方を説明しようとするもの、の三種類がある。

「生態仮説」は、食物メニューや、食物獲得・処理の技術、食物分布と関係したメンタルマップ（認識地図）、食物の季節変化の知識、道具使用、とくに石器使用が、知能の進化の選択圧であるという仮説である。

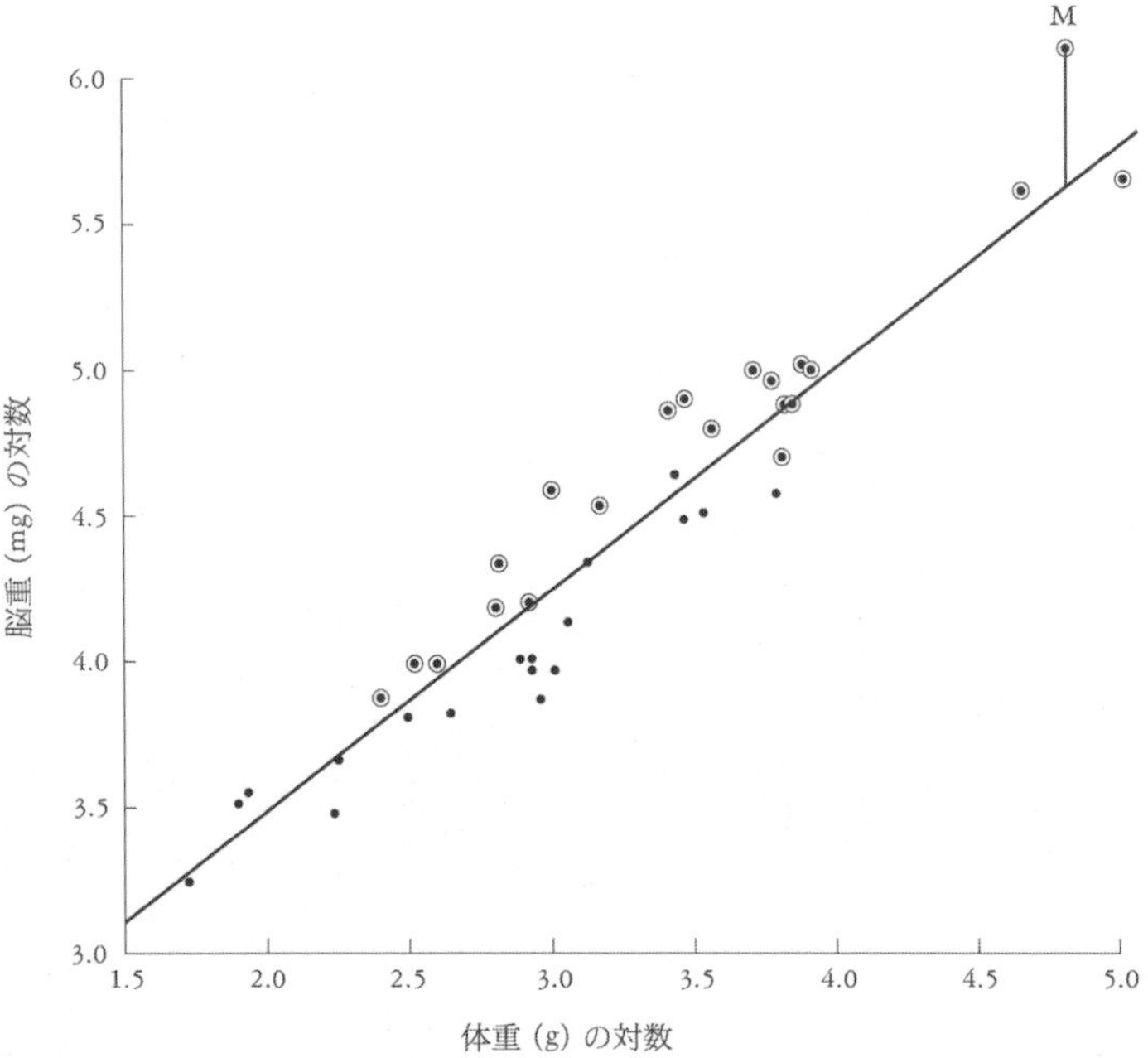

図 10-1 ● 38 種のヒト以外の霊長類とヒト（M）の脳重と体重．回帰直線はヒト以外の霊長類に合うように引いてある．
ヒトの脳は，その体重をもつ霊長類として予測される値より 3.1 倍も大きい．
◉真猿類，●原猿類（Passingham 1982 より）

「社会仮説」は、集団内の社会関係が、知能進化の選択圧であるとする。同盟・連合の成否は、繁殖に重要な意味をもつが、連合関係の樹立にはネゴシエーション（交渉）が必要であり、社会的知能が磨かれるだろう。個体間関係の情報は複雑であり、仲間の行動の予測は難しい。とくにグループサイズが大きくなると、社会関係は指数関数的に複雑になる。同種の集団内の社会関係の調節をうまくやるためには脳の発達が必要で、それに成功した個体が多くの子どもを残したとするのが社会仮説である。

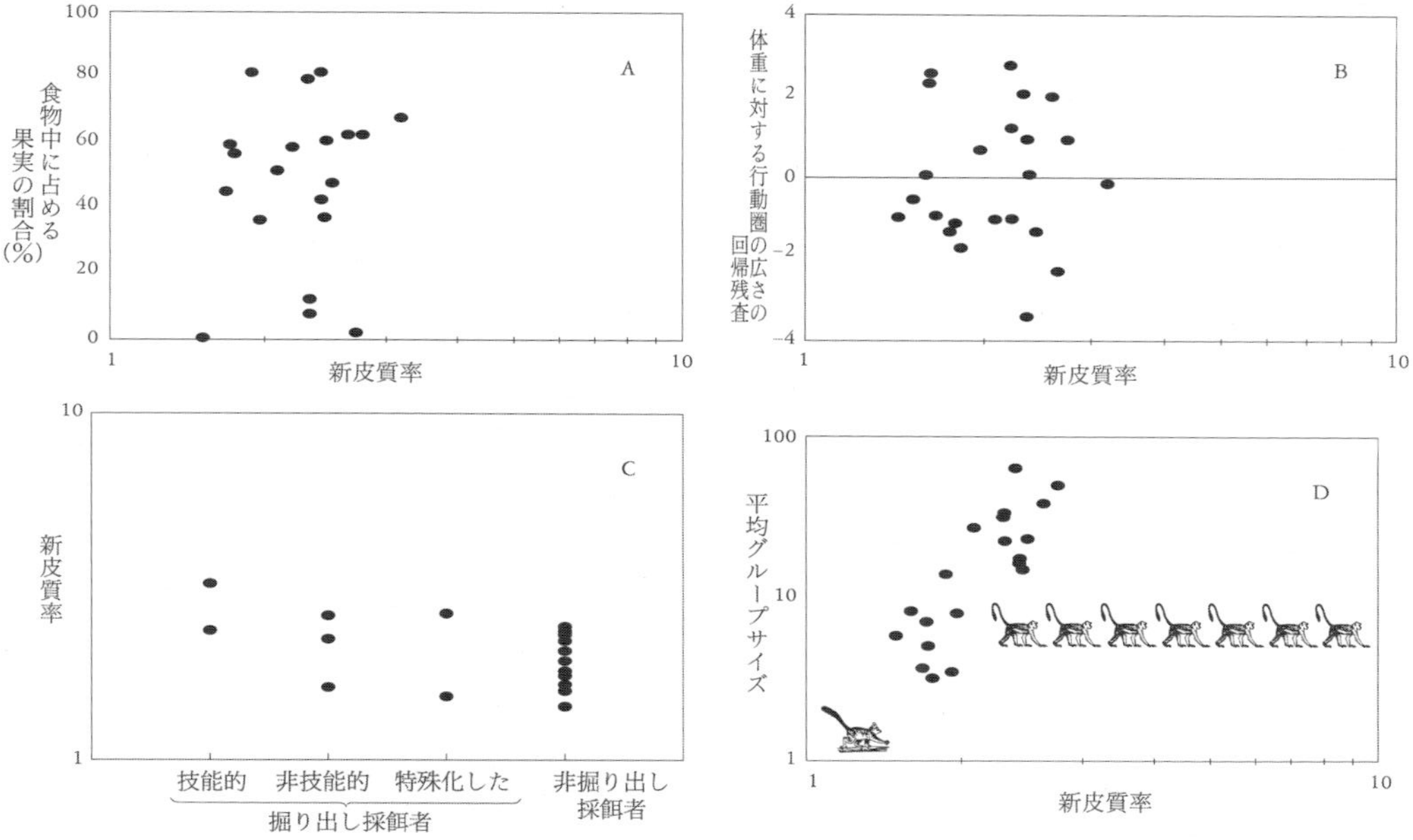

図 10–2●相対新皮質量と（A）食物中に占める果実の割合，（B）遊動範囲，（C）食物採取のやり方，（D）平均グループサイズとの関係．Dunbar（1997）より

② 脳の発達程度の種間比較

異なる種の間では、知能の比較は難しい。行動を比較するしかなく、その結果、人間中心主義のものさしで測らざるをえないからだ。そもそも、男と女の知能さえ、比較するのが難しい。それで、動物の間での知能の比較は、「大脳サイズ」を比較することになる。サイズといっても、重さ（脳重）を測るのが簡単である。ヒト科の間での比較は、化石と比較するために、脳容量を使うが、実際は頭骨の容量を測る。

1　相対脳重

身体の大きな動物は、脳の絶対値も大きいので、たとえばゾウの脳がネズミの脳より大きいからといって、ただちにゾウの方が頭がよいとはいえない。体の大きい動物は、大きい脳をもっていても当然で、こういった現象を、アロメトリー（相対成長と訳される）という。大脳のサイズ（ＢＳ）と体重（Ｗ）の関係は、哺乳類では、

$$BS = 0.248W^{0.76}$$

で表わされる。

「大脳化指数（ＥＱ）」とは、各種の大脳サイズを、同じ体重の平均的な哺乳類に期待されるサイズで割った価である（図10―3）。定義により、平均的な哺乳類のＥＱは１である。

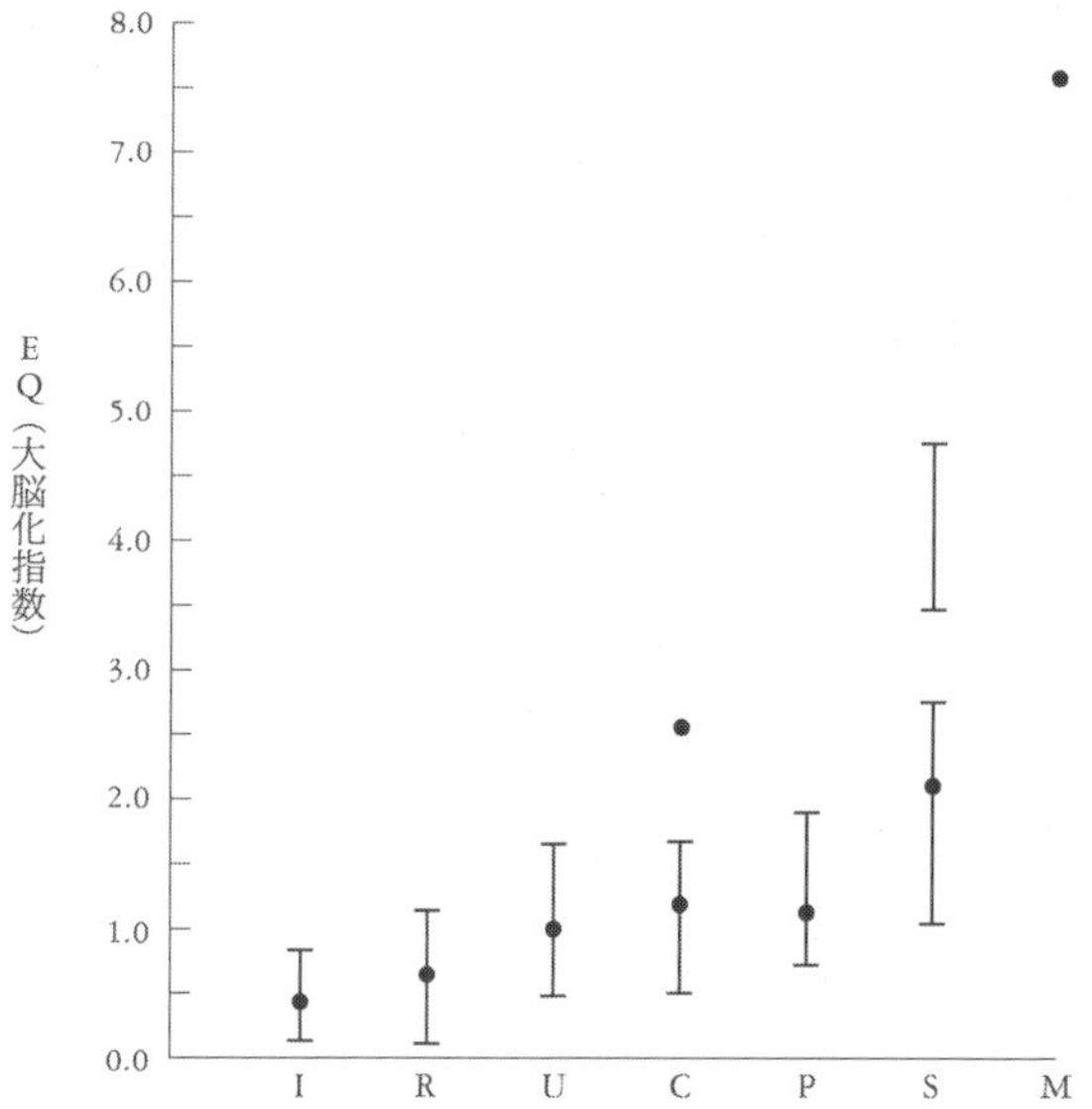

図 10–3●多様なほ乳類の大脳化指数（EQ）
I：食虫目，R：げっ歯目，U：有蹄類，C：食肉目，P：原猿類，
S：真猿類，M はヒト（Passingham 1982 より）
●は平均を示す．C の上方にある点は，食肉目の一種の価を示す．
S の上方のレンジは，2種のオマキザルの EQ のレンジを示す．

EQ＝観察値／期待値
（期待値＝$0.248W^{0.76}$）

さまざまな仮説は、このＥＱを使って調べればよいわけである。今後、大脳サイズが大きいという場合は、ＥＱが大きいことを意味する。

2 相対新皮質サイズ

さて、相対脳重が知能を測る最もよい指標かどうかには最近、疑問が呈された。たとえば、身体の大きいヒヒは相対的に小さい脳をもち、マーモセットのような小型の種は相対的に大きな脳をもっている。脳のサイズは体格に比べて進化的により保守的な形質らしく、脳の発育は身体全体の発育よりずっと前に終わる。

つまり、身体のサイズは脳サイズがそれに対応して大きくなるに先立って変化しうる。それゆえ、脳の中に占める新皮質の割合の方が知能の高さをよく反映していると沢口俊之やロビン・ダンバーは最近主張し始めた。「新皮質率」とは、新皮質量を〈総脳重−新皮質量〉で割った値である。

3 生態仮説

1 メンタルマップ仮説

これは、霊長類が広い範囲を動いて食物を探す必要があったために、認識地図(メンタルマップ)を作る能力が必要になり、脳が進化したと考える。ティム・クラットン＝ブロックの提案した仮説の一つで、彼は霊長類の行動圏の広さと脳サイズが相関することを示した。少なくとも、多くのデータのあるオナガザル上科に関しては、ＥＱは個体あたりの行動圏の広さと正の相関がある。

ただし、広く移動する動物は脳を発達させるとはかならずしもいえないことは、数千キロも移動する渡り鳥やカバマダラという蝶の例から明らかである。また、哺乳類ではライオンなどの肉食獣は広い範囲を動くが、霊長類より頭がよいという証拠はない。

動物が認識地図をもっているかどうかは、どうしたら調べられるだろうか?

エミール・メンゼルは、広い庭の一八か所に食物を隠したあと、子どものチンパンジーを肩に乗せて、

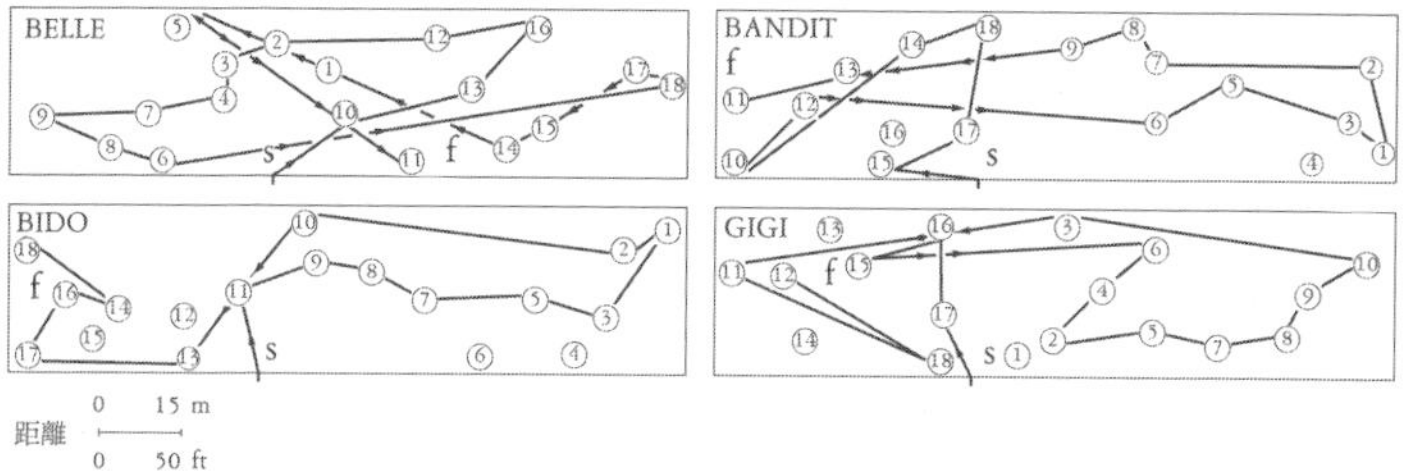

図10-4●チンパンジーの認識地図（メンタルマップ）
sは開始地点、fは終了地点．1〜18の数字は，食物を示された順番を，線は4頭のチンパンジーが実際に探した（通った）順を示す．（Menzel 1973より）

でたらめな順序で歩いて、隠し場を教えたのち元に戻り、つぎはチンパンジーだけで歩かせた。すると、チンパンジーは教えられた経路を進まず、ほぼ最短距離になるよう隠し場をつないで歩いた（図10—4）。これは、チンパンジーが、情報を再構成したこと、つまり脳内の認識地図にしたがって動いたことを示す。

同様な証拠は、野生チンパンジーにもある。大人の雄は、縄張りの各所にある板根を叩いたり蹴ったりして大きな音をだす。かれらは、それらの位置を十分認識しており、板根の百メートル以上前、つまり森の中では絶対に見えない距離に着くや駆け足になり、まっしぐらに板根のところへ駆けつける。

クラットン＝ブロックは、霊長類の行動圏の広さと脳サイズが相関することを示したが、その後のダンバーの研究によると、行動圏も一日の移動距離も体重の効果を考慮すると、新皮質率とは無関係だった。

2 果実食仮説

果実は葉よりも時間・空間的に分布が限られ、いつどこで獲得できるか予測が難しい。そのため、果食者は葉食者より脳が発達すると説明する。クラットン＝ブロックは、多くの種を比較し、果実食の霊長類は葉食の霊長類より、脳サイズが大きいことを示した。キャサリン・ミルトンは同じ棲息地に住む南米の葉食者ホエザルと果実食者クモザルを比較し、クモザルの方が脳の大きいこと、認知技能も優れていることを示した。

マハレには、果実食のアカオザルと葉食のアカコロブスがいて、上原重男と五百部裕によると、生息密度はほとんどかわらない。ところが、チンパンジーの狩猟の犠牲になるのは圧倒的にアカコロブスが多い。これはコロブスが頭が悪い（融通ある逃走戦術をとれない）せいだと考えると納得できる。

その後、ダンバーは、食事のうちで果実の占める割合は、体重の効果を考慮すると新皮質率とは無関係であることを示し、この仮説は力を弱められた。

3　掘り出し採餌仮説

これは、チンパンジーや南米のオマキザルの採食生態からヒントを得てキャサリン・ギブソンが提案した仮説で、木のウロの中の昆虫や地下の食物資源のように、発見と取り出しの困難な食物が知能の進化にとって重要だったとするものである。

ダンバーは、この仮説を検証するため、ギブソンに従って霊長類を分類して、新皮質率を比較した。つまり、掘り出し採餌者として、「技能的掘り出し採餌者」（ヒトとチンパンジーを含む）、「非技能的掘り出し採餌者」（オランウータン、ヒヒを含む）、「特殊化した掘り出し採餌者」（ゴリラ、マーモセット）に分け、一方に「非掘り出し採餌者」（テナガザル、オナガザルなど多数を含む）を対置した。優位な差は、「技能的掘り出し採餌者」と他の範疇に認められたのみで、その他の範疇間や掘り出し採餌者全体と非掘り出し採餌者と

表10-2 ●人類の進化段階と対応する石器文化
(Washburn 1960を一部改変)

オルドワン文化(れき石器)	⇔	ホモ・ハビリス
アシュリアン文化(握斧)	⇔	ホモ・イレクトゥス
ムステリアン文化	⇔	ネアンデルタール人
新石器文化	⇔	ホモ・サピエンス・サピエンス

の間には差はなかった。

4 道具仮説

これは、ヒトの脳がなぜ大きいかを説明しようとする仮説である。道具使用が人類進化に非常に重要な影響を及ぼしたに違いないという仮説は、ほとんど人類学のドグマだった。この仮説を推進したのはシャーウッド・ウオッシュバーンであった。彼は、表10―2のように、人類の進化段階には、それぞれに対応する道具(石器)の文化があると考えた。そして、人類が道具を作り、一方道具が人類を作った、つまり人類進化と道具の発達は相互にフィードバック関係にあるとした。つまり、道具なくして、ヒトの誕生はありえなかったと考えたのである。

この仮説は、ワイルダー・ペンフィールドらにより脳電気生理学で明らかにされた事実と、符合するように見える。大脳の連合野の感覚野・運動野の双方で、運動器官がどのように反映しているかを調べると、手、とくに親指の運動に対応する部分と、唇と舌が対応する部分が異常に大きい部分を占める。一方、足や胴体はみじめなほど小さい。これは、脳のホモンキュラスと呼ばれる(図10―5)。一方、サルでは、親指や唇、舌に対応する部分は相対的に小さい(図10―6)。これは、ヒトでは手の動き、つまり手による道具の使用や製作と言語が大脳の発達と関連したことを示唆する。手や親指と舌を使うとき、つまり道具使用や話をするとき脳をよく使うということを示

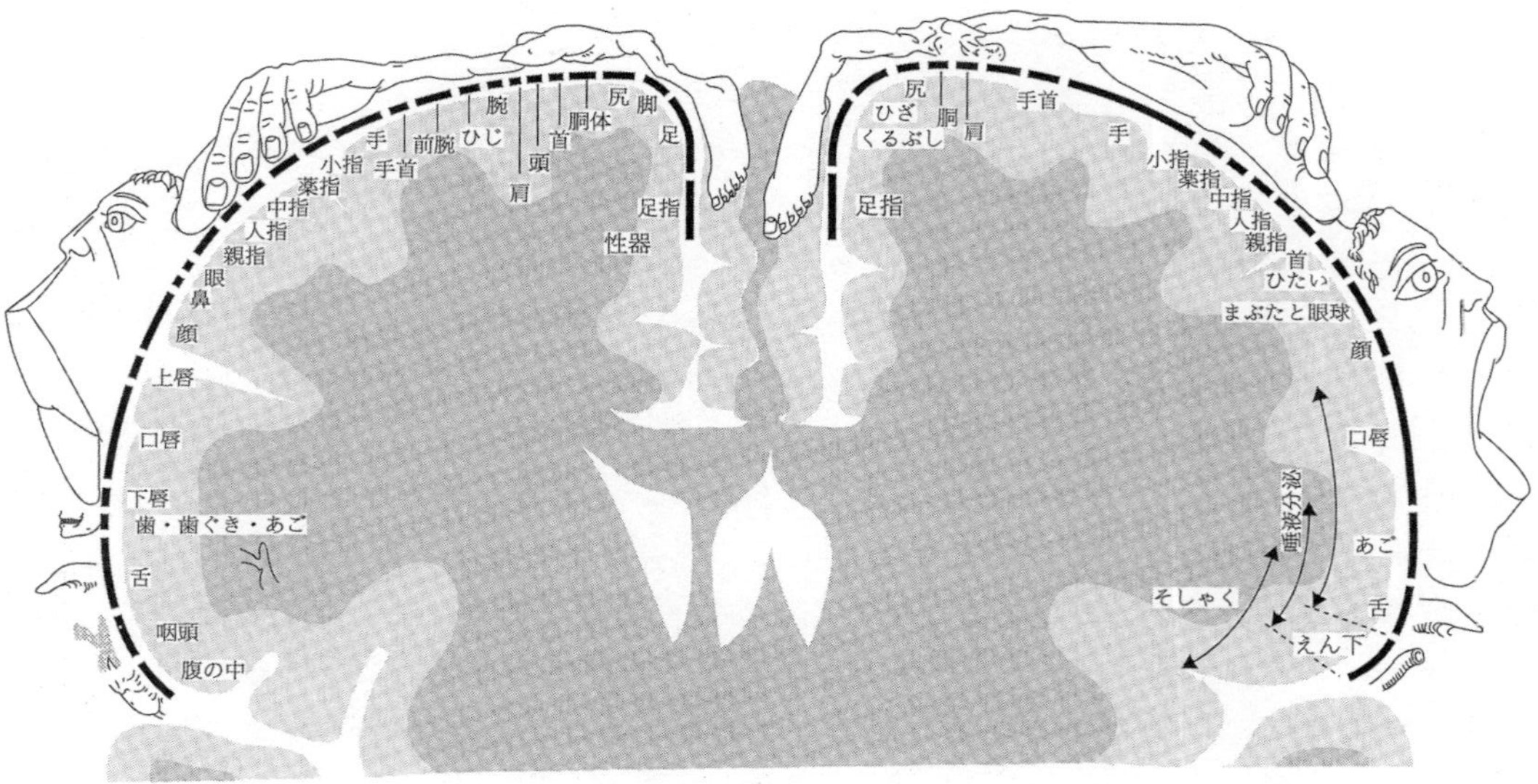

図 10-5●ヒトにおける脳のホモンキュラス
ワイルダー・ペンフィールド等によって明らかにされたヒトの大脳皮質の機能分化を示す地図．左側が感覚野，右側が運動野．感覚野，運動野ともに，言語の発声と手の動きに関連する領域が，サルや類人猿の対応する領域と比べて（図 10-6 参照），はるかに大きいことがわかる．（Washbum 1960 より）

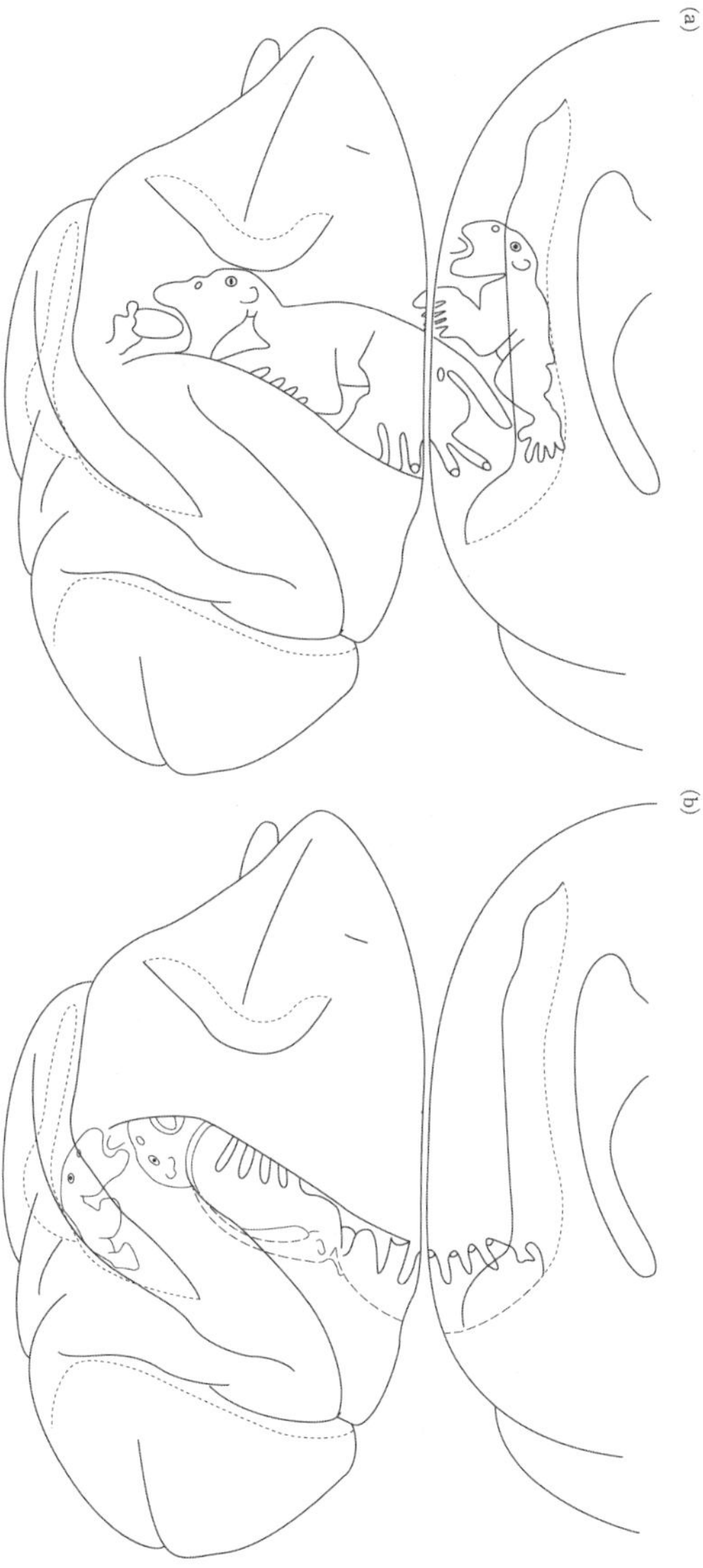

図 10-6●サルにおける脳のホモンキュラス
(Washburn 1960 より)
(a)：運動野　(b)：感覚野
説明は図 10-5 を見よ.

している。

しかし、道具使用だけがヒトの大きな脳を生み出したという仮説には、都合の悪い事実もある。第一に、道具使用はかならずしも知能的行動ではない。道具使用行動は、カリウドバチ、テッポウウオ、ハゲタカ、カラス、キツツキフィンチ、マングース、ラッコなど系統を異にするさまざまな動物で見られ、この行動自体は、かならずしも知能を要しない。第二に、ゴリラなど、多くの高等霊長類は道具使用はしないが、社会的知能は優れている。ただし、野生状態では道具を使用しないとされていたオランウータンが、少なくともスマトラの一地域では習慣的に道具使用することが最近明らかにされた。第三に、石器の進歩と脳の大型化はかならずしも関係しない。現在、多様な石器と精巧化が、脳の大型化と関連しているといえるのは、約二〇〇万年前のホモ・ハビリス以降だけである（第7節参照）。

④ 社会仮説

1 グループサイズ説

少なくとも果食性のオマキザル上科については、ＥＱはグループサイズと正の相関がある。沢口俊之は、複雌群を作る霊長類は、単雌群を作る霊長類より新皮質率が大きいことを示した。複雌群の方が社会関係が複雑だからと考えられるが、これもグループサイズの差だと考えることもできる。新皮質率はグループサイズとも相関するからである。

グループサイズが大きくなると、個体の社会関係は指数関数的に複雑になる。もし、サルが自分と相手との関係だけでなく、第三者同士の二者関係も理解するとする。グループサイズが五なら、直接の関係は四、第三者同士の関係は六にすぎない。しかし、グループサイズが一〇となると、直接は九、間接は三六にもなる。一〇〇頭ものメンバーがいれば、他者同士の二者関係は四八〇〇以上もの組み合わせになる。場合によって、他者同士の三者関係にも注意を払わねばならないだろう。とても覚えきれるものではない。そこで概念化の必要が生じる。

一〇〇頭の中には母子関係にある者が多数あるだろう。もし、「母子関係」に似た概念があれば、このペアのどちらかを攻撃したらもう一方が助けにやってくることは予想できる。つまり、母子関係という概念をもっていることは、社会生活をやっていく上にきわめて有用である。ヴァレナ・ダッサーは、サルが母子関係という概念をもっていることを証明した。彼女は群れ生活をしているカニクイザルに同じ群れの一組の母親と子どものスライドと、他のペアのスライドを見せてどちらかを選ばせ、母子の組み合わせを選んだらご褒美を与えた。無関係の方のペアはいろんな組み合わせがあった。こうして、サルが母子ペアを選ぶように学習したら、つぎに今までとは違う母子のペアと他の母子でないペアを選択させる。すると、カニクイザルは母子のペアを選んだのである。さらに、母親のスライドを見せたあと、その子どものスライドと別の個体のスライドを見せ選択させたら、やはり子どものスライドを選んだ。ダッサーは、同様な実験で、カニクイザルが兄弟姉妹関係も理解していることを示した。言語がなければ概念もないと考える常識は、完全に覆されたわけである。

ドロシー・チェニーとロバート・セイファス夫妻は、ヴェルヴェットモンキーの子どもの悲鳴を録音しておき、これを藪の中に隠したスピーカーからプレーバックして、サルたちの反応を見た。その結果は非常におもしろいものだった。雌たちは、しばしば悲鳴の主の母親がなんらかの身振りや表情を示す前に、母親の方を見たのである。つまり、雌たちは、子どもと母親の関係を認識しているばかりでなく、子どもが悲鳴を挙げたらつぎにその母親がなんらかの行動をとることを予測したわけである。

母子関係よりある意味ではもっと有用な概念もある。たとえば一〇〇頭の集団が、五つの血縁集団に別れているとする。「血縁集団」に相当する概念があれば、たとえば、サルは自己の属する血縁集団の外で起こったことには干渉しないという戦術をとることができる。すると、自己の血縁集団の中の諸関係のみに注目すればよい。もし、自己のグループが二〇頭なら、社会関係の詳しい情報は一〇〇頭でなく二〇頭分で済む（第９章参照）。

2　社会的協力と駆け引き

社会集団の中では、交尾や採食の優先権や順位そのものをめぐって競合が起こる。そのとき、ライバル以外の第三者の協力を得られれば、闘争に勝利を得ることができるかもしれない。連合や同盟を結ぶ能力、戦いのコストと利益を秤にかけて、無益な争いを避ける能力、いったん生じた敵対関係をすみやかに終結する能力を身につけた個体は、繁殖にとって有利だろう。

また、与えられた利益に対してお返しをする個体は、ふたたび利益を与えられる可能性が高い。この互酬的利他行動もコストと利益の計算が必要である。

この仮説は、グループサイズ仮説と区別するのが難しい。また、種間比較のために、社会行動の複雑さをいかに客観的に測定するのか、いかに量的に表現するかを決めるのが難しい。現在、最も有力な仮説の一つだが、証明するのが困難である。

5 知能と認識適応

1 社会仮説と鏡像の自己認識

ゴードン・ギャラップは、チンパンジーが自己を認識できることを鏡を見せる実験によって証明した。チンパンジーに鏡を見せると、鏡像を他個体だと思って、威嚇したり攻撃したりする。ところが二四時間以内に態度が変わり、歯のゴミを取ったり、直接自分では見ることのできない身体の部分をいじったりする。その時点で麻酔をし、眠っている間に、おでこに皮膚感触のない色を塗る。目覚めたときに、鏡を見せると、チンパンジーはただちにおでこの色のついた部分にさわった、という。色を塗らなかった対照実験では、チンパンジーはおでこに触れなかった。

チンパンジーとオランウータンとゴリラが、この鏡像実験に成功した。テナガザルとアカゲザルは何度繰り返し実験しても結果は否定的である。ただし、最近、これらの種では、相手を見ること自体が攻撃的な示威行動になるからであって、鏡像実験に失敗するのは認知能力の問題ではないことを示す結果が得られつつある。

さて重要なことは、この自己認識は、赤ん坊のときから隔離飼育したチンパンジーには生じないことだ。つまり、母親をはじめ同種の他個体との接触なしには、鏡像による自己認識は生まれないのである。鏡像認識と、いわゆる自己意識とは、まったく同じものとはいえないかもしれないが、社会的刺激が必要ということは、社会仮説しか自意識の誕生を説明できないことを示唆するだろう。

2　社会仮説と意識の進化

意識をもつのはヒトだけと考えられがちだが、少なくともアフリカの大型類人猿にはありそうだし、他の多くの動物にも程度の差はあれ、存在しそうである。意識がなぜ生まれたのか、そしてなぜ限られた動物だけにしかないのか（もっとも、そうと決まったわけではないが）は、難問である。デヴィッド・プレマックは、類人猿にも「心の理論」が存在するかどうかに興味をもった。ある個体が、他の個体の意図や知識、計画や思考を読み取るとき、つまり他の個体の心の状態を理解できるとき、その個体は「心の理論」をもつと言う。プレマックは、人間が苦況に陥っているシーンを示すスライドをチンパンジーに見せ、ついでそれを解決したシーンと、そうでないシーンのスライドを見せ、どちらかを選ばせた。チンパンジーはこのテストに成功したのだが、心の理論なしでも、簡単な鍵を使って、問題を解決できる。チンパンジーに心の理論があると証明することはできたとはいえなかった。

しかし、私はチンパンジーは、心の理論をもっていると信じている。その理由を示そう。チンパンジーには欺瞞の能力がある。この能力は、心の理論なしでは、うまく発揮できないからである。

ンサバというマハレの大人の雄のチンパンジーは、死なせたばかりの赤ん坊を抱いている雌にゆっくり近づき、そのあと四分にわたって彼女の背を毛づくろいしてリラックスさせたあと、突然片手を伸ばして赤ん坊の死体を奪い、逃げ去った。ンサバの目的は死体を食べることで、彼はその意図を完全に隠しきったといえる。ンサバは毛づくろいすることによって、自己に対する誤ったイメージを雌に植えつけたように見えるが、それは過剰解釈だろうか。

サルの尻尾をもっていた若者の雌トウラは、子どもの雄がそれがほしくて引っ張ろうとするのを、わざわざ木に登り、大枝の上から尻尾を垂らした。子どもが二足で立ち上がってつかもうとするとひょいと上にあげ、取れなくし、子どもが座るとまた尾を垂らせた。これを何度か繰り返したあと、とうとう子どもが尻尾をつかむのに成功すると、トウラはグリマス（歯をむき出す）を示した。グリマスが見られたことは、トウラは尾を子どもに与える意図がなかったことを示す。このエピソードは、チンパンジーが他の個体の意図をよく理解し、それを利用してもてあそぶことさえすることを示している。

チンパンジーの個体Aが、Bの意図を読み取れるらしいことは、上のエピソードからわかった。それでは個体Bが個体Cの意図・計画・思考を知っているかどうかを、個体Aが読み取れるだろうか？　この点は、野外調査での観察からは、なにもいうことはできない。

ニコラス・ハンフリーは、脳の中に構築される像が、限りなく実在に近く洗練されていくことを、脳の進歩だと考えた。彼は、意識の機能を明確にした最初の人である。彼は意識を「内なる眼」（イナー・アイ）と呼んだ。それは、自らの脳の状態を、心の意識的状態として理解できるようにする。意識は、感情、感覚、願望を検査し、記憶データを取り出し、意志決定に参画する。意識とは、私たちが自らをどのようなものとして思い描いているか、その内なる像、つまり自己認識のことである。自分自身を見抜くことによってこそ、他の個体がどう反応するかを予測することができる。自分の行動についての説明は、他人の行動を説明するための基盤となるからである。他の人間の行動を理解し、反応し、操作できる人間は、繁殖上有利である。つまり、意識とは社会進化の産物であろう、というのがハンフリーの仮説である。

3　社会仮説と美意識の発生

美意識の起源には、二つあるようだ。一つは性衝動に求められ、異性にとっての魅力が美となったと考えられる。美術のモチーフには静物、風景、裸婦、肖像、歴史的場面などがある。このうち、裸体を描いた絵や像がこの範疇に入る。

クジャクの雄は美しい羽で雌を惹きつける。トゲウオの雄は赤い腹で雌を呼ぶ。雄のニワシドリ（庭師鳥）は求愛誇示のさい、塚を作って木の実などで色あざやかに装飾する。この場合は、ニワシドリは自己の脳にある設計図で外界から物を寄せ集めて、塚を作るわけである。これらの動物が、自分の美しさを意識しているかどうかは、わからない。しかし、ダーウィンが考えたように、意識している可能性は十分ある。ニワシドリは、自分の身体自体でなく、外界に「小屋」を構築すること、色のついたガラスやプラスチックなど人工物を使うなど行動に融通性があることからいって、なおさら意識の所在が明らかであるような気がする。

しかし、ここは鳥や魚に意識があるかどうかを議論する場ではない。私のいいたいことは、美の淵源の一つは、性淘汰と関連していて、性淘汰が外界を判断する基準の一つとして、脳の配線を生み出したということである。女性の大きく形よい乳房や尻、男性の幅広い肩や厚い胸板など、高い繁殖能力と関係がありそうな形質は、美しいと異性に感じられる。「健康美」という言葉があるが、正常な個体、繁殖価の高い個体を美しいと感じる能力は、多くの動物に備わっているのであろう。

4　生態仮説と美意識の発生

美意識の第二の起源は環境の分類であり、生態仮説で説明する方が容易である。ニコラス・ハンフリーは、「美の幻想」という論文で、環境の分類は動物が食物を獲得したり、捕食者を避けたりするときに必要になるきわめて重要な能力であり、そのために分類すること自体が快楽になった、と考えた。収集マニアは、蝶や甲虫、切手や古銭だけでなく、たとえばマッチのラベルや新聞の題字などなんの交換価値もないものまで集める。物の収集は、情報の収集であり、環境要素を分類し、理解するための第一歩である。動物は、環境情報の把握がうまくいったとき、快く感じるようになったのだろう。民族分類学は、どこの民族にも見られ、そして科学的分類とそんなに大きな違いはない。

松沢哲郎は、皿二枚と積み木をチンパンジーに与えたあと、それを皿におくように身振りで示した。すると、チンパンジーは左右の皿に同数になるように入れ分けた。皿の大きさを変えると、大きな皿には多く、小さな皿には少なく入れた。あとで計ってみると、皿の面積比にきれいに比例していたそうである。

デズモンド・モリスはチンパンジーのコンゴに絵を自由に描かせた。コンゴは図形として扇型を好んで描いた。それは、シンメトリーを示した。

シンメトリーや比例配分を快いと、チンパンジーは感じるのであろう。これらの能力を教えられなくとももっているのである。おそらく、これは学習によって得た能力ではなく、生得的な脳の配線がなせる技であろう。正常な生物の形が対称的であること、奇形の子どもを育てたり、病気などで変形した生物を食べるのは適応度を低めるので、このようなシンメトリーや比例配分を示す物に対する好み、あるいは審美感が進化したものと考えられる。

人類の製作した道具は、はじめはれき石器に見るとおり、なんの美しさもない。しかし、アシュリアン石器になりシンメトリーを獲得して美しいものが出てくる。それは機能美である。機能の向上とともに石器は美しくなり、ついには工具でありながら芸術品でもあるような新石器時代の作品が現れたといえる。健康な均整のとれた美しい身体が機能的にも優れているのと似ているといえよう。

芸術というものは、一般に生物学とは最も無縁のものと考えられがちだが、これもまた生物進化の産物であることが読み取れよう。

6 どちらが正しい？

これまで、生態仮説と社会仮説の二つを紹介した。いずれももっともらしく、二者択一はできそうにない。しかし、いずれが知能の進化をよりうまく説明できるのだろうか？

相対脳サイズのデータからは、知能進化の生態仮説、社会仮説のどちらをも支持する結果となったが、「新皮質率」のデータは、生態仮説より、社会仮説の方を支持する。もっとも、これまでのところ、新皮質率とグループサイズとの相関を示しただけで、社会行動の複雑さとの相関が示されたわけではない。しかし、少なくとも直立二足歩行成立以降の知能進化については、社会仮説が生態仮説よりうまく説明できそうである。なぜ社会仮説の方がよいかというと、人類の脳サイズの増大が、石器の進歩とパラレルな関係があるとすれば理解できないことがたくさんあるからである。

1　まず、アファール猿人が石器を使ったという証拠がないのに、なぜホモ・ハビリスの脳は大きいのか。

2　ホモ・ハビリスが使ったとされるオルドワン型石器（図10―7）は一〇〇万年間変化しなかったのに、なぜエレクトゥスの脳は大きいのか。

3　アシュリアン型石器（図10―8）は一〇〇万年以上変化しなかったのに、なぜホモ・サピエンスの脳は大きくなったのか。

4　後期旧石器（図10―9）は道具の発達はめざましいのに、脳が大きくなっていないのはなぜか。

これらの疑問は、もし「石器の進歩がない時代にも脳の方は大きくなっていったので、次世代の石器を進歩させることができた」と考えれば解決するのである。たとえば、オルドワン型石器を一〇〇万年間使い続けたホモ・ハビリスはその間に社会関係を通じて脳を大きくさせた。そして、その結果、アシュリアン型石器を作り出せるまでになった、と考えるのである。

社会的な淘汰圧が、ホモ・ハビリスまでの知能進化を押し進めたのではないだろうか？　知能の進化に道具使用が強い影響を及ぼしたのは、人類進化の初期ではなく、中期（ホモ・ハビリス）以降、ことに後期

図 10-7●オルドワン型石器（ツルカナ湖東岸コービフォラ）

図 10-8●アシュリアン型石器（ケニヤのオロルゲセイリー）

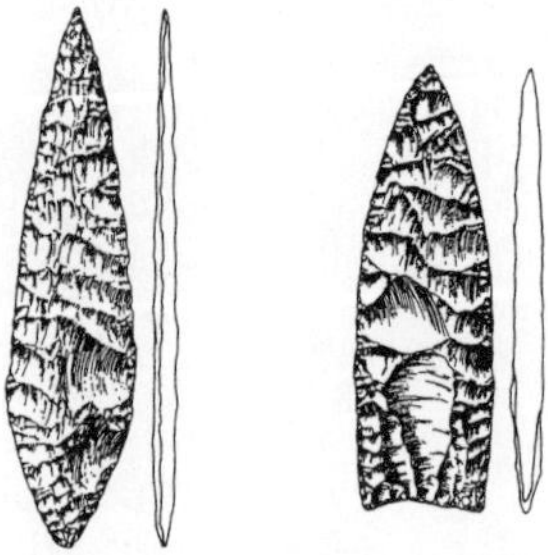

図 10-9●後期旧石器時代の代表的石器（Schick & Toth 1993 より）

タンザニアのオルドゥヴァイ峡谷やケニヤのツルカナ湖東岸などの遺跡群からは，小石（礫）の端部を打ち欠いて刃を付けた原初的な石器（礫器）を特徴とする，人類最古のオルドワン型石器が出土する．さらに時代が下ると，石の周囲を打ち欠いて作られた対称的な形をしたハンド・アックス（握斧）が使われるようになる．これが，前期旧石器時代の代表的な石器アシュリアン型石器である．さらに後期旧石器時代となると，機能美とも呼ぶべき洗練されたものが現れる．

ホモ・サピエンス・サピエンスの出現の時期だというキャサリン・シックとニコラス・トスの見解は説得的である。

脳進化の生態説、社会説は一方が正しく、他方が間違っているということではないのかもしれない。生計活動のさいの自然環境とのつき合いの過程で分析的知能が進化し、母子葛藤を中心とする社会関係の過程で社会的知能が生まれた、ということも考えられる。社会的知能は発達しているが分析的知能に劣る人、その逆の人が存在するのは、起源の異なる二つの知能があることを示しているようにも思われる。

第11章　初期人類の進化

さてこれまでの章では、ヒトのユニークな特徴と考えられてきた行動特性を選び、それらを他の霊長類の行動と比較してきた。他の霊長類との行動比較から引き出せるものは、ヒトと他の霊長類の共通の行動特徴が、いつ生まれたかということである。それは、最後の共通祖先の行動特徴を描くときに示そう。直立二足歩行する最初のヒトの祖先が、どのような段階を経て現代人になったかは、まだまだわからないことが多い。しかも、著者の専門分野でもない。しかし、本書の読者にはそういった知識を求めている人も多いだろう。ヒトの祖先が誕生したあとの行動の進化のプロセスを、エレクトゥス段階まで先史考古学的資料を参照しつつ推測を交えて再構成してみよう。

1 最後の共通祖先

くりかえし述べたように、ヒトと最も近縁な動物はチンパンジーとピグミーチンパンジーである(表11—1)。それゆえ、最後の共通祖先とは、チンパンジー属とヒトの共通祖先である。宝来聡らの研究によると、チンパンジー属とヒトの祖先が分岐した年代は四六〇—五一〇万年前、チンパンジーとピグミーチンパンジーの分岐は二一〇—二五〇万年前と推定されている(図11—1)。

類人猿の化石は、アフリカの中新世(二三〇〇—一五〇〇万年前)初期の地層からはたくさん出てきており、当時類人猿が適応放散して、森林からサバンナまでさまざまな環境に住み、繁栄していたことがわかる。石田英実や中務真人らによる京都大学の調査隊はナチョラピテクスの全身骨格を発掘するなど活躍している。しかし、アフリカの類人猿やヒトの祖先と直接結びつくような化石はまだ出ていない。更新世(二〇〇万年前以降)には、人類化石は多数出土しているが、チンパンジーやゴリラの化石はまったく見つかっていない。(補記7)最後の共通祖先はどんなところに住んでいたのだろうか?

現生アフリカ類人猿とヒトとの共通祖先と近い位置にあると考えられているのは、石田らが発掘したサンブルピテクスで、九五〇万年前のケニヤに生息していた。

一方、最後の共通祖先の位置にいちばん近いところにあるのが、東京大学の諏訪元らが発掘したアルジピテクスで、これは約四四〇万年前のエチオピアに住んでいた。アルジピテクスは脚の骨が出ていないが、大後頭孔の位置から、発見者によって二足歩行者と推定されている。興味深いことに、歯のエナメル質が

表 11-1 ●おもな化石人類

アウストラロピテクス・アファレンシス（アファール猿人）
鮮新世（420–300 万年前）/ 東アフリカ / 石器使用の証拠なし
切歯大，犬歯は小型化，体格の性的二型大

アウストラロピテクス・アフリカーヌス
鮮新世（300 – 250 万年前）/ 推定体重 46 kg/ 脳容量 440 cc/ 南アフリカ / 石器使用の証拠なし / アファール猿人より大きな頬歯，より小型の切歯，同程度の性的二型

パラントロプス属
鮮新世—更新世（260 – 100 万年前）/ 推定体重 50 kg/ 脳容量 500 cc/ 南—東アフリカ / 体格や性的二型はアファール猿人と同じ程度 / より乾燥し開けた環境に住んでいた

初期ヒト属　ホモ・ハビリス，ホモ・ルドルフェンシス
230–180 万年前 / 推定体重 40 kg/ 脳容量 640 cc/ 東—南アフリカ / オルドワン型石器

ホモ・エレクトゥス
更新世中期（160–20 万年前）/ 推定体重 50 kg/ 脳容量 900 cc/ アフリカ，アジア / 大型獣の狩猟 / アシュリアン型石器 / 火の使用

ホモ・サピエンス
更新後期（30 万年前—）/ 推定体重 55 kg/ 脳容量 1300 cc/ 極地へ進出

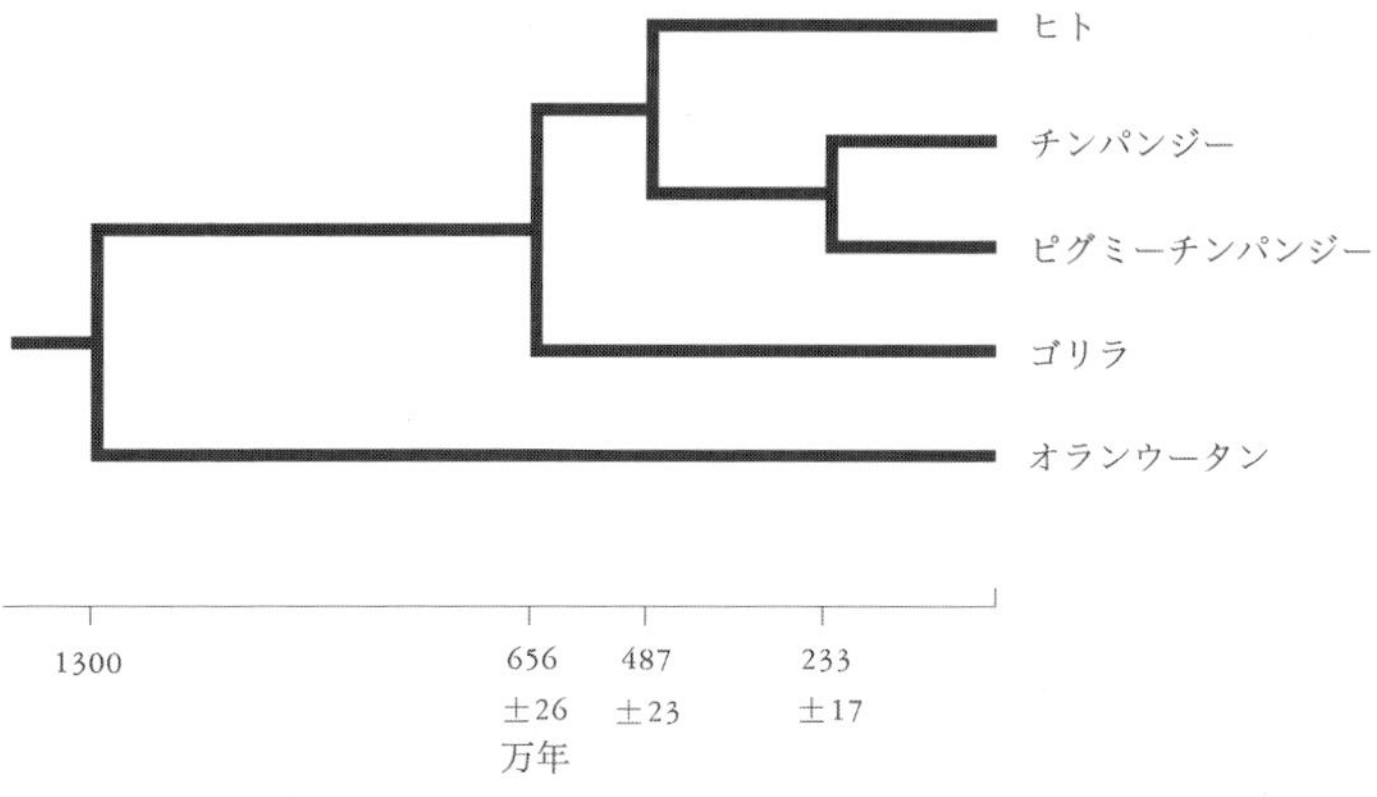

図 11-1 ●類人猿とヒトの系統図
ヒトおよび４種の類人猿の系統関係と分岐年代（宝来聡 1997 の図 12 を簡略化）

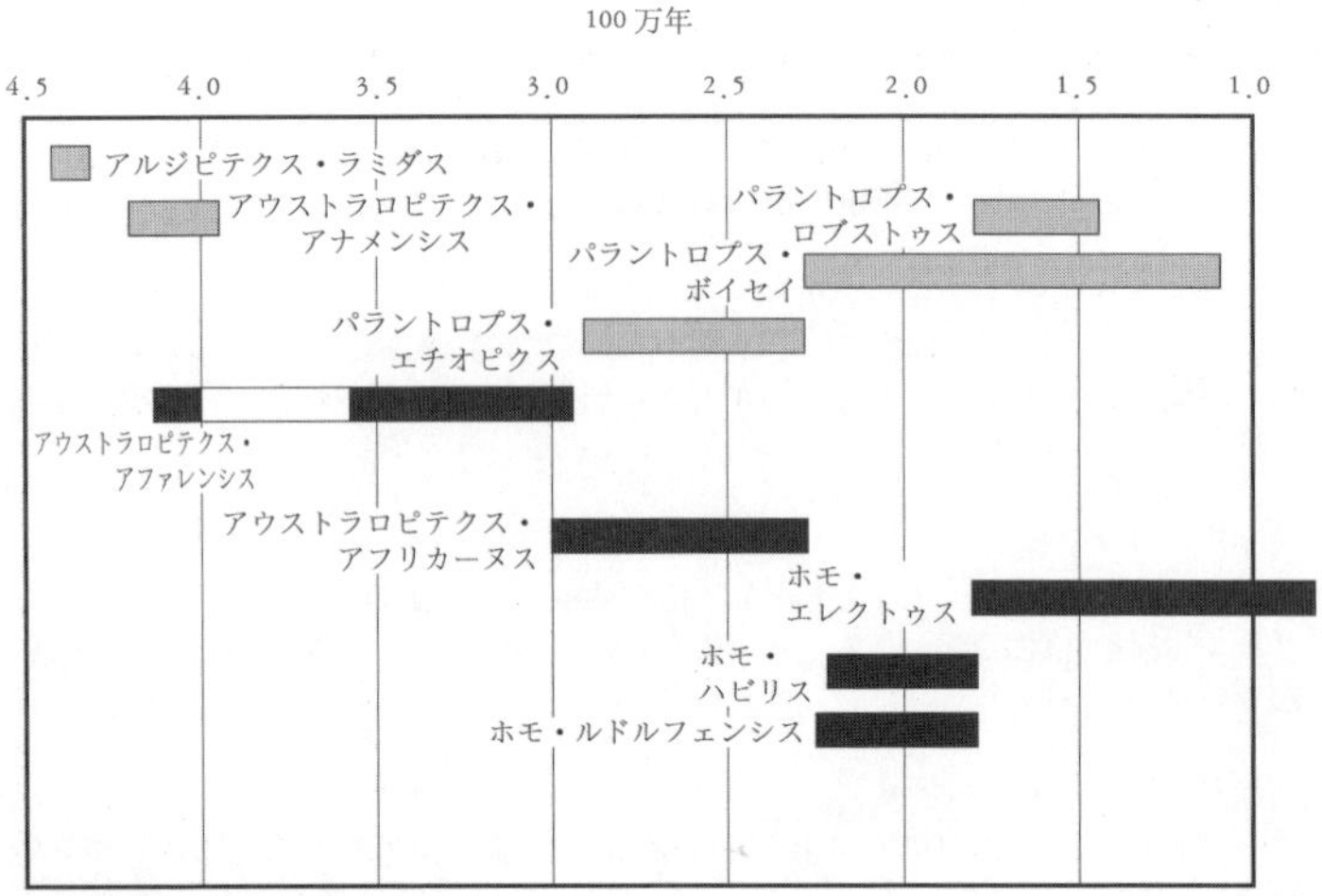

図11-2●化石人類の存在時期
(Fleagle, 1999より)

薄く、歯の形態はどの人類化石よりもチンパンジーに似ているといわれる。つまり、アルジピテクスは最後の共通祖先かもしれないし、ヒトの方に一歩踏み出したばかりの人類かもしれないし、その逆にチンパンジー属の祖先であるかもしれない。

アルジピテクスが人類でなければ、最古の人類化石は、ケニヤ出土のアウストラロピテクス・アナメンシスで三九〇―四二〇万年前とされる。アナメンシスの方は脛骨が出土していて二足歩行をしていたことは間違いないそうである(補記8)。

標本の多いよく知られた最古の人類化石は、エチオピアからタンザニアにかけて出土しているアウストラロピテクス・アファレンシスであり、棲息していた年代は三〇〇―四二〇万年とされていて、アナメンシスの年代と重なっている(図11―2)。アファレンシスのうち古い方の化石はアナメンシスである可能性があるという。

サンプルピテクスとともに出てくるヒッパリオン

というウマの化石種は、草原と森林のモザイク植生に住んでいたことがわかっている。

アルジピテクスの遺跡からは、木本ではカンチウム属の種子と、哺乳類ではクードゥーとコロブスの化石が多く出土しており、他にシマウマ、ゾウの化石があった。クードゥー以外のレイヨウは非常に少なかった。カンチウムは疎開林の常緑の中小木であり、クードゥーも疎開林の動物である。これらの動植物相からいって、アルジピテクスは緑の多い疎開林あるいは比較的明るい森林に住んでいたと考えられる。

アウストラロピテクス・アナメンシスとともに出土する哺乳類には、インパラ、ブラウンハイエナの先祖であるパラハイエナ、霊長類ではヒヒの先祖パラパピオなどサバンナ性の動物と、クードゥー、ヒッパリオンなどのモザイク植生棲の動物である。アナメンシスは、広い川辺林と明るい乾燥林やブッシュランドのモザイク地帯に住んでいたと考えられる。

アウストラロピテクス・アファレンシスの足の指骨は長くしかも曲がっており、二足歩行者でありながら木登りもうまかったらしい。その祖先は樹木の多いところに住んでいたはずだ。

以上から、最後の共通祖先は森林を主な生活圏としていただろうが、閉ざされた熱帯雨林ではなく、乾燥疎開林や灌木サバンナによって区切られた、断片化した森林であった可能性が高い（図11—3）。

それでは、チンパンジー、ピグミーチンパンジー、ヒトのうち、どれが「最後の共通祖先」と最も似ているだろうか？

ピグミーチンパンジー（ビリヤ）は、チンパンジーと比べて遺伝的変異が小さく、分布はザイール盆地に限られている。ピグミーチンパンジーはチンパンジー属の共通祖先の小さな地域個体群がザイール川左岸に閉じこめられた結果、進化したものと考えられる。ピグミーチンパンジーの染色体、血液型、外性器や

図 11-3●乾燥疎開林
人と類人猿の最後の共通祖先は，こうした植生も利用したであろう．

頭骨の形などさまざまな解剖学的性質は、チンパンジーと比べ多くの派生的な特徴をもつとされている。染色体だけからいうとヒトが共通祖先にいちばん近いが、一方化石の証拠からはヒトの祖先がこの一〇〇万年に非常に変化したことだけは確実である。それゆえ、最後の共通祖先のモデルとしてチンパンジーを選んでも大きな間違いを犯すことにはならないだろう。

2 共通祖先の森林での行動様式

最後の共通祖先の行動や社会を復元するにはどうすればよいだろうか？　もし、これら三種の行動が共通であるなら、共通祖先も同じ特徴をもっていたと想定しよう。もし、三種のうちヒトとチンパンジー属のどちらか一種だけが同じ性質を示し一種が異なる場合は、ゴリラも参照し、四種のうち三種が同じ傾向を示した場合、これを最後の共通祖先の性質と考える。ピグミーチンパンジーについては研究が比較的最近になって始まったこともあってまだ不明の部分もある。その場合は、ヒトとチンパンジーの行動が共通していれば、最後の共通祖先も同じ行動傾向をもっていたとすることにしよう。問題はヒトの行動の変異が高いことだが、ここでは南方狩猟採集民、とくにアフリカのサン（ブッシュマン）、ハザとピグミーをモデルとすることにする。

まず、最後の共通祖先の食べ物は、果実中心であったろう。しかし、種子、木や蔓の若葉、芽、花、ショウガやクズウコンなどの草本の茎の髄、樹皮の内側の形成層、毛虫、シロアリ、イナゴ、ハチの子、蜂蜜など、幅広い食事メニューをもっていた。齧歯類やダイカーなど小中型の哺乳類を捕らえ、ある程度の肉食をたしなんでいただろう。ピグミーチンパンジーではまだ確認されていないが、死体食い（スキャヴェンジング）もすでに始まっていた可能性が高い。威嚇のための武器として、枝を振りまわしたり、引きずったり、投げたりしただろうし、他にも植物性の道具をもっていた可能性が高い。

かれらの社会は、大人の雄の血縁を核とする五〇―一〇〇人程度の父系集団であった。雄は生まれた集団で生涯を過ごしたが、雌は性的成熟とともに出自集団から他の集団へ移籍した。近親性交（インセスト）は回避される傾向にあり、少なくとも母親と大人の息子、兄弟姉妹は性交を回避しただろう。

大人の雄の間には、はっきりした優劣関係が成立した。ある程度の食物分配は大人の間でも行われたが、頻繁に見られたのは母親と離乳期前の子の間であった。食物と食物の交換はなかったが、互酬性の観念がめばえており、性と食物、毛づくろい、闘争の支援などが、交換の通貨として使われた。身振りと音声によるコミュニケーションが行われ、論理的な思考能力を備えていた。

主な移動様式は指背歩行（ナックル・ウォーキング）で、採食地から採食地へと地上を移動しただろう。これはゴリラとの共通祖先以来の移動様式だった。この考えに対して岡田守彦はヒトの手には指背歩行に伴う特殊化、つまり指が細長くなったり、母指の相対的退化などが見られないし、アファレンシスにも指背歩行の形態的な痕跡はまったくない、という批判を行っている。これに対しては、少数の遺伝子の変化で指背歩行の解剖学的特徴がすみやかに消失するという可能性を指摘しておきたい(補記9)。

集団間関係はヒトとチンパンジーでは敵対的であるが、ピグミーチンパンジーでは比較的平和である。しかし、ピグミーチンパンジーでも異なる集団の大人の雄同士が採食地でまざりあうことは決してない。

雄間関係は、ヒトとチンパンジーでは集合性が高いが、ピグミーチンパンジーでは低い。といっても、ゴリラとは違い、ピグミーチンパンジーも同じ集団内でお互いに折り合いをつけているのは共通である。ゴリラも山極寿一が示したように、複数の雄が集まって雄集団を作ることがあるが、雌が一頭でも入ってくるや雄たちは共存できなくなる。ピグミーチンパンジーの雄にはヒトやチンパンジーと異なり、強い連合関係が認められないとされているが、宥和、元気づけ、それに闘争後の明確な和解行動は見られているので、ピグミーチンパンジーとチンパンジーの間に質的な差があるようには見えない。ピグミーチンパンジーの性的二型は小さいが、ゴリラの雄は雌の二倍の体重をもつ。共通祖先は、少なくともチンパンジー程度の性的二型を示しただろう。

かつての人類学では、ヒトの祖先がサバンナに進出してから多くの重要な行動が始まったと考えられていた。肉食と分配、そして武器その他の道具使用やさまざまな文化的行動である。

まず改めるべきは、サバンナ進出後の肉食開始という考えである。肉食が始まったのは、最後の共通祖先が森林にいた時代であった。肉食はチンパンジーではよく見られるが、ピグミーチンパンジーでは比較的まれである。サバンナに住むチンパンジーが森林に住む仲間よりよく肉食を行うという証拠はない。チンパンジーは森林性の哺乳類をよく捕らえ、狩猟のさまざまな局面で植物を利用しているので、むしろ、森林に適応した生計活動だと考えられる。問題は共通祖先の主な狩猟の獲物は何だったかということである。チンパンジーの主な獲物はアフリカ全土でアカコロブスというサルである。しかし、ピグミーチンパンジーがサルを食べたという報告はない。二種で共通の獲物として知られているのは、ブルーダイカーという森林性の小型レイヨウだけである。これらはサルと違って単独でも捕まえることができるので、共通祖先の肉食メニューは、ダイカー、イノシシの子など地上性の小型有蹄類だった可能性がある。

『道具製作者としての人類』の著者ケネス・オークリーは、道具使用はヒトの祖先がサバンナに進出し、二足歩行が始まったとき、地上で起こったと考えた。これも書き改められなければならない。チンパンジーの道具使用はおおむね座って行われ、体躯を垂直に保つ必要はあるが、二足歩行や二足姿勢とは無関係である。しかも、道具使用行動はかならずしも地上で行われるわけでもない。マハレのオオアリ釣りは樹上で行われるのがふつうで、しかもチンパンジーの最も習慣的な道具使用行動である。タイ森林では、木器による堅果割も樹上で行われることがある。

共通祖先が堅果を叩く以外に、石器を使ったかどうかは疑問である。ピグミーチンパンジーには石や岩をなんらかの形で使ったという観察がない。そもそもコンゴ盆地には石というものがほとんど見つからない。チンパンジーが示威や威嚇に石や岩を投げるのは多くのフィールドで知られている。しかし、石器による堅果割は、西アフリカの特定地域に限局されている。以上から、共通祖先は二次道具という形でなく石器を使用したかもしれないが、その可能性は小さい。

最後の共通祖先が文化をもっていたか、という質問はもはや愚問である。第8章で示したようにチンパンジーの行動は明瞭な地域的変異を示す。確かに、ピグミーチンパンジーにはまだ十分な証拠はないが、これは詳細な行動研究がなされたフィールドが加納隆至の率いるワンバしかないからにすぎない。飼育下で示されたピグミーチンパンジーの行動の融通性からいって、文化的な変異を示すだろうことを疑う研究者はいないだろう。

3 二足歩行の起源と初期人類の生活

現生アフリカ類人猿の研究は、共通祖先の行動復元には最も強力な武器であるが、ヒトのその後の進化には間接的な論拠しか提供しない。そのかわり、初期の人類には、十分ではないにせよ化石が出土しており、動植物の化石から古環境の復元もある程度可能である。

最近の人類学の見方で過去のそれから最も変わった点には、人類進化における直立歩行の意義が挙げられよう。かつては、二足歩行の採用とともに、ヒトの祖先の生活史パターンは、類人猿的なものから急激にヒト的なパターンに変化したと考えられていた。ダーウィンに始まり、二〇世紀ではシャーウッド・ウォッシュバーンを代表とする人類学者たちは、直立二足歩行とともに、道具使用、犬歯縮小、狩猟、協力、言語など人間的なさまざまな行動特徴が、お互いに影響しあい、強めあって進化したと考えた。AがBを刺激し、BはCを刺激し、今度はCがAを刺激発展させるフィードバック・ループが生まれたというわけだ。つまり、二足歩行を達成したら、あとは自動的にヒトへの道を歩むかのように考えられていた。これがそうでないことがわかったのは、二足歩行した動物が何種類もいただけでなく、同時に同じ場所に異種の二足歩行者が共存していたことがわかったからである。二足歩行を始めても、ヒトにならず絶滅した動物が何種類もいたわけだ。

アフリカの類人猿とヒトの共通祖先から、いかに人類の祖先が分岐したかは謎である。フランスの人類学者のイーブ・コパンスの「イーストサイド・ストーリー」仮説によれば、アフリカ大地溝帯の東西にヒトの祖先とチンパンジーの祖先が隔離されたのが分岐の理由だという。西側の樹木の多い地域にはチンパンジーの祖先が、東側のより乾燥した地域にはヒトの祖先が隔離されたというシナリオである。このようなシナリオでは、ゴリラとチンパンジー＝ヒトの分岐が、どこで起こったのか推測することはできない。

最後の共通祖先はなぜ二足歩行を始めたのだろうか？

まず、類人猿がどんなときに二足姿勢や二足歩行をするのか検討してみよう。野生チンパンジーが二足姿勢をとるのは、他のチンパンジーや動物を脅すとき、遠くを見ようとするとき、灌木の梢に実った果実や若葉を引きずりおろすときである。威嚇のときは、枝や石を片手に握りつつ、数歩の二足歩行のあと二足走行に移行し、そして四足走行で終る、というパターンが多い。遠望や採食のときは、ほとんどの場合二足姿勢だけで終る。

二足歩行は、マハレの餌場で餌を大量に与えていたときよく見られた。サトウキビは肩にかついだり、引きずったり、両手に一本ずつ杖のように使って運んだ。バナナは両手に一杯抱えて運ぶ。運搬の理由は、

図11-4●両手にサトウキビを持ち二足歩行をするピグミーチンパンジーの雌（写真提供：加納隆至氏）

直射日光と観察者や優位な雄を避けるためで、せいぜい十数メートルの運搬であった。しかし、果実のついた大枝など野生食物の運搬はまれである。これは、仲間が食べおえて先に行ってしまって追いつこうとするときに見られた。若者の雄や子どもに多い。他には、ぬかるみを歩くときや、母親が新生児を両手で抱えて運搬するときなどであるが、やはりまれな行動である。

加納隆至の撮影したワンバのピグミーチンパンジーのビデオによると、ピグミーチンパンジーはサトウキビの運搬のときチンパンジー以上によく二足歩行をするし、しかも一〇メートル以上歩くことはざらにあり、姿勢もチンパンジーよりずっとよい（図11—4）。枝引きずりのディスプレーのさいは、二足走行である。

サバンナの猛獣や他集団に対する威嚇行動の必要から二足歩行が始まったという説もある。二足歩行や走行による威嚇はチンパンジーの大人の雄によく見られる行動である（図11—5）。大人の雌もしないわけではない。しかし、単に数秒のディスプレーで足りるものが、長時間の二足歩行になるとは考えられない。二足歩行は類人猿の移動様式（補記10）とはかけ離れているので、類人猿からヒントは得ても、類人猿とは異なる状況を想定するのが妥当だろう。

ヒトの移動の最大の特徴は長距離移動にある。チンパンジーの一日の移動距離は通常数キロメーターであり、よく歩いた日でもせいぜい一〇キロ程度である。ピーター・ロッドマンとヘンリー・マケンリーは、エネルギー収支の効率の上で有利な移動方法として二足歩行が進化したという説を提出した。ヒトの二足歩行はチンパンジーの四足歩行と比べてエネルギー効率は高い。一日に一、二キロしか移動しない場合はそれほどでもないが、移動が長距離になればなるほどその利益は大きくなる、というのである。しかし、チンパンジーの四足歩行は、ヒトの二足歩行でなく、チンパンジーの二足歩行と比較すべきである。その比較では、エネルギー効率は変わらない。だから、四足から二足への進化をエネルギー効率の改善によって説明することはできない。

図 11-5●威嚇のために二足走行をするチンパンジー
野生チンパンジーが二足姿勢をとるのは，他のチンパンジーや動物を脅すとき，遠くを見ようとするとき，灌木の梢に実った果実や若葉を引きずりおろすときである．しかし，こうした威嚇や遠望，採取行動は，長時間続ける必要はなく，これらからヒト特有の二足歩行が始まったとするには無理があろう．

　人類の二足歩行は、採食地からつぎの採食地へ果実を求めて移動する必要から起こったのだろうと私は考えている。

長距離移動はなにを求めて行ったのだろうか？　サバンナへの進出の目的は、はじめはサバンナ自体にあったのではなかろう。鮮新世初期に断片化した森林に取り残された祖先は、一つの川辺林からつぎの川辺林へと果実を求めて移動するために、サバンナへの進出を余儀なくされたと考えてよかろう。しかも、それはアカシア・サバンナでなく、樹木の密度の高い乾燥疎開林（樹木サバンナ）だったと考えるのが妥当だろう。通過の過程で樹木サバンナの食物も利用されるようになった。これは、水棲の脊椎動物が水たまりから、次の水たまりへ行くために、やむをえず陸を通過地点として利用するようになった結果、陸棲脊椎動物が進化したのと同じである。

樹木サバンナには、ストリクノスなどの漿果《しょうか》以外に、乾いた果肉をもつナツメやタマリンドなどの果樹がある。また、ブラキステギアなどマメ科の喬木が多く、鈴木晃が主張するようにマメは重要な食物源となっただろう。イネ科の種子、樹皮、樹脂なども補助的な食物として活用されたであろう。おそらく、季節性のある森林（半常緑林）でたくさん入手できる根茎や塊茎が新たな食物として利用され始めたと考えられる。植物の地下器官はキノコとともにヒトが食べチンパンジーはまったく食べないまれな食物品目の一つである。チンパンジーは、雨期にヤムイモの仲間の種子や葉を食べるが、イモは食べない。チンパンジーよりサバンナに適応しているヒヒは、さまざまな植物の地下器官を手で掘って利用する。植物の地下器官にはあく抜きをしないと食べられないものが多いが、ヤムイモなどにはその必要のない種もある。ヒトが多量の地下の資源の存在に気づいたとき掘棒《ほりぼう》という重要な道具が発見された。二足歩行は、季節性のある森林で、乾期に植物の地下器官を掘棒で採取するという生活様式として定着したのではなかろうか？

直立二足歩行は閉鎖的な森林の中である程度始まっていた可能性が高い。中央アフリカの半落葉樹林ではヤムイモは年間一ヘクタールに一キロも取れ、一年中利用できる上にこれらはいずれも無毒である。これは、アカピグミー（ピグミーの一部族）の五〇平方キロの縄張りの中に年間五トンの収穫があることを意味する。さらにバカピグミーの住むカメルーンの半落葉樹林では、ヤムイモの現存量はこの六倍である。アネット・ラディックによると、ヤムイモの地下貯蔵器官はもともとは乾期に対する適応でなく、大木が倒れたときに直ちに茎をのばし葉をつけて成長するための適応らしい。そうであれば、乾燥森林に出る前から、人類の祖先はヤムイモを食べる習慣をもっていた可能性が高い。

乾燥疎開林に進出した人類の最初の祖先は、どのような生活をしていただろうか？

初期人類は二足歩行者であったが、それにもかかわらず、脚が短かったことや手足の指節骨が長く曲がっていたことが示すように木登りもうまかったらしい。

初期人類は、比較的大きな切歯をもっていた。このことは、初期人類が果実食者であったことを示唆するが、類人猿とは異なり犬歯は小型であり、頬歯は大きく、歯冠は低く、エナメル質は厚かった。それゆえ、チンパンジーのような果肉食の習性から堅果、穀粒、その他の硬い食物へと食性が変わりつつあった段階、と考えるべきである。なぜ犬歯が小型化したのかは、議論のあるところである。石器が化石とともに出ていないことからいって、りっぱな武器が発明されたため長い犬歯が不要になったというダーウィンの仮説は適用できそうにない。硬い食物を食べるにあたって臼でひくような顎の回転運動が必要になり、それにとって長い犬歯は不都合になったと思われる。

4 乾燥疎開林での適応

樹木サバンナ進出とともに、ヒトの祖先の行動圏は一気に拡がった。チンパンジー分布域では最も乾燥しているタンザニアのフィラバンガやウガラあるいはセネガルのモンタシリク地域では、チンパンジーの一つの集団の行動圏は二〇〇―五〇〇平方キロと推定されている。これは森林地帯のチンパンジーの縄張りの広さ一〇―三〇平方キロと比べてはるかに広い。しかし、チンパンジーは二足歩行するわけではない。どこに、現生チンパンジーと人類の祖先のサバンナ適応に違いがあるのだろうか？

おそらくは、樹木サバンナに進出した先祖は、サバンナにより豊富な、植物の地下の栄養貯蔵器官の利用を主な生計の糧にしたのであろう。タンザニアのサバンナ疎開林には、一平方キロあたり四〇トンもの食べられるイモがあるという。これは中央アフリカの熱帯雨林の一平方キロあたり一〇〇―六〇〇キログラムと比べて桁違いに多い。サバンナの地下器官を主に利用する哺乳類は、イノシシ以外にはデバネズミの仲間だけである。デバネズミの化石はアルジピテクスの化石とともに出土するので、初期人類の現れた頃にも、豊富なイモ資源があったことは間違いない。

森林の中ではまったく補助的な道具にすぎなかった掘棒が、サバンナでは新たなニッチを確立するのに役だったのではなかろうか？　長距離移動は、植物の地下器官の獲得と関係があるのだろう。掘棒はイモの獲得とともに、ウサギなどの小動物の狩猟や、武器としても役立っただろう。

5 初期人類の社会構造

初期人類の社会構造を復元しようとしても、直接的な証拠はなにもない。しかし、第一に考えられることは、ロバート・フォーリーが指摘するようにサバンナでは食物が広く分散することから、大人の雌の一日の移動距離や行動圏が大きくなり、それに伴って大人の雄が大人の雌を、他集団の雄から防衛するのがますます難しくなったことである。その結果、チンパンジーに比べて、大人の雄の血縁集団のサイズは大きくなり、その紐帯はより強固になっただろう。そして、サバンナの肉食獣に対する防御のためにも、大人の雄同士だけでなく、大人の雄と大人の雌も一緒に遊動することが多くなっただろう。

第二に、アウストラロピテクスの生活史はチンパンジーのそれに近いことが歯の萌出パターンからわかっている。霊長類の離乳の年齢、初産年齢、雄の性成熟年齢、妊娠期間、寿命、出産間隔、など生活史の重要な変数や脳重は第一大臼歯の萌出年齢と強く相関するだけでなく、お互い同士も相関が非常に高い（補記11）。ホーリー＝スミスは、頭骨をＣＴスキャンで観察することによりアウストラロピテクスの歯の萌出順序を明らかにした。それにより、アウストラロピテクスの生活史は、ヒトより類人猿のそれに近かったと推定できる（図11―6）。たとえば、第一大臼歯が生えるのは類人猿が三歳であるのに対し、ヒトでは六歳である。アウストラロピテクスも三歳で第一大臼歯が生えたと考えられるのである。アウストラロピテクスの赤ん坊の母親への完全な依存期間は短かったと推定される。だから、大人の雄の育児への参加――家族の形成――は、まだ始まっていなかったであろう。特定の雌との紐帯が欠けている以上、その雌を通じて他集団との姻戚関係を確立することもなく、集団間は敵対的であっただろう。

体格における大きな性差は一夫多妻と関連している。もしアファレンシスの性的二型がヒトよりも大きいなら、その配偶パターンは一夫多妻でなければならない。チンパンジー的な複雄複雌の単位集団の中に、一夫多妻のユニットが析出することになったのではなかろうか。マントヒヒのように重層的な群れをつくっていた可能性が高い。

マントヒヒの社会は、初期人類の社会復元の参考になる。マントヒヒの社会の原型は、サバンナヒヒの群れだと考えられる。それは数十頭の単位で、研究の草分けであるハンス・クマーはバンドと呼んだ。マントヒヒにおける最大の集団は、泊まり場が限られているために形成される。生息地は樹木が少ないし丈の低い木が多いので、夜はヒョウなどの捕食者から身を守るために絶壁を利用する必要がある。この絶壁の数が限られているため、マントヒヒの複数のバンドが集まって大きな集団を作るのである。一方、バンドは食物が不足したとき一夫多妻の単位に一時的に分かれる。小さい食物パッチに別れて採食するには好都合である。このように集団のサイズを調節して生活するのは、エチオピアの高原という環境で採食するための適応であるとともに、大人の雄たちが性的競争を制限しつつ、お互いに協力するための方法であった。

初期人類もサバンナという環境で、チンパンジー的な複雄複雌集団の単位集団と、そのサブグループとしての一夫多妻という重層社会を形成できただろう。これはまったくの仮説にすぎないが、サバンナにおける植物の地下器官の分布様式が解明できれば、ある程度は検証できるだろう。

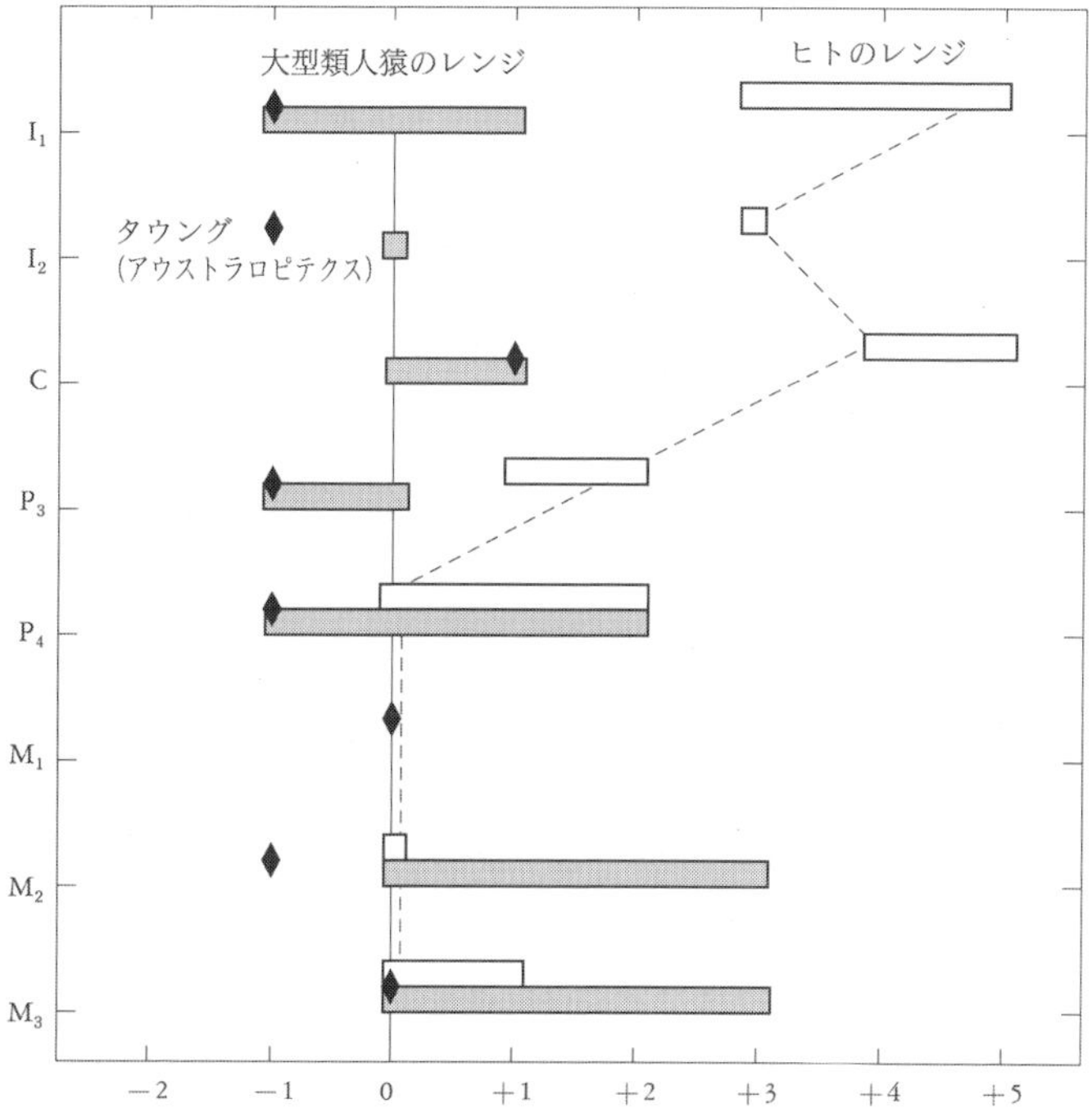

図 11-6●アウストラロピテクスの歯の萌出順序

大型類人猿の中央値との差を示す．タウングで発見されたアウストラロピテクスの子ども（黒のダイア形）の歯の発達を，大型類人猿（2 頭のチンパンジーと 1 頭のゴリラ）とヒトの子ども（南アフリカの黒人 3 人）の歯の発達を比較したもの．すべて，第 1 大臼歯（M_1）の形成段階に合わせてある．グレーの長方形は，大型類人猿のレンジを示し，中央値を実線で結んである．中空の長方形はヒトのレンジを示し，中央値を破線で結んである．歯の形成の諸段階は，大型類人猿の中央値からの距離として計算されている．つまり，ゼロは典型的な大型類似猿と一致していることを意味する．タウングは大型類人猿の中央値から 1 段階以上は離れていず，一方ヒトの中央値からは大幅に離れていることがわかる（Holy Smith 1992 の図 5 より）

I 切歯，C 犬歯，P 小臼歯，M 大臼歯

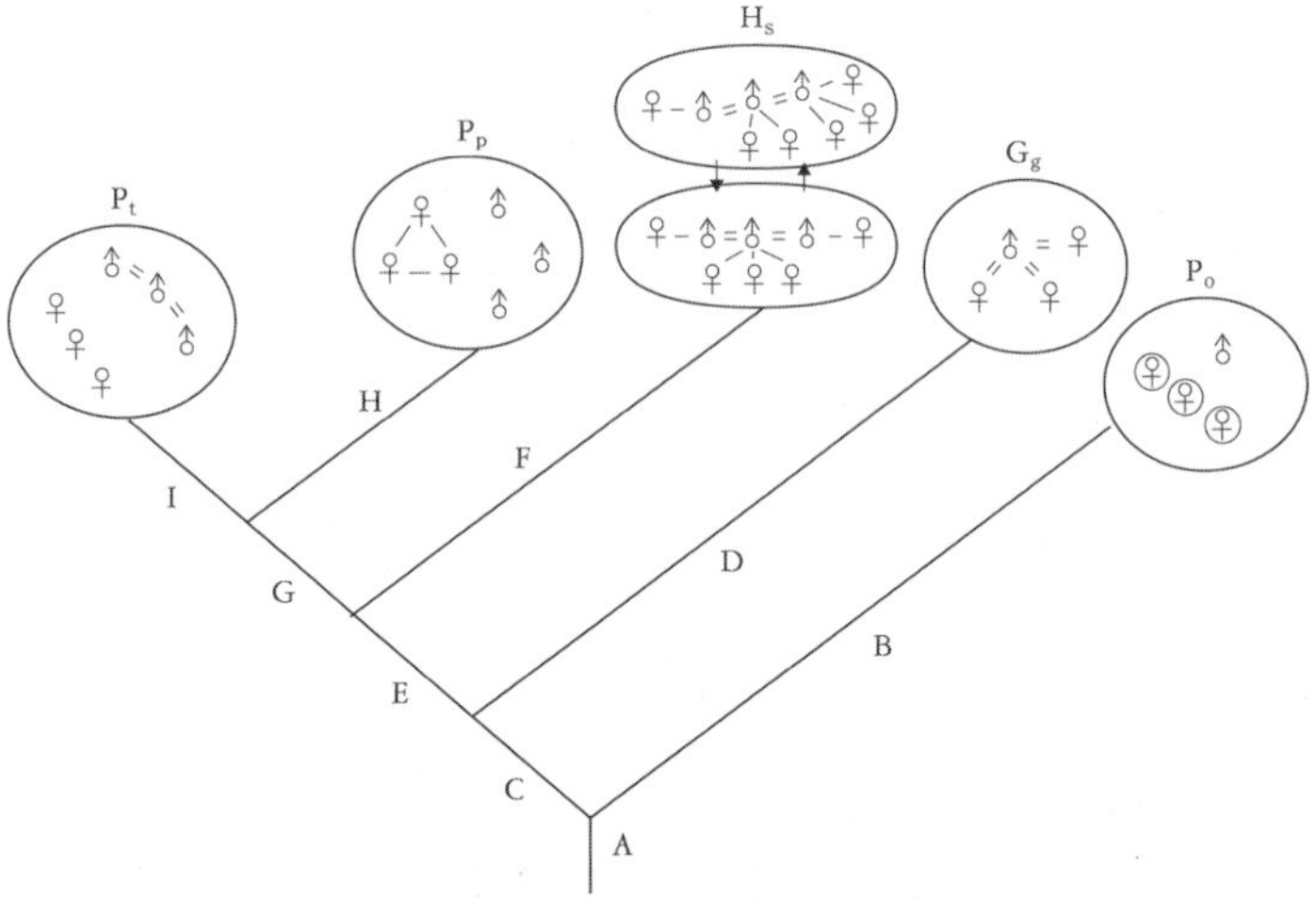

図 11-7●大型類人猿の分岐図

図の上部の円で囲まれた部分は，現存大型類人猿の社会システムをモデルで示したもの．

P_t＝チンパンジー，P_p＝ピグミーチンパンジー（ビリヤ），H_s＝ヒト，G_g＝ゴリラ，P_0＝オランウータン

A～I は，大型類人猿の各系統や各共通祖先の主な派生的形質を示す（○は，確実性の高いもの，△は仮説的なもの）

A．大型類人猿の共通祖先
　○果食性
　○性的二型
　○ベッドづくり
　○離合集散性
　○雌の非結合性
　△父系複雄複雌集団
　○道具使用

B．オランウータンの系統
　△単独生活

C．アフリカ大型類人猿の共通祖先
　○指背歩行
　○半地上性

D．ゴリラの系統
　○繊維質食品への依存
　△複雄集団の単雄集団への分裂

E．最後の共通祖先
　○なわばりのパトロール
　○狩猟と肉食、屍肉食
　○食物分配
　○雑食性
　○赤ん坊殺し

F．ヒトの系統
　○直立二足歩行
　○右手利き
　○石器製作
　○労働の性的分業
　○家族と重層社会
　○性交の隠蔽
　○集団間の連帯
　○言語

G．パン属の共通祖先
　○性皮腫脹
　○短い性交時間

H．ピグミーチンパンジー
　○メスの連帯

I．チンパンジーの系統
　○集団内カニバリズム

6 原人の段階

アウストラロピテクスの生活史は、ヒトより類人猿のそれに近かった。直立原人の段階で、人類は大きな変貌を遂げる。体格が大型化し、臼歯のサイズとエナメルの厚さが減少し、脳容量が大きくなる。

ヒトの脳は体重の二%にすぎないのに、エネルギー消費は全体の一六%である。つまり、脳はきわめてコストの高い器官である。それゆえ、この時期の人類になんらかの栄養改善が起こったことは間違いない。この栄養改善がどうして起こったかを説明する有力な仮説は、肉食がさかんになったというもので、ダーウィンやフリードリッヒ・エンゲルス以来のものである。この仮説の欠点は、エレクトゥスとともに多量の肉が消費されたという証拠がないこと、野生動物の肉は脂肪に乏しく、食物の欠乏時にあまり高い栄養を提供できないことなどである。

最近ランガム等によって提案されている仮説は、この時期に火を使って食物を料理することが始まったのではないかというものである。食物の少ない時期に依存する食物への適応こそ、自然淘汰がいちばん強く働く要素であろう。肉の獲得は安定性に欠けるので、食物欠乏時には植物に依存したであろう。そしてその植物とは、地下器官である。イモは生でも食べられるが、熱を加えると栄養価が増大する。消化しやすくなるだけでなく、有毒物が無毒化することもある。

火を使ったという最古の証拠は、ケニヤのツルカナ湖畔コービフォラの炉床であり、一六〇万年前である。同じ頃、南アフリカのスワートクランという遺跡からは、石器とともに燃えた骨が出土している。

この時期に人類の性的二型は小さくなった。初期人類の雄は雌の二倍ほどもあったが、エレクトゥス段階では雄は雌の一・二倍程度になっている。しかし、霊長類では性的二型の程度と雌の体重には強い正の相関があり、もしヒト以外の霊長類の数式をあてはめるとエレクトゥスの性的二型は一・八にならねばならない。なにかが起こったのだ。

ランガム等は、雄たちの間で雌をめぐる競争がゆるやかになったと考えている。その理由が雌が料理を始めたことだという。料理とはまず材料を十分集めることが前提である。しかも、料理の結果、食物は栄養豊富になる。そこで、身体の大きい雄は、自ら採集しないで、雌の食物を横取りしにくる。これでは雌はたまったものではない。自衛策のため、雌は力の強い雄を食物の保護者として「雇う」ことになる。そのためには自分の性的魅力を増さなければならない。魅力を増すには、雌の性交できる日数を増加させることだ。こうしてペア・ボンドが形成される。同時に、雄同士の競合が減少する。かくして、性的二型が縮小したという。これがランガムの仮説である。

ランガムの仮説はおもしろく、かなりの部分を私は支持する。たとえば、雌が料理を始めたということは理解できる。ホモ・サピエンスの社会では世界中どこでも料理するのは主に女である。また、チンパンジーでも食物処理に関する道具使用は雌の方がよく行い、しかも技能も雄より格段に上だという証拠もある。だから、エレクトゥス時代に雄ではなく雌が料理を始めても不思議はない。また、火を加えて消化しやすくなった食物を離乳食として子どもに与えた雌は、出産間隔を短くし、多くの子どもを残せただろう。

しかし、大きな疑問がある。もし雄が雌の料理した食物を奪うのなら、雌は料理するより生のままで食べた方が得ではなかろうか？　雄に奪われるのなら料理は進化しなかったはずだ。

ランガム等は、チンパンジー的な複雄複雌の単位集団の中で、雌が料理をするようになり、価値が高くなった食物を雄が狙い始めたというシナリオを描いている。このようなことが起こるだろうか？　実際にこれに似た状況が西アフリカのタイ森林で見られている。そこでは、主に雌のチンパンジーたちが、まず堅果をいくつか集める。それらを運んで一つずつ太い木の根の上におき、両手で持ち上げた丸太を叩きおろしてかち割って胚乳を食べる。「手から口へ」という霊長類の様式である直接的な食物消費がそこにはなく、食物消費の遅滞が起こっている。雄はそれを奪うチャンスがあるのだ。実際、雄は道具使用がへたなので上手な雌の近くにやってきて「労働の産物」をねだる。ボッシュの報告によると、こうして雄が雌から分配を受けることはあるが、暴力で横取りしたということは書かれていない。起こらないことはないのだろうが、あってもまれなできごとなのだろう。つまり、雄は力が強いといっても、そう簡単には雌から食物を強奪できないのである。

すでに述べたように、エレクトゥス以前の段階で一夫多妻という形で雌雄のボンドはできあがっていたと、私は考える。それなら、雌の料理ははじめから夫に保護されることになるので、料理文化は進化することができたであろう。つまり、料理の発明によって性差が小さくなったという仮説には賛成するが、ペア・ボンドの起源まで説明するのは無理だというのが私の意見である。

オルドワンのフレーク石器は、肉を得るための皮剥ぎに使われたというのが、これまでの通説だった。しかし、それは主たる用途ではなく、掘棒として使うために木を尖らせるのが重要な機能だったかもしれない。つまり、道具を作るための道具がこの時代にはすでにあったことになる。道具を使用する動物はさまざまいるが、生存を道具に絶えず依存するのはヒトだけだと、かつてジョージ・バーソロミューとジョセフ・バードセルは言った。エレクトゥス段階の人類が、道具に生存をつねに依存する段階にすでに達していたことは間違いなかろう。

原人はアフリカの外に出たはじめての人類であった。一〇〇万年前にアフリカを出て、地球上に広まった。火の使用がそのために貢献したことは確かである。

そのつぎの大きな飛躍は、数万年前に新人、つまりホモ・サピエンスが登場したときである。洗練された道具の製作能力、芸術、宗教など、現代人のあらゆる特徴がととのった。人類は極地や、大洋島にまで進出した。しかし、エレクトゥス以降の人類進化について記した書物は多いし、本書の狙った範囲を越える。参考文献に挙げたリーキーの『ヒトはいつから人間になったか』、リーキーとロジャー・ルーイン共著の『起源再考』や、ルーインの『人類の起源と進化』などを読んでいただきたい。

第12章 終章

――江戸時代までの太陽エネルギー利用は一方通行ではなく、ごく最近の日本列島に降り注いだ太陽エネルギーだけでまかなえるように、社会の構造そのものができあがっていた。しかも、一度使ったものが不要になった場合も、ほぼ完全に再利用できるようなシステムが、長年かけてできあがっていた――

江戸時代の日本は、――あらゆる面で植物と共存し、植物に依存し、しかも植物を利用してすべてを生みだしたばかりか、見事にすべてを循環させる「植物国家」だったのである――

石川英輔『大江戸リサイクル事情』(講談社)(補記12)

1 共有地の悲劇

「共有地の悲劇」という話がある。複数の家族が、かれらの共有している土地でそれぞれヤギなど家畜を飼っていた。かれらは水場や牧草地を譲りあい、平和に暮らしていた。しかし、家畜がだんだん増えて土地の収容力の限界に近づくまでになり、植生が破壊され始めた。家族のリーダーたちは集まって相談し、これ以上家畜を増やさないようにしようと誓いあった。しかし、リーダーはそれぞれ自分の家畜一頭分くらいは増やしても大勢に影響はないだろうと考えたので、結局家畜数の抑制はならず、植生は完全に破壊され、集団は滅んでしまったのである。

こういった話はおとぎ話でなく、実際アフリカなどでの砂漠化の進行の大きな原因の一つと考えることができる。共有地の悲劇は、遊牧民だけでなく、農耕民でも起こっているし、アフリカだけでなく、世界中で起こっている。そして陸だけでなく、海洋資源の乱獲の最大の原因でもある。炭酸ガスの増加も、自分の車一台くらいは地球環境の悪化と関係ないと考えている人ばかりだから起こるのだ。

共有地というシステムが悪いのではない。それは、とくに異質な要素を含む土地を多数の人が利用するためにきわめて有効なシステムである。しかし、それは、人口の小さいときにだけ機能するシステムなのである。

強力な国家統制によって、個人のセルフィッシュな動きを封じようというシステムもある。しかし、社会主義はうまくいかなかった。ソ連、中国、タンザニア、ギニア、北朝鮮など多くの国で試みられたが、すべて失敗に終った。これをもって、市場経済の勝利、資本主義の勝利と考える人が大部分だが、それは見当はずれである。社会主義は、社会的不公平をもたらす資本主義を打開する方策として考え出されたのだから、敗北したのは人類、人知あるいは「人間性」である。

人間社会がうまく機能してないのは、何千万という人が飢餓に苦しみ、絶え間なく戦争が起こり、地球環境が悪化し、資源枯渇が叫ばれている今、あまりにも明白である。これには人口を抑制するしか解決の道はない。しかし、不思議なことに、政治・経済に携わる人には、解決策として経済成長しか頭にないのである。資源は限りがあるのに、なぜいつまでも経済成長を続けることができるのだろうか。未来の世代には資源を残さなくてよいのか？　そんな考慮は、まったく経済学者たちの頭の中にはないようである。その近視眼ぶりは驚くべきもので、現在の生活水準を続けながら一〇〇億に増える人口を養う方策を考えるべきだなどという評論だけがまかり通っている。

ヒトの脳は人口密度の小さかった狩猟採集時代に進化した。脳は狩猟採集時代に起こった問題を解決するために生まれた器官であり、決して徹底的に融通のきく万能のコンピュータではない。技術がすべてを解決するという楽観主義の根拠は、こういった認識の欠如から起こる。

2　経済成長の内幕

狩猟採集生活を許すのは贅沢である、と経済学者が書いているのを見て、驚いた。その人によると、東南アジアのある熱帯降雨林では、狩猟採集民を一平方キロにつき、一〇人しか養えないが、森林を切り開いて畑を作れば、二〇〇人以上は養えるからだという。この経済学者は、雨水などの生態サービス、生物多様性、医薬品、香料、殺虫剤、除草剤、ゴム、繊維、天然肥料、籐、毛皮、観光など、熱帯降雨林がもたらす食料以外の利益についてまったく考慮していない。

それのみならず、持続可能性という長期的な視点も欠いている。狩猟採集なら、熱帯降雨林から「利子」だけを刈り取るのだから、森を永久的に利用できるのである。たとえば、熱帯雨林の哺乳類のバイオマス(ある時点で任意の空間内に存在する生物体の量)は一平方キロに一七〇〇から四〇〇〇キログラムもある。食用昆虫は一年に一ヘクタールにつき乾燥重量で一〇〇キログラムも取れる。このうち鳥類が四〇キロ食べるとしても、六〇キロは人間が収穫できる。熱帯雨林には、淡水魚はもちろん、軟体動物、甲殻類、カエル、水草など食べられるものは多い。集中的な農耕が、永久的に持続可能かどうかは保証の限りではない。市川光雄によると、食料を獲得するためのエネルギー効率を、アウトプット(得られた食物カロリー)に対するインプット(投入カロリー)の割合で表せば、サンの狩猟でほぼ五倍、採集では一二倍である。伝統農耕では、これが一〇ないし五〇となり、確かに狩猟採集を上まわる。

しかし、これが近代的な農耕となると話は変わる。英国のジャガイモ栽培では一で、エネルギーは増加していない。日本のコメ栽培では、わずか〇・二から〇・五しかなく、投入カロリーより得られるカロリーが少ない。これは、石油から合成した肥料や農薬、機械などの形で、収穫の二倍から五倍のエネルギーを消費しているからである。それでもコメ作りが成立するのは、補助金のあることに加えて石油がベラボーに安いためにすぎない。

高い経済成長率は、再生不可能な資源、とくに化石燃料を食いつぶしてのみ成し遂げられる。非常に小規模な焼畑農耕なら、かえって土地を肥沃化することもある。しかし、アマゾニアの森林・サバンナの移行帯に住む焼畑農耕民であるカヤポ・インディアンが、かれらは森林を利用するだけでなく積極的に育成するという報告は残念ながら誤りであることがわかった。ダレル・ポージー等によると、雨期の初めにサバンナの一角に一―二メートル程度の小さいマウンドを作り、シロアリやアリ塚から有機物を運んで肥料とする。ここに森の有用植物や猟獣の食用になる植物の種子や苗を植える。これはアペテと呼ばれる森の島に成長し、カヤポに薬用植物、果実、水を提供し、また貴重な猟場になる、という。だが、最近の調査によると、この話は科学者たちの思い入れの所産にすぎなかった。狩猟採集という生活様式さえも、かならずしも持続可能ではないことは、ポリネシアの多くの島々で環境破壊の結果人々の生活が消えていったことからもわかる。マレーシアの熱帯林の狩猟採集民セマンは、資源を取り尽くさず一部を残してつぎの収穫のために備えるといった環境保全の思想をもっていないし、規模は小さいとはいえ、環境に悪影響を与えつつあるという。

原子力発電も持続性がないどころか、蓄積する放射性廃棄物は、未来世代への負債の押しつけである。電力会社は「炭酸ガスを出さず、地球温暖化を防ぐため必要」と主張しているが、放射性廃棄物についでは口をぬぐって済ましている。日本は外国から大量の食料や原材料を輸入し、輸出する工業製品は重量にしてわずかだから、恐るべき割合で廃棄物が蓄積している。廃棄物による汚染はすでに各地で問題になっているが、健康に悪影響をもたらすだけでなく、都市と田舎の住民の間に深刻な対立を引き起こしつつある。将来の日本の「輸出品」の最大のものは廃棄物になる可能性がある。もちろん、そのときは日本が途上国に金を払うのである。ここは経済学を論ずる場ではないが、南北問題は人類にとって永久につきまとう問題だろう。

この頃は、多少は上向きになったようだが、少し前までは「景気が悪い」、と政治家も企業家もマスコミも二言目には、そういった。しかし、経済成長率がマイナスでも、一九九〇年代のはじめと比べれば、いわゆる「バブル」の崩壊後の経済規模の方がまだ大きいのである。失業率が高いのは問題だが、一人当たりの給料を減らして、雇用を増やせば済むことである。生活水準を一九七〇年レベルに戻すべきだ。「景気が悪い」と叫んでいる間にも、アメリカに学んだ浪費の習慣は進行している。スーパーの食品は、まだ十分食べられるのに賞味期限の一時間前に捨てられる。マクドナルドのマニュアルでは、ソーセージや照り焼きなどは調理して一時間たって売れないと、味が落ちるといって廃棄される。揚げ物は三〇分である。これくらいで驚いてはいけない。調理してから捨てられるまでの時間は、ハンバーグは一〇分、フライドポテトはたったの七分にすぎない。

3 進歩の幻想

人類は、少数の子どもを十数年間かけて育て、そのかわり親への依存期間中に他の動物にはないような技能を身につけるという生存戦略をもった類人猿となった。こういった戦略をもつ動物は、あまり人口が増えないはずであった。

しかし、農牧の発明とそれに付随する文明の発達のため、離乳の早期化、出産間隔の短期化、成長加速、病気の克服、寿命の長期化が起こり、人口の限りない増大を招いた。ホモ・サピエンスの誇る道具使用能力も、社会的知能も、互酬的利他行動や協力の能力も、文化的伝達も、音声言語も、生物学的には結局は人口を必要以上に増大させるという結果をもたらしたにすぎなかったのである。

人類の目的が、「地球上にできるだけ多くの人間を一時的に存在させること」であるならば、それでよいだろうが、まさか、それを目的と考えている人はいまい。しかし、現実に行われていることは、「人口の大記録」を達成しようとしているかのようである。せっかく、日本では一人の女性の出産数が一・五人(二〇〇六年では一・三人)となり、人口が減少に転じる気配を見せているのに、若者が多くの年長者を支えるのはたいへんだから、夫婦はもっと多くの子どもを生むようにと声高に叫ぶ人がいたり、政府や地方公共団体が児童手当を増額したり、三人目の子どもを産んだ場合には報奨金を支給したりするのには呆れるほかない。先日も、四人の子持ちの母親が自分は多くの子どもを作って社会に貢献しているのだから、子どもを産まない利己的な女たちより報われるべきだ、と朝日新聞の投書欄で主張していた。四人も子どもを作ることこそ利己的であるのに、それを利他的だと思いこんでいるのは呆れるほかない。誤解されないように書いておくが、「四人生んだからいけない」といっているのではない。一人も生まない人がいるから、それは大きな問題ではない。しかし、子どもも生まず、多額の所得税を払っている女性の方が利他的であることは議論の余地がない。

日本は工業国として付加価値の高い商品を売って、相対的に安価な原材料や食料を外国に求めて、過剰人口にもかかわらず、これまで裕福な生活を送ってきた。しかし、今後世界の人口がもっと増えたら、食料が最も価値の高い商品になる可能性はある。太平洋戦争に敗戦したあと、日本の都市住民は食料を求めて農村へ出かけ、和服や宝石やあらゆる貴重品を数回分の食事と引き換えにしなければならなかった。飢えた人間にとって、パソコンはどれほどの価値があろうか?

国立公園に指定されて伝統的な狩猟場から追い出された東アフリカの狩猟採集民イク族は、飢餓に見舞われ、家族は食物を分配しあわず、他人が食べている物を口から奪うほどの堕落をみせた。将来のわれわれの姿をみるようである。

今後、地球環境の悪化を防ぎ、戦争を回避し、人類が永久的に生存していくためには、それぞれの国が独身者の税金をやすくし、児童税を設けるなどして、徹底した「利用者負担策」をとるべきである。自然環境の持続的利用のためには、こうした人口抑制策だけでなく、あらゆる手段をつくすべきである。日本のように人口減少の傾向を示している国は、当分の間、それは考えなくてもよいだろうが。

一九七〇年代にローマクラブが、地球資源の枯渇を叫んだとき、進歩は幻想であることが訴えられたはずであった。人類は進歩していく、というのは最も危険な考えであるが、今もなお多数派のようである。進歩は幻想である。人間社会は進歩し続けるという見方は一八世紀の啓蒙思想以来生まれた新しい考え方であろう。私がアフリカでチンパンジーを研究し始めたとき最も驚いたことの一つは、現地のアフリカ人(バンツー系焼畑農耕民)にいろいろな作業について「なぜ、そうするのか」と尋ねたときに返ってくる返事は、いつも「祖父(先祖)がやっていたから」であった。日本でも明治維新までは、そのような返事がかえってきたであろう。文化とは早く変化するものというのは誤解である。オルドワンという石器文化もアシュリアンという石器文化も一〇〇万年以上変わらなかったのである。非常に早い変化と文化が結びついたのは、石油を浪費し始めた後のことである。それは日本では一九六〇年代以降のことにすぎない。

ヒトとチンパンジーの現在の生活を異ならせたヒトの大きな特徴とは何だろうか？　一つは天才の考えたことを世代から世代へ蓄積する能力である。これは言語と文字の発明によって可能となった。第二に巨大な人口である。天才の出現の確率が一定なら、巨大な人口こそ多くの天才を生み出す手段である。第三に、「群れ」あるいは「バンド」共同体をはるかに越える大きな社会を形成する能力である。ややもするといがみあうにもかかわらず、集団間が関係を維持することができるのは不思議なことである。婚姻や交易による相互扶助のつながりのゆえに、大きな社会が出現し、これが広く天才の発掘を可能にした。

進歩思想と結びついたヒトの特徴とはなんであろうか？　一つには他人より成功したいという競争心、あるいは他人と少なくとも同じ程度の成功の機会をもちたいという強い欲求である。第二に、所属集団のメンバーから賞賛を受けたいという強い傾向である。第三に、人から受けた援助にはお返しをしたいという強い傾向である。第四に、道具を工夫し、より安楽に生活したいという傾向である。これらの傾向は、もともと狩猟採集社会で生まれ機能していたヒトの性質だった。それが、市場経済システムと安価な化石燃料と結びついたとき、競争と大量消費を生み出した。しかも、ヒトの脳はせいぜい今日、明日の問題解決のために進化したにすぎない。それは、一〇〇年先はおろか、一〇年先のことさえ考える能力のある政治家が日本にほとんどいないことからもわかる。

4 どうすべきか？

ヒトの脳は、他の動物と同様、生まれ育った環境を自分にとって自然だと感じるように設計されているにもかかわらず、あらゆる環境に進出してしまったことが人類の危機を引き起こした原因の一つである。コリン・ターンブルによれば、イツーリの大森林に育った狩猟採集民ピグミーは、森を慈愛に満ちた環境と感じているらしいが、森を切り開いて焼畑を営むバンツー農耕民は、森を魑魅魍魎《ちみもうりょう》の住む恐ろしいところと考えているようだ。広々とした大地に住むことに慣れた英国人は、アフリカでは明るく乾燥したサバンナや、涼しい高地草原、明るい湖畔などを好む。かれらはそういうところでジャカランダを植え、ウシを飼い教会を建てるのである。かれらは、森林深く入りこんで住むことはしない。いわんや、砂漠のアラブは、森林を恐ろしくて住むところとは思わないであろう。

人類は工業力で、「コンクリート・ジャングル」を作ってきた。こういったところで育った子どもたちは、植生のはぎ取られた都市空間だけを安心できる場所と感じるようになるかもしれない。それは恐ろしいことである。森や山や海や川が破壊されても、破壊とは感じず、「美しい」とさえ思うかもしれない。実際、日本には枯葉が地面に落ちて汚いからとか、毛虫が洗濯物につくという理由で、ケヤキやエノキの大木を切れと要求する若い住民はすでに多いのである。

それゆえ、まず第一にすべきことは、子どもたちを幼児のときから、山野に連れていき、それこそが、人にとっての環境であることを体験させることである。

エドワード・ウイルソンは著書『バイオフィリア』で、ヒトには好みの生息場所があって、それはヒトという種が出現し、進化した熱帯サバンナであると主張している。そここそがヒトの脳が大きくなった場所なので、脳は今でも熱帯サバンナに似た景観を好ましいと感じるという。こうして、彼は、日本庭園の樹木や灌木や空間、小川や池の秩序だった配置は、アフリカのサバンナを思い起こさせると述べ、絶えず樹木を刈り込んで、高さや形を整えるのは、サバンナ・ゲシュタルトを失わせないためであるとまで言っている。

私もこういった考えにあながち反対したいわけではない。そうであれば、どんなによいかと思う者である。しかし、そういう遺伝的に組み込まれた心性は、あるとしてもすでに痕跡的になっていて、あてにならないのではなかろうか。強く残っているなら、自然破壊は起こるはずがないではないか。「自然」は子どもが生まれ育った場所によって異なると考えた方がよさそうである。ヒトは生まれたとき近くにいる人々を〝血縁者〟と見なし、生まれた場所の環境を〝自然環境〟と見なすように学習過程が組み込まれているのではなかろうか。それは、まるでハイイロガンの刷り込み現象に似ている。

第二に、快適さや能率をあまり追求してはいけないことである。たとえば、肉を毎日食べたいと思うべきではない。安いハンバーガーは、中南米の森林の牧地化によって作られたのである。エビフライの昼食を食べるごとに、東南アジアのマングローブ林を破壊して養殖されたエビが輸入されていることを思いだすべきだ。公共交通機関が利用できるのに自家用車で通勤するのは犯罪的である。つけは、すべてつぎの世代に向けられるであろう。

第三に、自然保護活動をヴォランティアとして行ったり、自分でできない場合はそういう活動をしているNGOに加入したりカンパすることである。熱帯林活動ネットワーク、グリーンピースなど活発な活動をしている組織は数多い。

第四に、拡張主義、成長主義はきびしく批判されるべきだ。(補記13)大学でさえ、なにかといえば、新キャンパスだ、高層化だと騒いでいる。土建業と政官の癒着がなお強まるだけである。一つの大学が、あるいは一つの国が開発・発展をやめれば、他の大学や国が利益を得るだろう。そこに、競争主義・市場経済では地球の危機は回避できないというジレンマが生まれる。(補記14)

なにか、新しい世界的なシステムが必要である。国際連合は高邁な政策を推進するために諸国家の利己主義を抑える調整役を果すべきであった。国連が浪費主義の米国に牛耳られている以上、今は国際的NGOの力がのびるのを待つしかない。その思想的な基盤は「進歩や開発は悪である」というものであるべきである。これは人類にとって決して新しいことではなく、その歴史の九九%を占める狩猟採集時代はそうだったし、ヨーロッパでは新石器革命以降も中世までは革新は排斥された。日本では、戦国時代などの時期を除いて、明治に入る前までの大部分は、伝統を守ることが主流であった。

第五に、人口抑制に役立つあらゆる方策・政策が実行されるよう提案することである。日本のように若年人口層の減っている国は、貧困で人口過剰な国からの人口流入を認めるべきだという意見があるが、とんでもないことである。こういった事実上の万人救済主義は、富ではなく貧困を分配することになり、人口過剰を極限まで押し進めて、環境を破壊し、世界を破滅させるだろう。

開発や進歩をやめたら、人生の生き甲斐がなくなるのではないか、と危惧する人がいるかもしれない。そんな心配は無用である。川や海での遊び、探鳥、山登り、サイクリング、多様な生物の観察、星の観察、収集、研究、囲碁・将棋などのゲーム、音楽、観劇、スポーツ、会話、料理、工作、陶芸、読書、いくらでもおもしろいことはある。若者の挑戦すべき場所がなくなるという心配も無用である。科学、芸術、スポーツ、政治などいくつもある。そして、それぞれの場に、たくさん「〇〇賞」を作ればよい。受賞者は喜び、老人たちは審査に生き甲斐を見いだすだろう。江戸時代の日本を思い起こすべきだ。浮世絵、算術、俳句、観劇、花見、紅葉狩り、朝顔の品種改良競争、等々民衆の楽しみはいくらでもあった。そして、それは資源を食いつぶさないリサイクル社会だった。

現在、地球上で起こっているあらゆる難題は、人口過剰が関係している。人口を減少させない限り、絶え間なく戦争は起こるだろう。人の命が尊いのは、人口が少ないときだけであることは、虐殺が毎日のように起こっている二〇世紀の歴史をかいま見ればわかることである。(補記15)

あとがき

本書を出版する動機は、「人間は文化の産物であり、教育によってどのようにでも変えられる」という考えが、あまりにも根強くはびこっていることにある。この考え方は、行動主義という心理学の一学派が没落したとき、死滅したはずだった。しかし、「はじめに」でも記したように、圧倒的に多くの人々がいまだに信じている。

学習によってどのようにでもヒトを変えることができるという考えは、教育学者には必要である。なぜなら、教育効果の可能性が大きければ大きいほど、教育学者の発言権は増えるからである。幼い子をもつ親は、この子をイチローのような大打者にしたいとか、武宮名人のような碁の打ち手にしたいとか望むだろう。また、制度の大規模な変革を望む理想主義者は、ヒトはどのようにでも教育できるという立場に立てば、制度改革に人間精神が適合するかどうかを検討する必要がなくなる。かくして、教育学者、教育者、理想主義者、小さな子を育てている親たちは、「人間は学習のみの所産だ」という考えを支持し、それに反対する人々を攻撃するだろう。こうして、「教育万能主義」は続いてきたのである。

こういう思想のもう一つの責任者は文化人類学者である。ルース・ベネディクトやマーガレット・ミードを代表とするアメリカ人類学の「文化の相対主義者」たちは、民族ごとに言葉や食べ物が違うだけでなく、男女の行動や気質の相違や、性行動、それに時間の観念から色彩感覚までも文化的にいかようにでも変わると主張した。

しかし、こういう考えは間違っていただけでなく、いまや害毒を流している。人間がいかようにでも変わるという思想は、なぜ問題なのか？　進歩思想と結びつくからである。文明病患者や文明への精神疾患者に対して、単に進歩に追いつけない不適応者という烙印を押すだけだからだ。熱帯林破壊や海洋汚染などの環境破壊も、この思想によって押し進められているからだ。人間は学習によってどんな新しい環境にも耐えられるという信仰、問題が起こってもかならず技術革新が起こって解決されるという信仰こそ、環境破壊の最大のイデオロギー的基盤ではないだろうか？

あらゆる河という河をコンクリートで固め、ありとあらゆる道路をアスファルトで固めた現代日本の歩みは誤っている。アメリカの模倣をやめ、大量消費の習慣を廃棄して、貧しくとも静かで心豊かな国を目指すべきだ。

私は、こうした「進歩思想」に対して、生物人類学者の立場から異議を唱えたかったのである。(補記16)

現在、大学や大学院の再編成がさかんである。ほとんどが、情報、環境、国際関係、比較文化といった名称の学部、大学院になるようだ。そして、文化人類学がかならずその必修科目になる。私はそれに文句をいうわけではないが、どうして生物人類学もその中に含まれないのかが理解できない。他の民族との親しいつきあいは、文化理解や英語力だけで決まるわけではない。生物としてヒトがもつ共通項こそは、国際理解の基礎であると私は信じて疑わない。他国の習慣を理解しただけで、国際関係は改善するわけではない。最も重要なのは、人間の社会関係を科学的に把握することである。

本書は私の学部での講義をもとに、書き足したものである。といって、硬い教科書を意図したものではない。多くの研究者に認められている議論ばかり扱っているわけでもない。人類学のオーソドックスと私の雑談（脱線）をとりまぜたような内容である。そういう意味では、私の講義にかなり忠実な内容ともいえる。広い範囲をカバーしているので、間違いや矛盾があったり、最新の情報にも欠けているところも多いだろう。先輩・同僚や読者のご教示や批判をお願いしたい。

最後に、編集のみならず、不明瞭な点や不適切な表現をたくさん指摘していただいた京都大学学術出版会の鈴木哲也氏に厚く御礼申し上げる。しかし、まだ残っているかもしれない不適切な表現や誤りの責任は、いうまでもなく私だけにある。また、写真を使わせていただいた麻生保氏、加納隆至氏、北西功一氏、田中二郎氏、フランス・ドゥ・ヴァール氏、山極寿一氏、葭田光三氏、チンパンジーの行動をたくさん描いて下さった中村美知夫氏に深く感謝する。

高野川の散りゆく桜を眺めつつ

西田利貞

改訂版：補記

ここでは、初版出版（一九九九年）後に出た新事実や、本書と関連するテーマを詳しく扱った書物を紹介することにしたい。

第三章（社会生物学から見た人類）

1（57頁）最近の五―六年間で、「進化心理学」という名でヒトの社会生物学を扱った本がたくさん出た。スティーブン・ピンカー著『人間の本性を考える』（二〇〇四年、NHKブックス）は、広い領域をカバーしている。男女の考え方や行動の違いについては、デヴィッド・バス『女と男のだましあい』（二〇〇〇年、草思社）や『話を聞かない男、地図が読めない女』（二〇〇二年、主婦の友社）がある。

第七章（攻撃性と葛藤解決）

2（156頁）ヒトの遊びには「チーム遊び」というものがある。サッカーや野球などの球技のみならず、学校の運動会では定番の綱引き、棒倒し、騎馬戦がある。民族ごとに変異はあるが、二つのチームに別れて争う点は同じである。こういった遊びはヒト以外には知られていない。それゆえ、チーム遊びは、戦争をやり続けるという進化の道筋を取ってきた人類にユニークな遊びのパターンかもしれない。
Nishida T 2004. Lack of "group play" in wild chimpanzees. *Pan Africa News* 11: 2–3..

第八章（文化の起源）

3（186頁）その後、ソーシャル・スクラッチはマハレ以外に、ウガンダのキバレ森林のンゴゴ地区でもおこなわれていることがわかった。ところが、こするやり方は異なる。マハレでは、大きく「なでる」のに対し、ンゴゴでは四本の指を束ねて「突く」のである。この発見は、相手の身体を掻くといったきわめて単純な行動さえ、生後、社会的に学習することを示唆するものであり、生後修飾されるチンパンジーの行動の範囲が非常に広いことをしめす。詳しくは、Nishida T, Mitani JC, Watts DP 2004. Variable grooming behaviours in wild chimpanzees. *Folia Primatol* 75: 31–36 を参照。

4（193頁）初版では、まがりなりにもアリ釣りができるようになるのは五歳と記したが、最近の研究の結果、三歳でできるようになる個体が、雄・雌とも多いことがわかった。

5（195頁）リッチ・ハリス著『子育ての大誤解』（二〇〇〇年、早川書房）は、言語習得をはじめとして、ヒトの子どもは、親でなく遊び仲間から学ぶことも非常に多いことを明確にした。野生チンパンジーにも「のぞきこみ」という行動がある。コドモがよく見せる行動で熱心に観察しているように見える。子どもは母親だけでなく、同輩の採食をのぞきこむことも多い。もしのぞきこみによって学習しているなら、遊びだけでなく食べ物についても、同輩仲間から学ぶことが結構多いことになる。

第九章（言語の起源）

6（233頁）ウマのような四足走行者は、一またぎ（ストライド）毎に息を一回吸うというように、肺の換気とストライドに固定した関係がある。一方、ヒトは二足移動のお陰で、呼吸と走行スピードを切り離すことができるようになった。そのため、二足歩行開始の数百万年後、ヒトの祖先は音声言語を使う余裕ができたという新説が出た。クレイグ・スタンフォード著『二足歩行—進化への鍵』（二〇〇四年、青土社）を参照。

第一一章（初期人類の進化）

7（264頁）二〇〇五年、ケニアの東部リフトバレーのトゥゲン・ヒルで、中期更新世（五〇万年前）の地層から初めてチンパンジーの化石（二本の切歯）が発見された。しかも、人類（ホモ・イレクトゥス）と共存していた。場所は現在のチンパンジーの最も東の分布地から六〇〇キロも離れている。当時は湖沼、その周辺の疎開林、その周囲にアカシア・サバンナが広がっており、現在の景観とは大きな違いはないという。そして、サバンナと疎開林という構成は、一六〇〇万年前にもこの地域に存在していたという。それゆえ、チンパンジー属のもっと古い祖先の化石が東アフリカで今後、見つかる可能性が高くなった。詳細は、McBrearty S & Jablonski NG 2005. First fossil chimpanzee. *Nature* 437: 105–108.

8（266頁）初版出版後、五二〇〜七〇〇万年前とされるヒト上科化石が出土した。ケニヤ出土のミレニアム・アンシスターという名で宣伝されたオロリン（*Ororin tugenensis*）、チャドから出土したトゥーマイという綽名のサヘラントロプス（*Sahelanthropus chadensis*）、エチオピア出土のアルディピテクス・カタバ（*Ardipithecus kadabba*）の三種である。いずれも、発掘した研究者はヒト科であると主張しているが、骨盤は出ていず、二足歩行を証明する他の部分（頭骨の大後頭孔の部分、脛骨、足骨など）の化石も十分出ていないので断定はむずかしいようである。トゥーマイは、これまでのヒト科化石のすべてが東アフリカの大地溝帯か南アフリカから出ているのに対し、初めて西アフリカ（サハラ砂漠の南縁）から出てきたので、もしヒト科であれば人類史は大きく書き換えられることになる。詳しくは、次の文献を参照していただきたい。諏訪元（二〇〇六）「化石から見た人類の進化」『シリーズ進化学5　ヒトの進化』（石川統等編）、岩波書店、一三一六四頁。

9　（270頁）二足歩行者になる前の類人猿は「指背歩行」（ナックル・ウォーキング）の移動様式をとっていただろう。そのように考えないと、ゴリラ属とチンパンジー属で独立に指背歩行が起こったことになり、「節約の法則」に反するからである。このことに関しては、西田編著『ホミニゼーション』（二〇〇〇年、京都大学学術出版会）を参照していただきたい。

10　（274頁）前出の著作（補記6）で、スタンフォードは、二足歩行にはさまざまな段階があり、その段階ごとに異なる機能をもっていただろうと推測している。そして、二足で立ち上がって頭上の枝をつかんで果実を取るといった採食行動（これは、チンパンジーでときどき見られる）が、二足歩行の前適応となった、としている。

11　（279頁）霊長類の生活史については、デイビッド・スプレイグの『サルの生涯、ヒトの生涯』（二〇〇四年、京都大学学術出版会）というすばらしい教科書が出たので参照のこと。ヒトにおける「子ども時代」は、類人猿を含めて他の霊長類には見出されないことを明確にした。

第一二章（終章）

12（287頁）江戸時代を中心にかつての日本人民衆の生活を垣間見せる書物として、巻末の参考文献で紹介した本以外に、ピーター・ミルワードの『ザビエルの見た日本』（一九九八年、講談社）、ロバート・フォーチュンの『幕末日本探訪記』（一九九七年、講談社）、小泉八雲（ラフカディオ・ハーン）の『神々の国の首都』（一九九〇年、講談社）や『明治日本の面影』（一九九〇年、講談社）、清水勲（編）の『ビゴー日本素描集』（一九八六年、岩波書店）、宮本常一の『家郷の訓』（一九八四年、岩波書店）、など文庫本が多数出版されている。

13（298頁）経済学では、「環境費用の外部化」、つまり環境に対する負荷をゼロとする考え方が環境破壊を導いたとして、環境費用に価格をつけて内部化するという提案がなされてきた。環境を汚染する者や資源を枯渇させる者が費用を支払うような仕組みを作らなければならない。そのため、「環境税」を設ける必要がある。消費水準を引き下げ、経済規模の拡大でなく質的な改善をめざすべきだ。こういった考え方については、ハーマン・デイリー『持続可能な発展の経済学』（二〇〇五年、みすず書房）を参照されたい。

14（298頁）たとえば、日本が環境税を課すと商品の値段が上がり、環境税を課さない国の商品との競争に勝てなくなる。そうであれば、日本はそういった国の商品には関税をかけなければならない。マスコミは声高に自由貿易を礼賛しているが、自由貿易では環境破壊を防ぐことができない。環境税を課す国々の間で貿易連合を作るといった措置が必要である。

15（299頁）第12章に関して、初版出版時に私が気づいていなかった（読んでいなかった）名著・好著をいくつかあげておく。まず、ヴァーノン・カーターとトム・デールの『土と文明』（一九九五年、家の光協会）を挙げなければならない。本書は、古代文明の滅亡が森林破壊を元凶とする「土壌流出」によって起こったことを明らかにして、歴史から学ぶことをしなければ現代文明も崩壊の危機に直面することを主張した。この原著は一九五五年の出版であり、先見の明には驚くほかないが、一九三〇年代には米国では土壌流出がすでに始まっていてスタインベックの『怒りの葡萄』などで描かれた砂嵐が思索に影響を与えたようだ。本書は、現代文明の危機を古代文明の危機となぞらえた最近の多くの著書（たとえば、クライブ・ポンティングの『緑の世界史』（一九九四年、朝日新聞社）やジャレド・ダイヤモンドの『文明崩壊』二〇〇六年、草思社）の源泉である。

槌田敦は『石油文明の次は何か』（一九八一年、農山漁村文化協会）、『エントロピーとエコロジー』（一九八六年、ダイヤモンド社）、『エコロジー神話の功罪　サルとして感じ、人として歩め』（一九九八年、ほたる出版）、などにおいて、現代文明は石油の浪費によって成立しており、循環を破壊していること、石油がなければ原子力発電や風力発電は成立しないこと、将来は農業を中心にすえて環境に適応した生活を考えるべきだと説いた。槌田は資源物理学者であり、物事を根本から考える彼の著書から学ぶことは非常に多い。

とどまることのない経済成長が持続性をもたないことを最初に指摘したのはローマクラブであった（『成長の限界』一九七二年、ダイヤモンド社）。ドネラ・H・メドウズ等によるその最新版の翻訳は、『成長の限界　人類の選択』（二〇〇五年、ダイヤモンド社）として出版されている。現代文明の浪費振りを簡潔に示す本は、ワールドウォッチ研究所が発行する『地球白書』（家の光協会）と、その資料編である『地球環境データブック』（ワールドウォッチ・ジャパン）である。最新版は二〇〇五年に発行されている。「こういった環境保護主義者の本には、ほんの数年の傾向を長期的傾向と考えるといった誤りが多い」という批判がある（ビョルン・ロンボルグ『環境危機をあおってはいけない』二〇〇三年、文芸春秋社）。しかし、とどまることのない人口増大と資源の浪費が最終的には、現代文明を終わらせるということは自明のことである。

16（302頁）歴史学は、「古代」、「中世」、「近世」、「近代」、「現代」というふうに時代区分をしているように思うが、チンパンジー研究からいうと、初期人類からの六〇〇万年の歴史でも、高度成長期の前後で、非常に大きな変化があった。「高度成長時代」とは、日本で言えば一九五〇年代に始まる数十年間である。私が小学校から大学の助教授になる頃までをカバーしている。私が最も強調したいのは、この時期に大家族制度が最終的に崩壊したことである。六〇〇万年の人類史の中で、近親者が近隣に住むことが親しい社会関係と相互援助の基礎であったと考えられる。その基礎が崩壊したのである。雌は幼いときから、母親を含む、集団に属する大人の雌の子育てを観察し、実際に抱いたりおんぶしたりする機会がふんだんにあった。母親以外の個体が赤ん坊を世話する行動は、オナガザルの母系集団や新世界ザルにも見られる。それゆえ、幼いときに、そういう観察が欠如するのは、二〇〇〇万年の伝統を捨てたということを意味する。最近の日本では、核家族の孤立と少子化で兄弟での交渉さえ減ったので、社会行動を練習する機会が激減した。子育ては、「自然」と「文化」が相互交渉するユニークな場面なのである。子捨て、子殺し、いじめなどの急増は、こういったことと関係している可能性が高い。

シュリーマン，H. 1998.（石井和子訳）『シュリーマン旅行記　清国・日本』講談社.
山川菊栄 1983.『武家の女性』岩波書店.

(eds.) *Topics in Primatology,* Vol. 2, University of Tokyo Press, Tokyo, pp. 329-341.

[化石燃料の浪費]

中村修 1995.『なぜ経済学は自然を無限ととらえたか』日本経済評論社

Pimentel D, LE Hurd, AC Bellotti, MJ Forster, IN Oka, OD Sholes & RJ. Whitman 1973. Food production and the energy crisis. *Science* 182: 443–449.

[自然社会による環境利用のインパクト]

Parker E 1992. Forest islands and Kayapo resource management in Amazonia: A re-appraisal of Apété. *Am Anthrop* 94: 406–428.

Rambo T 1985. Primitive Polluters. Semang Impact on the Malaysian Tropical Rain Forest Ecosystem. *Anthropological Papers,* University of Michigan, No. 76.

[飢餓におけるヒトの行動]

Turnbull C 1972. *The Mountain People.* Simon & Schuster, N. Y.

[“サバンナ・ゲシュタルト” はあるか?]

西田利貞 1991.「都市の樹木」,『WWF』21(8):14.

Nishida T 1997. The concrete jungle as a natural human habitat. *IPS Bulletin* 24(2): 1

Orians GH, Heerwagen JH 1992. Evolved responses to landscapes. Barkow LH, Cosmides L, Tooby J (eds) *The Adapted Mind,* Oxford University Press, N. Y., pp. 555–579.

佐倉統 1997.『進化論の挑戦』角川書店

Turnbull, C. 1965. *Wayward Servants.* The Natural History Press, N. Y.

Wilson, E. O. 1984. *Biophilia.* Harvard University Press, Cambridge, Mass.

[日本文明とリサイクル]

石川英輔 1997.『大江戸リサイクル事情』講談社.

バード, I. 1973. (高梨健吉訳)『日本奥地紀行』平凡社.

ハンレー, S. B. 1990. (指昭博訳)『江戸時代の遺産』中央公論社.

[人類の進化史全般]
リーキー，R. 1996.（馬場悠男訳）『ヒトはいつから人間になったか』草思社.
Leakey, R. & R. Lewin 1992. *The Origins Reconsidered.* Doubleday, N. Y.
ルーイン，R. 1989.（保志宏・楢崎修一郎訳）『人類の起源と進化』テラペイア.

第12章　終　章

[共有地の悲劇・環境倫理・官僚統制経済]
Hardin, G. 1968. The tragedy of the commons. *Science* 162: 1243–1248.
Hardin, G. 1982. Discriminating altruisms. *Zygon* 17: 163–186.
加藤尚武 1991.『環境倫理学のすすめ』丸善.
西田利貞 1978.「湖岸の革命」『展望』232: 103–124.
Nishida T. 1998. Driving a car and the tragedy of the commons. *IPS Bulletin* 25 (1) 1.
シュマッハー，E 1986.（小嶋慶三・酒井懋訳）『スモール　イズ　ビューティフル　人間中心の経済学』講談社.

[熱帯林の破壊]
コフィールド，C. 1990.（雨森孝悦訳）『熱帯雨林で私がみたこと』築地書館.
黒田洋一，ネクトー，F. 1989.『熱帯林破壊と日本の木材貿易』築地書館.
マイアース，N.（林雄次郎訳）1981.『沈みゆく箱船』岩波書店.
村井吉敬 1988.『エビと日本人』岩波書店.
ウイルソン，E. O. 1992.（大貫昌子・牧野俊一訳）『生命の多様性』岩波書店.

[熱帯降雨林の持続的利用]
Hladik CM, Hladik A, Linares OF, Pagezy H, Seple A, Hadley M (eds.) 1993. *Tropical Forests, People and Food.* UNESCO, Paris.
市川光雄 1997.「環境をめぐる生業経済と市場経済」『文化人類学，第二巻環境の人類史』，pp. 133–161.
Posey, D. A. 1992. Indigenous peoples and conservation: Making links and forgotten knowledge. Itoigawa N, Sugiyama Y, Sackett GP, Thompson RKR

London.
Schick, K. D. & N. Toth 1993. *Making Silent Stones Speak*. Simon & Schuster, N. Y.
Washburn, S. L. 1960. Tools and human evolution. *Sci Amer* 203: 3–15.

[直立二足歩行の起源]

Foley, R. 1987. *Another Unique Species*. Longman, Harlow.
Leakey, R. & R. Lewin 1992. *The Origins Reconsidered*. Doubleday, N. Y.
リーキー，R. 1996.（馬場悠男訳）『ヒトはいつから人間になったか』草思社.
ルーイン，R. 1989.（保志宏・楢崎修一郎訳）『人類の起源と進化』テラペイア.
岡田守彦 1982.「ヒトにおける直立二足歩行の獲得」『神経内科』17: 419–427.
Rodman, P. S. & H. M. McHenry 1980. Bio-energetics and the origin of hominid bipedalism. *Am J Phys Anthrop* 52: 103–106.
渡辺仁 1985.『ヒトはなぜ立ち上がったか』東京大学出版会.

[初期人類の食物]

Wood, B. A. & A. Bilsborough (eds.) 1984. *Food Acquisition and Processing in Primates*. Plenum Press, N. Y.
Hladik, A. 1993. Wild yams of the African rain forest as potential food resources. C. M. Hladik, A. Hladik, O. F. Linares, H. Pagezy, A. Semple, M. Hadley (eds.) *Tropical Forests, People and Food*. UNESCO, Paris, pp. 163–176.

[アウストラロピテクスの生活史]

Holly Smith, B. 1991. Dental development and the evolution of life history in Hominidae. *Am J Phys Anthrop* 86: 157–174.
Holly Smith, B. 1992. Life history and the evolution of human maturation. *Evol Anthrop* 1: 134–142

[原人と火の使用]

Wrangham, R. W., J. H. Jones, G. Laden, D. Pilbeam & N. C. Conklin -Brittain 1999. The raw and the stolen: Cooking and the ecology of human origins. *Curr Anthropol.* 40: 567–594

『日経サイエンス』，1994 年 7 月号，92–100 頁．

[中新世の類人猿]

Fleagle, J. G. 1999. *Primate Adaptation and Evolution, 2nd Edition.* Academic Press, N. Y.

Ishida, H. & M. Pickford 1997. A new late Miocene hominoid from Kenya: Samburupithecus kiptalami gen. et sp. nov. C. R. Acad. Sci. Paris, *Sciences de la terre et des planetes* 325: 823–829.

[アルジピテクスとアウストラロピテクス・アナメンシス]

Leakey, M. G., C. S. Feibel, I. McDougall & A. Walker 1995. New four-million-year-old hominid species from Kanapoi and Allia Bay, Kenya. *Nature* 376: 565–571.

White, T. D., G. Suwa & B. Asfaw 1994. Australopithecus ramidus, a new *species of early hominid from Aramis* Ethiopia. *Nature* 371: 306–312.

[初期人類の生息環境]

Shreeve, J. 1996. Sunset on the savanna. *Discover* July 1996, pp. 116–125.

WoldeGabriel, G., T. D. White, G. Suwa et al. 1994. Ecological and temporal placement of early Pliocene hominids at Aramis, Ethiopia. *Nature* 371: 330–333.

[共通祖先の生態復元]

Foley, R. A. 1989. The evolution of hominid social behavior. V. Standen & R. A. Foley（eds.）*Comparative Socioecology; The Behavioural Ecology of Humans and Other Mammals.* Blackwell Scientific, Oxford, pp. 473–494.

加納隆至 1986.『最後の類人猿』，どうぶつ社．

西田利貞 1994.「森の中で始まった人類化」『動物たちの地球』，133: 24–27.

西田利貞 1994.「最古の人類の生活」『動物たちの地球』，133: 28–29.

[道具の起源]

西田利貞 1974.「道具の起源」『言語』，3(12)：1084–1092.

Oakley, K. 1958. *Man the Tool Maker*（*4th ed.*）, British Museum Natural History,

[心の理論と類人猿の野外観察]
グドール，J. 1992（杉山幸丸，松沢哲郎監修）『野生チンパンジーの世界』ミネルヴァ書房.
西田利貞 1989.「動物と心──欺瞞の行動学」，（村上陽一郎編）『心のありか』，東京大学出版会，pp. 101–123.
西田利貞 1994.『チンパンジーおもしろ観察記』紀伊国屋書店.
Nishida, T. 1998. Deceptive tactic by an adult male chimpanzee to snatch a dead infant from its mother. *Pan Africa News* 5: 13–15.

[意識の起源]
ハンフリー，N. K. 1993.（垂水雄二訳）『内なる目──意識の進化論』紀伊国屋書店.
デネット，D. 1997「言語と知」，『知のしくみ』（今井邦彦訳）（カルファ，J. 編），新曜社，pp. 235–261.

[美意識の発生]
Humphrey, N. K. 1973. The illusion of beauty. *Perception* 2: 429–439.
松沢哲郎 1991.『チンパンジー・マインド』岩波書店.
モリス，D. 1966.（小野嘉明訳）『美術の生物学』法政大学出版局.

[石器製作とヒトの脳の進化]
Schick, K. D. & N. Toth 1993. *Making Silent Stones Speak*. Simon & Schuster, N. Y.
Wynn, T. 1988. Tools and the evolution of human intelligence. In R. W. Byrne & A. Whiten (eds.), *Machiavellian Intelligence*. Oxford University Press, Oxford, pp. 271–284.
Wynn, T. & W. C. McGrew 1989. An ape's view of the Oldowan. *Man* 24: 383–398.

第11章　人類の進化

[チンパンジー属と人類の分岐]
宝来聡 1997.『DNA 人類進化論』岩波書店.
コパンス，Y. 1994.（諏訪元訳）「イーストサイド物語──人類の故郷を求めて」

Cambridge, pp. 303–321.
Nishida, T. 1983. Alpha status and agonistic alliance in wild chimpanzees. *Primates* 24: 318–336.
西田利貞 1986.「社会的知能の進化と“擬人主義”の世界観」『霊長類研究』2: 142.
西田利貞 1997.「知能進化の生態仮説と社会仮説」，（小林登編）『類人猿に見る人間』中山書店，pp. 35–62.
沢口俊之 1996.『脳と心の進化論』日本評論社.
Sawaguchi, T. & H. Kudo 1990. Neocortical development and social structure in primates. *Primates* 31: 283–290.

[サルが概念をもつことを示した実験]

Dasser, V. 1988. Mapping social concepts in monkeys. In RW Byrne & A Whiten (eds.), *Machiavellian Intelligence.* Oxford University Press, Oxford, pp. 85–93.
Dasser, V. 1988. A social concept in Java monkeys. *Anim Behav* 36: 225–230.

[野生ヴェルヴェットモンキーの認識世界]

Cheney, D. L. & R. M. Seyfarth 1990. *How Monkeys See the World.* University of Chicago Press, Chicago.

[鏡像認知による自己認識]

Gallup, G. G. 1970. Chimpanzee: self-recognition. *Science* 167: 86–87.
Gallup, G. G. & M. K. McClure 1971. Capacity for self-recognition in differentially reared chimpanzees. *Psychol Rec* 21: 69–74.

[心の理論]

Premack, D. & A. J. Premack 1983. *The Mind of an Ape.* WW Norton & Company, New York.
Premack, D. & G. Woodruff 1978. Dose the chimpanzee have a theory of mind? *Behav Brain* Sci 1: 515–526.
Tomasello, M. & J. Call 1997. *Primate Cognition.* Oxford University Press, N. Y.

[メンタル・マップ仮説]

Clutton-Brock, T. H. & P. H. Harvey 1977. Primates, brains and ecology. *J Zool* 190: 309–323.

Menzel, E. W. 1973. Chimpanzee spatial memory organization. *Science* 182: 943–945.

Menzel, E. W. 1973. Leadership and communication in young chimpanzees. E. W. Menzel (ed.) *Precultural Primate Behavior,* S. Karger, Basel, pp. 192–225.

[果実食仮説]

Clutton-Brock, T. H. & P. H. Harvey 1977. Primates, brains and ecology. *J Zool* 190: 309–323.

Milton, K. 1988. Foraging behaviour and the evolution of primate intelligence. R. W. Byrne & A. Whiten (eds.), *Machiavellian Intelligence.* Oxford University Press, Oxford, pp. 285–305.

[アカオザルとアカコロブスの分布密度]

Uehara, S. & H. Ihobe 1998. Distribution and abundance of diurnal mammals, especially monkeys, at Kasoje, Mahale Mountains, Tanzania. *Anthropol Sci* 106: 349–369.

[掘り出し採餌仮説]

Gibson, K. R. 1986. Cognition, brain size and the extraction of embedded food resources. In J. Else & P. G. Lee (eds) *Primate Ontogeny, Cognition and Social Behaviour.* Cambridge University Press, Cambridge, pp. 93–104.

[道具仮説]

Washburn, S. L. 1960. Tools and human evolution. *Sci Amer* 203: 3–15.

[知能進化の社会仮説]

バーン, R. 1998. (小山高正・伊藤紀子訳)『考えるサル』大月書店.

Dunbar, R. 1997. The social brain hypothesis. *Evol Anthrop* 6: 178–190.

Humphrey, N. K. 1976. The social function of intellect. In P. P. G. Bateson & R. A. Hinde (eds.), *Growing Points in Ethology.* Cambridge University Press,

apes. *Anim Behav* 39: 1224–1227.
Nishida, T. 1992. Left nipple suckling preference in wild chimpanzees. *Ethol Sociobiol* 14: 45–52.

[動物には話すべきことがない？]

Kroeber, A. L. 1928. Sub-human cultural beginnings. *Quart Rev Biol* 3: 325–342.

[野生ピグミーチンパンジーが使うシンボル？]

Savage-Rumbaugh, S., S. L. Williams, T. Furuichi & T. Kano 1996. Language perceived: Paniscus branches out. McGrew et al (eds.), *Great Ape Societies,* Cambridge University Press, Cambridge, pp. 173–184.

第10章　知能の進化

[知能の定義]

カルヴィン，W. 1997.（澤口俊之訳）『知性はいつ生まれたか』草思社.

[大脳が消費する熱量]

Schmidt-Nielsen, K. 1997. *Animal Physiology.* Fifth Edition. Cambridge University Press, Cambridge.

[知能進化の二つの仮説]

西田利貞 1997.「知能進化の生態仮説と社会仮説」，（小林登編）『類人猿に見る人間』中山書店，pp. 35–62.

[脳サイズの種間比較，大脳化指数]

Passingham, R. 1982. *The Human Primates.* WH Freeman & Company, Oxford.

[相対新皮質サイズ]

Dunbar, R. 1997. The social brain hypothesis. *Evol Anthrop* 6: 178–190.
Sawaguchi, T. & H. Kudo 1990. Neocortical development and social structure in primates. *Primates* 31: 283–290.

Savage-Rumbaugh & R. Lewin 1994. *Kanzi. The Ape at the Brink of the Human Mind.* Doubleday, London.

テラス，H. S. 1986.（中野尚彦訳）『ニム――手話で語るチンパンジー』思索社.

[チンパンジーの手の使用の一側優位性]

Boesch, C. 1991. Handedness in wild chimpanzees. *Int J Primatol* 12: 541–558.

McGrew, W. C. & L. F. Marchant 1999. Manual laterality in anvil use: Wild chimpanzees cracking Strychnos fruits. *Laterality* 4: 79–87.

Sugiyama, Y., T. Fushimi, O. Sakura & T. Matsuzawa 1993. Hand preference and tool use in wild chimanzees. *Primates* 34: 151–159.

[石器製作と右手利き]

Schick, K. D. & Toth, N. 1993. *Making Silent Stones Speak.* Simon & Schuster, New York.

[クレオールの発生]

ピンカー，S. 1994.（椋田直子訳）『言語を生みだす本能』日本放送出版協会.

[話し言葉の警戒音起源説]

Darwin, C. 1871. *The Descent of Man and Selection in Relation to Sex.* J. Murray, London.

[話し言葉の毛づくろい起源説]

Dunbar, R. 1996. *Grooming, Gossip, and the Evolution of Language.* Harvard University Press, Cambridge, Mass.

[話し言葉の身振り言語起源説]

Hewes, G. W. 1973. An explicit formulation of the relationship between tool-using, tool-making, and the emergence of language. *Visible Language* 7（2）: 101–127.

[類人猿の母親が赤ん坊を左腕で抱く傾向]

Manning, J. T. & A. T. Chamberlain 1990. The left-side cradling preference in great

小田亮 1999.『サルのことば──比較行動学からみた言語の進化』(生態学ライブラリー 2) 京都大学学術出版会.

Seyfarth, R. M. & D. L. Cheney 1980. The ontogeny of vervet monkey alarm calling behavior: a preliminary report. *Z Tierpshychol* 54: 37–56.

Struhsaker, T. T. 1967. Auditory communication among vervet mokeys. S. Altmann (ed), *Social Communication Among Primates.* University of Chicago Press, Chicago, pp. 281–324.

[霊長類の音声の文法的構造]

正高信男 1991.『ことばの誕生』紀伊国屋書店.

Mitani, J. C. & P. Marler 1989. A phonological analysis of male gibbon singing behavior. *Behaviour* 109: 20–45.

Robinson, J. 1984. Syntactic structures in the vocalization of wedge-capped capuchin monkeys. *Behaviour* 90: 46–79.

[音声言語と喉の構造]

Campbell, B. 1974. *Human Evolution: An Introduction to Man's Adaptations.* Aldine, Chicago.

ルーウィン, R. 1993. (保志宏, 楢崎修一郎訳)『人類の起源と進化』, テラペイア.

[言語の情動的な機能]

モリス, D. 1969. (日高敏隆訳)『裸のサル』河出書房新社.

[飼育チンパンジーの言語訓練]

ヘイズ, C. 1951. (林寿郎訳)『密林から来た養女』, 法政大学出版局.

Hayes, K. J. & C. Hayes 1954. The cultural capacity of chimpanzee. *Human Biol* 26: 289–330.

岡野恒也 1978.『チンパンジーの知能』ブレーン出版.

Premack, A. J. & D. Premack 1972. Teaching language to an ape. *Sci Amer* 227: 92–99.

サベージ＝ランボー, S. 1993. (加地永都子訳)『カンジ』NHK 出版.

Tomasello, M., A. C. Kruger & H. H. Ratner 1993. Cultural learning. *Behav Brain Sci* 16: 450–488.

[遺伝的適応と合わないヒトの奇妙な文化の例]

河合香吏 1994.「チャムスの民俗生殖理論と性」，(高畑由起夫編)『性の人類学』世界思想社，pp. 160–203.

第 9 章　言語の起源

[初期の霊長類の音声研究]

Itani, J. 1963. Vocal communication of the wild Japanese monkey. *Primates* 4: 11–66.

Marler, P. 1965. Communication in monkeys and apes. I. DeVore (ed.), *Primate Behavior*. Holt, Rinehart & Winston, N. Y. pp. 544–584.

Rowell, T. E. 1962. Agonistic noises of the rhesus monkey. *Symp Zool Soc Lond* 8: 91–96.

[ヒトの言葉と動物の伝達の相違]

Hockett, C. 1960. The origin of speech. *Sci Amer* 203: 89–96.

[霊長類における発声のコントロール]

ドゥ・ヴァール，F. 1983.(西田利貞訳)『政治をするサル』平凡社.

グドール，J. 1996.(河合雅雄訳)『森の隣人』朝日新聞社.

グドール，J. 1986.(杉山幸丸・松沢哲郎監訳)『野生チンパンジーの世界』ミネルヴァ書房.

Hauser, M. D. 1996. *The Evolution of Communication*. MIT Press, Cambridge, Mass.

[霊長類の音声の指示機能]

Cheney, D. & R. Seyfarth 1990. *How Monkeys See the World*. University of Chicago Press, Chicago.

Gouzoules, S., H. Gouzoules, P. Marler 1984. Rhesus monkey screams: Representational signalling in the recruitment of agonistic aid. *Anim Behav* 32: 182–193.

DeVore (ed.) *Primate Behavior. Holt,* Rinehart & Winston, New York, pp. 607–622.

[霊長類の社会的伝達，とくに模倣について]

Galef, B. 1988. Imitation in animals: History, definition and interpretation of data from the psychological laboratory. In T. R. Zentall & B. G. Galef (eds.) , *Social Learning: Psychological & Biological Perspectives.* Lawrence Erlbaum, Hillsdale N. J., pp. 3–28.

Hayes, K. J., C. Hayes 1954. The cultural capacity of chimpanzee. *Human Biol* 26: 288–303.

Meltzoff, A. N. 1988. The human infant as Homo imitans. T. R. Zentall, B. G. Galef Jr. (eds.) (op. cit.) pp. 319–341.

Mineka, S. & M. Cook 1988. Social learning and the acquisition of snake fear in monkeys. Zentall TR, Galef BG Jr (eds.) (op. cit.) pp. 51–75.

Visalberghi, E. & D. M. Fragaszy 1990. Do monkeys ape? In Parker S, Gibson (eds.), *"Language" and Intelligence in Monkeys and Apes.* Cambridge Press, Cambridge, pp. 247–273.

Whiten, A., R. Ham 1992. On the nature and evolution of imitation in the animal kingdom: Reappraisal of a century of research. *Advances in the Study of Behavior,* 21: pp. 239–283.

[テイチーングの定義]

Caro, T. M. & M. D. Hauser 1992. Is there teaching in non-human animals? *Quart Rev Biol* 67: 151–174.

Maestripieri, D. 1995. Maternal encouragement in nonhuman primates and the question of animal teaching. *Human Nature* 6: 361–378.

[ヒトの文化と動物の文化の違い]

Premack, D. 1984. Pedagogy and aesthetics as sources of culture. M. S. Gazzinga (ed.), *Handbook of Cognitive Neuro-science.* Plenum Press, N. Y. pp. 15–35.

Premack, D. & A. J. Premack 1994. Why animals have neither culture nor history. T. Ingold (ed.), *Companion's Encyclopedia of Anthropology,* Routledge, pp. 350–365.

松沢哲郎 1991.『チンパンジー・マインド』岩波書店.

Matsuzawa, T. & G. Yamakoshi 1996. Comparison of chimpanzee material culture between Bossou and Nimba, West Africa. In A. E. Russon, K. A. Bard & S. T. Parker (eds.) *Reaching into Thought,* Cambridge University Press, Cambridge, pp. 211–232.

Mitani, J. C., T. Hasegawa, J. Gros-Louis, P. Marler & R. W. Byrne 1992. Dialects in wild chimpanzees? *Am J Primatol* 27: 233–243.

NHK 取材班編 1995.『生命 40 億年はるかな旅 5』NHK 出版.

西田利貞 1981.『野生チンパンジー観察記』中央公論社.

西田利貞 1994.『チンパンジーおもしろ観察記』紀伊国屋書店.

Nishida T. 1994. Review of recent findings on Mahale chimpanzees. In R. W. Wrangham, W. C. McGrew, F. B. M. de Waal & P. G. Heltney (eds.) *Chimpanzee Cultures,* Harvard University Press, Cambridge, Mass., pp. 373–396.

Nishida, T., T. Kano, J. Goodall, W. C. McGrew & M. Nakamura 1999. Ethogram and ethnography of Mahale chimpanzees. *Anthropol Sci.*

杉山幸丸 1981.『野生チンパンジーの社会』小学館.

Sugiyama, Y. 1997. Social tradition and the use of tool-composites by wild chimpanzees. *Evol Anthropol* 6: 23–27.

Suzuki, S., S. Kuroda & T. Nishihara 1995. Tool-set for termite fishing by chimpanzees in the Ndoki Forest, Congo. *Behaviour* 132: 219–235.

外岡利佳子 1997.「チンパンジーによる葉を用いた水飲み」『現代のエスプリ』第 359 号, 85–94 頁.

[野生オランウータンの道具使用]

van Schaik C. P., E. A. Fox 1996. Manufacture and use of tools in wild Sumatran orangutans. *Naturwiss* 83: 186–188.

[霊長類一般の文化]

McGrew, W. C. 1998. Culture in nonhuman primates. *Annu Rev Anthropol* 27: 301–328.

Nishida, T. 1987. Local traditions and cultural transmission. In Smuts et al, (op. cit.) pp. 462–474.

Washburn, S. L., D. A. Hamburg 1965. The implications of primate research. I.

Tomasello, M. & J. Call. 1997. *Primate Cognition.* Oxford University Press, Oxford.
Tylor, E. B. 1881. *Anthropology: An Introduction into the Study of Man and Civilization.* D. Appleton, London.

[遺伝情報とと文化情報の関係]

ボナー，J. T. 1980.（八杉貞雄訳）『動物における文化の進化』岩波書店.
クマー，H. 1972.（水原洋城訳）『霊長類の社会』社会思想社.

[文化情報の伝達のチャネル]

Nishida, T. 1987. Local traditions and cultural transmission. In B. B. Smuts, D. L. Cheney, R. M. Seyfarth, R. W. Wrangham & T. T. Struhsaker（eds.）*Primate Societies,* University of Chicago Press, Chicago, pp. 462–474.

[ニホンザルの文化]

河合雅雄 1967.『ニホンザルの生態』河出書房.
Kawai M., K. Watanabe & A. Mori. 1992. Pre-cultural behaviors observed in free-ranging Japanese monkeys on Koshima Islet over the past 25 years. *Prim Rep* 32: 143–153.
川村俊蔵・伊谷純一郎編 1965.『サル・社会学的研究』中央公論社.
田中伊知郎 1999.『「知恵」はどう伝わるか——ニホンザルの親から子へ渡るもの』（生態学ライブラリー 6）京都大学学術出版会.
Tanaka, I. 1998. Social diffusion of modified louse egg-handling techniques during grooming in free-ranging Japanese macaques. *Anim Behav* 56: 1229–1236.
Watanabe, K. 1994. Precultural behavior of Japanese macaques: longitudinal studies of the Koshima troops. In R. A. Gardner, A. B. Chiarelli, B. T. Gardner & F. X. Plooij（eds.）, *The Ethological Roots of Culture,* Kluwer Academic Publishers, pp. 81–94.

[チンパンジーの文化]

Boesch, C. & H. Boesch 1999. The Chimpanzees of the Tai Forest. Cambridge University Press, Cambridge.
マックグルー，W. C. 1992.（足立薫・鈴木滋訳）『文化の起源』中山書店.

Nishida, T., M. Hiraiwa-Hasegawa 1985. Responses to a stranger mother-son pair in the wild chimpanzees: A case report. *Primates* 26: 1–13.

Nishida T., K. Hosaka, M. Nakamura & M. Hamai 1995. A within-group gang attack on a young adult male chimpanzee: Ostracism of an ill-mannered member. *Primates* 36: 207–211.

[ヒトの攻撃行動の特徴，ジェノサイド]

Daly, M. & M. Wilson 1988. *Homicide.* Aldine, N. Y.

Diamond, J. 1992. *The Third Chimpanzee.* Harper Collins, N. Y.

Diamond, J. 1997. *Guns, Germs and Steel.* WW Norton & Company, N. Y.

日本聖書協会 1960.『旧約聖書』1955 年改訳.

[戦争は高い人口密度と相関する]

Ember, M. 1982. Statistical evidence for an ecological explanation of warfare. *Am Anthrop* 84: 645–649.

第 8 章　文化の起源

[学習の定義]

ハリデイ，T. R., P. J. B. スレイター（編）1998.（浅野俊夫，長谷川芳典，藤田和生訳）『動物コミュニケーション』西村書店.

Lorenz, K. 1965. *Evolution and Modification of Behavior.* University of Chicago Press, Chicago.

ティンバーゲン，N. 1975.（永野為武訳）『本能の研究』三共出版.

[文化の定義]

Boesch, C. & M, Tomasello 1998. Chimpanzee and human cultures. *Curr Anthropol* 39: 591–614.

今西錦司 1952.「人間性の進化」，（今西錦司編）『人間』毎日新聞社，pp. 36–94.

Kroeber, A. L., C. Kluckhohn 1952. *Culture: a critical review of concepts and definitions.* Phil Trans Roy Soc Lond, Series B, 308: 203–214.

Goldfoot, D. A., H. Westerborg-van Loon, W. Groenveld & A. K. Slob 1980. Behavioral and physiological evidence of sexual climax in the female stump-tailed macaque (*Macaca arctoides*). *Science* 208: 1477-1479.

Hand, J. L. 1986. Resolution of social conflicts: Dominance, egalitarianism, spheres of dominance, and game theory. *Q Rev Biol* 61: 201-220.

伊谷純一郎 1986.「人間平等起源論」,『自然社会の人類学』(伊谷純一郎・田中二郎編) アカデミア出版会, pp. 349-389.

加納隆至 1986.『最後の類人猿』どうぶつ社.

[自然社会における暴力と戦争]

Chagnon, N. A. 1992. *Yanomamo.* Harcourt Brace Jovanovich, San Diego.

Daly M. & M. Wilson 1988. *Homicide.* Aldine, N. Y.

アイブルーアイベスフェルト, E. 1975. (三島・鈴木訳)『戦争と平和』思索社.

Lee, R. B. 1979. *The! Kung San.* Cambridge University Press, Cambridge.

[チンパンジーの集団間の争い]

グドール, J. 1986. (杉山幸丸・松沢哲郎監訳)『野生チンパンジーの世界』ミネルヴァ書房.

川中健二・西田利貞 1977.「マハレ山塊のチンパンジー (2) 集団間関係」,『チンパンジー記』(伊谷純一郎編) 講談社, pp. 639-694.

西田利貞 1973.『精霊の子どもたち』筑摩書房.

Nishida, T., M. Hiraiwa-Hasegawa, T. Hasegawa, Y. Takahata 1985. Group extinction and female transfer in wild chimpanzees in the Mahale National Park, Tanzania. *Z Tierpsychol* 67: 284-301.

Wrangham, R. W. & D. Peterson 1996. *Demonic Males.* Houghton Mifflin, Boston.

[チンパンジーのよそ者嫌い, リンチと村八分]

Nishida, T. 1994. Review of recent findings on Mahale chimpanzees: Implications and future research directions. R. Wrangham, W. C. McGrew, F. B. M. de Waal, P. Heltne (eds.) *Chimpanzee Cultures,* Harvard University Press, Cambridge, Mass, pp. 373-396.

モリス, D. 1967.（日高敏隆訳）『裸のサル』河出書房.

高畑由起夫 1994.「失われた発情，途切れることのない性，そして隠された排卵」，（高畑由起夫編）『性の人類学』世界思想社，pp. 142–159.

第7章　攻　撃

[闘争の論理]

アイブルーアイベスフェルト， E. 1975.（三島憲一・鈴木直訳）『戦争と平和』思索社.

Maynard Smith, J. 1982. *Evolution and the Theory of Games.* Cambridge University Press, Cambridge.

Yerkes, R. M. 1943. *Chimpanzees: A Laboratory Colony.* Yale University Press, New Haven.

[支持戦略と介入行動のパターン]

ドゥ・ヴァール，F. 1982.（西田利貞訳）『政治をするサル』平凡社.

西田利貞 1981.『野生チンパンジー観察記』中央公論社.

Nishida T. & K. Hosaka 1996. Coalition strategies among adult male chimpanzees of the Mahale Mountains, Tanzania. In W. C. McGrew, L. F. Marchant & T. Nishida (eds.) *Great Ape Societies,* Cambridge University Press, Cambridge, pp. 114–134.

Uehara S, M. Hiraiwa-Hasegawa, K. Hosaka & M. Hamai 1993. The fate of defeated alpha male chimpanzees in relation to their social networks. *Primates* 35: 49–55.

Watanabe, K. 1979. Alliance formation in a free-ranging troop of Japanese macaques. *Primates* 20. 459–474.

[葛藤解決と和解]

ドゥ・ヴァール，F. 1989.（西田利貞・榎本知郎訳）『仲直り戦術』どうぶつ社.

ドゥ・ヴァール，F. 1998.（西田利貞・藤井留美訳）『利己的なサル・他人を思いやるサル』草思社.

Press, London, pp. 384–413.
Strum, S. C. 1981. Processes and products of change: Baboon predatory behavior at Gilgil, Kenya. R. S. O. Harding & G. Teleki (eds.) *Omnivorous Primates,* Columbia University Press, N. Y., pp. 255–302.
上原重男 1991.「性的分業の起源」,（西田利貞・伊沢紘生・加納隆至編）『サルの文化誌』平凡社, pp. 389–400.
上原重男 1999.「行動の性差」,（西田利貞・上原重男編）『霊長類学を学ぶ人のために』世界思想社, pp. 93–113.
Wase, P. 1977. Feeding, ranging and group size in the mangabey Cercocebus albigena. Clutton-Brock (ed.), *Primate Ecology.* Academic Press, London, pp. 183–222.
ウイックラー , W., ザイプト, U. 1983.『男と女—性の進化史』産業図書.

[チンパンジーの生計活動の性差]

Boesch, C. & H. Boesch 1981. Sex differences in the use of natural hammers by wild chimpanzees: a preliminary report. *J Human Evol* 10: 585–593.
McGrew, W. C. 1979. Evolutionary implications of sex differences in chimpanzee predation and tool use. In D. Hamburg, E. R. McCown (eds.) *The Great Apes.* Benjamin/Cummings, Menlo Park, pp. 440–463.
Uehara, S. 1986. Sex and group differences in feeding on animals by wild chimpanzees in the Mahale Mountains National Park, Tanzania. *Primates* 27: 1–13.

[コミュニテイの形成]

今西錦司 1961.「人間家族の起源」『民族学研究』25: 119–138.
山極寿一 1993.『家族の起源』東京大学出版会.
榎本知郎 1998.『性・愛・結婚』丸善.

[排卵の隠蔽]

Benshoof, L. & R. Thornhill 1979. The evolution of monogamy and concealed ovulation in humans. *J Soc Biol Struct* 2: 95–106.
榎本知郎 1998.『性・愛・結婚』丸善.
Friedl, E. 1994. Sex the invisible. *Amer Anthrop* 96: 833–844.

[自然社会における労働分業]
Lee, R. B. 1968. What hunters do for a living, or, how to make out on scarce resources. In R. B. Lee & I. DeVore（eds.）*Man the Hunter,* Aldine, Chicago, pp. 30–48.
Lee, R. B. 1979. *The! Kung San.* Cambridge University Press, Cambridge.
メガース，B. J. 1971.（大貫良夫訳）『アマゾニア』社会思想社.
Meggitt, M. J. 1965. *Desert People.* University of Chicago Press, Chicago.
田中二郎 1981.『砂漠の狩人』中央公論社.
Woodburn, J. 1968. An introduction to Hadza ecology. R. B. Lee & I. DeVore (eds.) *Man the Hunter,* Aldine, Chicago, pp. 49–55.

[性的分業の一般的パターン]
Murdock, G. P. 1937. Comparative data on the division of labor by sex. *Social Forces* 15: 551–553.

[アウストラロピテクスの発育パターン]
Holly Smith, B. 1991. Dental development and the evolution of life history in Hominidae. *Am J Phys Anthrop* 86: 157–174.
Holly Smith, B. 1992. Life history and the evolution of human maturation. *Evol Anthrop* 1: 134–142.

[ヒトの二次的就巣性]
ポルトマン，A. 1961.（高木正孝訳）『人間はどこまで動物か』岩波書店.

[霊長類の生計活動の性差と性的分業の起源]
Chivers, D. J. 1977. The feeding behaviour of Siamang. T. H. Clutton-Brock（ed.）*Primate Ecology.* Academic Press, London, pp. 355–382.
Fossey, D. & A. H. Harcourt 1977. Feeding ecology of free-ranging mountain gorilla. Clutton-Brock (ed.), *Primate Ecology.* Academic Press, London, pp. 415–447.
Rodman, P. S. 1977. Feeding behaviour of orang-utans of the Kutai Nature Reserve, East Kalimantan. Clutton-Brock (ed.), *Primate Ecology.* Academic

Fox, J. R. 1962. Sibling incest. *British J Sociol* 13: 128–150.
フロイト，S. 1953.（土井正徳訳）「トーテムとタブー」『フロイド選集 6　文化論』日本教文社.
Kortmulder, K. 1968. An ethological theory of the incest taboo and exogamy. *Curr Anthrop* 9: 437–449.
Levi-Strauss, C. 1956. The Family. Shapiro, H. L.（ed.）*Man, Culture, and Society.* Oxford University Press, N. Y. pp. 261–285.
Slater, M. K. 1959. Ecological factors in the origin of incest. *Amer Anthrop* 61: 1042–1059.
Westermarck, E. 1922. *The History of Human Marriage.* Allerton, New York.

[イスラエルのキブツ第二世代の結婚動向]
Spiro, M. 1958. *Children of the Kibbutz.* Harvard University Press, Cambridge, Mass.
Talmon, Y. 1964. Mate selection in collective settlements. *Am Sociol Rev* 29: 491–508.

[台湾の幼児婚制度について]
Wolf, A. P. 1966. Childhood association, sexual attraction, and the incest taboo: A Chinese case. *Amer Anthrop* 68: 883–898.
Wolf, A. P. 1970. Childhood association and sexual attraction: A further test of the Westermarck hypothesis. *Amer Anthrop* 72: 503–515.

[米国の兄妹間のインセスト例]
Weinberg, K. 1963. *Incest Behavior.* Citadel Press, N. Y.

[異なる文化間での兄妹近親相姦の頻度の相違]
Fox, J. R. 1962. Sibling incest. *British J. Sociol.* 13: 128–150.

[近親相姦は繁殖上不利]
Adams, M. S. & J. V. Neel 1967. Children of incest. *Pediatrics* 40: 55–62.
Shepher, J. 1983. *Incest: A Biosocial View.* Academic Press, N. Y.

[残された課題]

Seyfarth, R. M. & D. L. Cheney 1988. Empirical tests of reciprocity theory: problems in assessment. *Ethol Sociobiol* 9: 181–187.

第6章　家族の起源

[家族起源論]

今西錦司 1961.「人間家族の起源」,『民族学研究』25: 119–138.

山極寿一 1993.『家族の起源』東京大学出版会.

[ヒト以外の動物におけるインセスト回避]

Bateson, P. 1978. Sexual imprinting and optimal outbreeding. *Nature* 273: 659–660.

グドール, J. 1989.（杉山幸丸，松沢哲郎監訳）『野生チンパンジーの世界』, ミネルヴァ書房.

Kortmulder, K. 1968. An ethological theory of the incest taboo and exogamy. *Curr Anthrop* 9: 437–449.

西田利貞 1994.『チンパンジーおもしろ観察記』紀伊国屋書店.

西邨顕達 1991.「南米の父系社会」,（西田利貞・伊沢紘生・加納隆至編）『サルの文化誌』平凡社，pp. 85–108.

Pusey, A 1980. Inbreeding avoidance in chimpanzees. *Anim Behav* 28: 543–552.

Sade, D. 1972. A longitudinal study of social behavior of rhesus monkeys. Tuttle, R.（ed.）*The Functional and Evolutionary Biology of Primates,* Aldine, Chicago, pp. 378–398.

徳田喜三郎 1957.「動物園のサル」,（今西錦司編）『日本動物記 4』 光文社, pp. 167–268.

Takahata, Y. 1982. The socio-sexual behavior of Japanese monkeys. *Z Tierpsychol* 59: 89–108.

Tutin, C. E. G. 1979. Mating patterns and reproductive strategies in a community of wild chimpanzees. *Behav Ecol Sociobiol* 6: 29–38.

[インセスト・タブーの起源を説明する仮説]

Brown, D. E. 1991. *Human Universals.* McGraw-Hill Inc., New York.

西田利貞 1994.『チンパンジーおもしろ観察記』紀伊国屋書店.
Noe, R. 1990. Coalition formation among male baboons. Ph. D dissertation Rijks-universiteit, Utrecht.

[チンパンジーの狩猟と肉の分配]

Boesch, C. 1995. Cooperative hunting in wild chimpanzees. *Anim Behav* 48: 653－667.
Nishida T, T. Hasegawa, H. Hayaki, Y. Takahata & Uehara S. 1992. Meat-sharing as a coalition strategy of an alpha male chimpanzee. In Nishida T, McGrew, W. C., P. Marler, M. Pickford & F. B. M. de Waal（eds.）*Topics in Primatology*. Vol. 1, University of Tokyo Press, pp. 159–174.

[ヒトの互酬的利他行動と互酬性]

安渓遊地 1991.「再訪・ソンゴーラの物々交換市」,（田中二郎・掛谷誠編）『ヒトの自然誌』平凡社, pp. 377–396.
モース , M. 1925.（有地亨訳）『贈与論』有斐閣.
小川了 1991.「牧畜民―フルベ社会」,（米山俊直・谷泰編）『文化人類学を学ぶ人のために』世界思想社, pp. 83–95.
佐藤俊 1992.『レンディーレ』弘文堂.
末原達郎 1991.「農耕民（1）テンボ社会」,『文化人類学を学ぶ人のために』（米山俊直・谷泰編）世界思想社, pp. 96–109.
寺嶋秀明 1996.『共生の森』東京大学出版会.

[集団リンチ]

Goodall, J. 1992. Unusual violence in overthrow of an alpha male chimpanzee at Gombe. Nishida et al.（eds.）*Topics in Primtelogy*. Vol. 1, University of Tokyo Press. pp. 131–142.
Nishida T., K. Hosaka, M. Nakamura & M. Hamai 1995. A within-group gang attack on a young adult male chimpanzee: Ostracism of an ill-mannered member. *Primates* 36: 207–211.

247–306.
van Hooff, J. A. R. A. M. & C. P. van Schaik 1994. Male bonds: Affiliative relationships among nonhuman primate males. *Behaviour* 130: 309–337.

[血縁の近さと互酬性の関係]

Sahlins, M. D. 1968. *Tribesmen*. Prentice-Hall, Inc., Englewood Cliffs, N. J.

[ニホンザルの闘争支援戦略]

Watanabe, K. 1979. Alliance formation in a free-ranging troop of Japanese macaques. *Primates* 20: 459–474.

第 5 章　互酬性の起源

[互酬性の進化理論]

アクセルロド，R. 1987.（松田裕之訳）『つきあい方の科学』HBJ 出版局.
トリヴァース，R. 1991.（中嶋康裕・福井康雄・原田泰志訳）『生物の社会進化』産業図書.

[霊長類における互酬的援助行動]

室山泰之 1992.「毛づくろい」（正高信男編）『ニホンザルの心を探る』朝日新聞社， pp. 67–100.
室山泰之 1998.「霊長類における互恵的利他行動」，『霊長類研究』14: 165–178.
西田利貞 1992.「霊長類における援助行動の進化」，（柴谷篤弘・長野敬・養老孟司編）『（講座進化第 7 巻）生態』東京大学出版会，pp. 247–306.
Takahata, Y. 1982. Social relations between adult males and females of Japanese monkeys in the Arashiyama B Troop. *Primates* 23: 1–23.

[霊長類における闘争の援助]

ドゥ・ヴァール，F. B. M. 1982.（西田利貞訳）『政治をするサル』平凡社.
Harcourt, A. H. & F. B. M. de Waal 1992. *Coalitions and Alliances in Humans and Other Animals*. Oxford University Press, Oxford.
河合雅雄 1984.『人類進化のかくれ里—ゲラダヒヒの社会』平凡社.

第4章　社会の起源

[霊長類集団の多様性]

伊沢紘生 1985.『アマゾン動物記』どうぶつ社.

マクドナルド，D.（編）1986.（伊谷純一郎監修）『動物大百科 3　霊長類』平凡社

西田利貞・伊沢紘生・加納隆至（編）1991.『サルの文化誌』平凡社.

Smuts, B. B., D. L. Cheney, R. Seyfarth, R. W. Wrangham & T. T. Struhsaker (eds.) 1987. *Primate Societies*. University of Chicago Press, Chicago.

杉山幸丸（編）1996.『サルの百科』データハウス.

[社会の起源]

Hamilton, W. D. 1971. Geometry for the selfish herd. *J Theor Biol* 31: 295–311.

中川尚史 1999.「食は社会をつくる」，西田利貞・上原重男（編）『霊長類学を学ぶ人のために』世界思想社，pp. 50–92.

Terborgh, J. & C. H. Janson. 1986. The socioecology of primate groups. *Ann Rev Elol Syst* 17: 111–135.

van Schaik, C. P. 1983. Why are diurnal primates living in groups. *Behaviour* 87: 120–144.

van Schaik, C. P. & J. A. R. A. M. van Hooff 1983. On the ultimate causes of primate social systems. *Behaviour* 95: 91–117.

Wrangham, R. W. 1979. On the evolution of ape social systems. *Soc Sci Inf* 18: 335–268.

Wrangham, R. W. 1980. An ecological model of female-bonded primate groups. *Behaviour* 75: 262–300.

[ネポチズム]

グドール，J. 1986.（杉山幸丸・松沢哲郎監訳）『野生チンパンジーの世界』ミネルヴァ書房.

加納隆至 1986.『最後の類人猿』どうぶつ社.

西田利貞 1992.「霊長類における援助行動の進化」，（柴谷篤弘・長野敬・養老孟司編）『（講座進化第 7 巻）生態学からみた進化』東京大学出版会，pp.

[人間の行動も取りあげた社会生物学の教科書]

Alcock, J. 1979. *Animal Behavior.* Sinauer Associates, Sunderland, Mass.

Barash, D. 1977. *Sociobiology and Behavior.* Heinemann, London.

Daly, M. & M, Wilson 1978. *Sex, Evolution and Behavior.* Willard Grant Press, Boston.

トリヴァース，R. 1991.（中嶋康祐・福井康雄・原田泰志訳）『生物の社会進化』産業図書.

[社会制度や慣習は繁殖成功と関係している]

アレグザンダー，R. D. 1988.（山根正気・牧野俊一訳）『ダーウィニズムと人間の諸問題』思索社.

Barkow, J. H., L. Cosmides & J. Tooby（eds.）1992. *The Adapted Mind.* Oxford University Press, Oxford.

Chagnon, N. & W. Irons（eds.）1979. *Evolutionary Biology and Human Social Behavior.* Duxbury Press, North Scituate.

Daly, M. & M. Wilson 1988. *Homicide.* Aldine, N. Y.

ウイルソン，E. O. 1980.（岸由二訳）『人間の本性について』思索社.

ライト，R. 1995.（小川敏子訳）『モラル・アニマル』講談社.

[殺人の社会生物学]

Daly, M. & M. Wilson 1988. *Homicide.* Aldine, N. Y.

[専制君主の繁殖成功]

Betzig, L. L. 1986. *Despotism and Differential Reproduction.* Aldine, N. Y.

[社会生物学的な視点による民族誌]

Bailey, R. C. 1991. *The Behavioral Ecology of Efe Pygmy Men in the Ituri Forest, Zaire.* Anthropological Papers, University of Michigan No. 86.

Chagnon, N. A. 1992. *Yanomamo: The Last Days of Eden.* Harcourt Brace Jovanovich, N. Y.

西田正規 1986.『定住革命』新曜社.
大塚柳太郎 1996.『トーテムのすむ森』東京大学出版会.
菅原和孝 1993.『身体の人類学』河出書房新社.
田中二郎 1971.『ブッシュマン』思索社.

[分子系統学]
宝来聡 1997.『人類分子系統学』岩波書店.
尾本恵市 1998.『ヒトはいかにして生まれたか』岩波書店.
斉藤成也 1997.『遺伝子は 35 億年の夢を見る』大和書房.

[社会生物学]
Chagnon, N. 1992. *Yanomamo: The Last Days of Eden.* Harcourt Brace Jovanovich, N. Y.
ドーキンス，R. 1991.（日高敏隆他訳）『利己的な遺伝子』紀伊国屋書店.
Kaplan, H. & K. Hill 1985. Food sharing among Ache foragers: Tests of explanatory hypotheses. *Curr Anthrop* 26: 223-245.

[教科書，あるいは多分野の総合]
片山一道・五百部裕・中橋孝博・斉藤成也・土肥直美 1996.『人間史をたどる・自然人類学入門』朝倉書店.
木村賛 1990.『サルとヒトと』サイエンス社.
香原志勢 1994.『木のぼりの人類学』リヨン社.
ルーイン，R. 1989.（保志宏・楢崎修一郎訳）『人類の起源と進化』テラペイア.
Washburn, S. L.（ed.）1961. *Social Life of Early Man.* Wenner-Gren Foundation.

第 3 章　社会生物学から見た人類

[ヒューマン・ユニヴァーサル]
Brown, D. E. 1991. *Human Universals.* McGraw-Hill, New York.

ジョハンソン，D. G. 1986.（渡辺毅訳）『ルーシー・謎の女性と人類の進化』どうぶつ社.

[文化人類学]

ボック，P. K. 1977.（江渕一公訳）『現代文化人類学入門』講談社.

Brown, D. E. 1991. *Human Universals.* McGraw-Hill, Inc. N. Y.

Hoebel, E. A. 1958. *Man in the Primitive World.* Second Edition, McGraw-Hill, N. Y.

Kroeber, A. L. 1928. Sub-human culture beginnings. *Quart Rev Biol* 3: 325–342.

Murdock, G. P. 1945. The common denominator of cultures. Linton, R.（ed.）, *The Science of Man in the World Crisis,* Columbia University Press, N. Y., pp. 123–142.

Wissler, C. 1923. *Man and Culture.* Crowell Company, N. Y.

[心理生物学的研究]

藤田和生 1998.『比較認知科学への招待』ナカニシヤ書店.

Yerkes, R. M. 1943. *Chimpanzees: A Laboratory Colony.* Yale University Press, New Haven.

[霊長類の野外研究]

今西錦司 1975.『今西錦司全集』講談社.

伊谷純一郎 1958.『高崎山のサル』光文社.

河合雅雄 1997.『河合雅雄著作集』小学館.

西田利貞・上原重男（編）1999.『霊長類学を学ぶ人のために』世界思想社.

[生態人類学]

秋道智弥・市川光雄・大塚柳太郎（編）1995.『生態人類学を学ぶ人のために』世界思想社.

伊谷純一郎・田中二郎（編）1986.『自然社会の人類学』アカデミア出版会.

市川光雄 1982.『森の狩猟民』人文書院.

煎本孝 1996.『文化の自然誌』東京大学出版会.

Kuchikura, Y. 1987. Subsistence Ecology among Semaq Beri Hunter-gatherers of Peninsular Malaysia. *Hokkaido Behavioral Science Report Series E,* No. 1.

Lee, R. B. & I. DeVore,（ed.）1968. *Man the Hunter.* Aldine, Chicago.

[共生系としての人体]
斉藤成也 1997.『遺伝子は 35 億年の夢を見る』大和書房.

[つわりの適応的意義]
ウイリアムズ，G. 1998.（長谷川真理子訳）『生物はなぜ進化するのか』草思社.

[男女の行動の性差]
Mitchell, G. 1979. *Behavioral Sex Differences in Nonhuman Primates.* Van Nostrand Reinhold, N. Y.
ミッチェル，G. 1983.（鎮目恭夫訳）『男と女の性差──サルと人間の比較』紀伊国屋書店.
モンタギュ，A. 1975.（中山善之訳）『女はすぐれている』平凡社.
Russel, M. J. 1976. Human olfactory communication. *Nature* 260: 520–522.
van der Dennen, J. M. G.(ed) 1992. *The Nature of the Sexes.* Origin Press, Groningen.
ヴィックラー，W., ザイプト , W. 1986.（福井康雄・中嶋康裕訳）『男と女──性の進化史』産業図書.

[性差を生みだすメカニズム]
新井康允 1994.『ここまでわかった！　女の脳・男の脳』講談社.

第 2 章　人間性の研究の方法

[進化論，古人類学，形態学]
ダート，R. 1995.（山口敏訳）『ミッシング・リンクの謎』みすず書房.
Darwin, C. R. 1981. *The Descent of Man and Selection in Relation to Sex.* Princeton Press, Princeton.
江原昭善 1987.『人類，ホモ・サピエンスへの道（改訂版）』日本放送出版協会.
江原昭善 1998.『人間はなぜ人間か』雄山閣.
ハクスリー，T. 1949.（八杉龍一，小野寺好之訳）『自然に於ける人間の位置』 日本評論社.

参考文献

ここには，引用文献だけでなく，本章で紹介した分野の教科書や参考文献もあげる．なお，各章で引用文献として出てくるものは，必ずしもここに挙げていない．

第1章　現代人は狩猟採集民

[文明病]

Hamburg, D. A. 1961. The relevance of recent evolutionary changes to human stress biology. In S. L. Washburn (ed.), *Social Life of Early Man,* Viking Fund Publication of Anthropology, pp. 278–288.

Harris, M. 1989. *Our Kind.* Harper Perennial, N. Y.

藤田紘一郎 1994.『笑うカイチュウ』講談社.

市野義夫 1992.『産業医が診たビジネス社会』日本電気文化センター.

[狩猟採集民の保健]

Draper, H. H. 1977. The aboriginal Eskimo diet in modern perspective. *Am Anthrop* 79: 309–316.

Lee, R. B. 1979. *The !Kung San.* Cambridge Press, Cambridge.

Schaeffer, O. 1971. When the Eskimo comes to town. *Nutrition Today* Nov/Dec, pp. 8–16.

Truswell, A. S. & J. D. L. Hansen 1968. Medical and nutritional studies of !Kung Bushmen in north-west Botswana: A preliminary report. *S. A. Medical J* 42: 1338–1339.

Truswell, A. S., B. M. Kennelly, J. D. L. Hansen & R. B. Lee 1972. Blood pressures of !Kung Bushmen in Northern Botswana. *Am Heart J* 84: 5–12.

リーフ・クリップ　186, 187 →葉の噛みちぎり誇示
利益　56, 63-67, 71-73, 83, 86, 87, 89-91, 94, 98, 102, 142, 144, 200, 252, 275, 290, 298 →ベネフィット
リキリンバ　99
離合集散性　135, 282
利己的行動　83, 89, 91, 94
離婚　43, 47, 114, 118
理想主義的政治形態　76
利他行動　72, 73, 85-87, 90, 233, 234
利他的な遺伝傾向　50
リップスマック　148
離乳　109, 124, 279, 293
　──期　109, 269
　──食　284
両性集団　61 →集団
料理　119, 283-285, 299
大型類人猿とヒトとの共通祖先　136
大型類人猿の分岐　282
霊長類学　32, 33, 35, 205, 234
　──的アプローチ　31, 106
霊長類行動生態学　36
霊長類社会学　102
レイプ　110
劣位　149, 150, 154 →優位
　──者／──個体　141, 148, 149, 214, 218
　──者応援主義　142, 144 →応援
レパド・アラーム　216, 221 →警戒音
連合　91, 92, 101, 118, 123, 142, 145, 149, 168, 240, 252
連続型音声　211 →音声
レンディーレ　100
労働
　──交換制度　99
　──の性的分業　106, 107, 119, 127, 282 →性的分業
　──奉仕　98
　──の遅延的交換　99 →遅滞的交換
ローカル・エンハンスメント　193 →刺激強調
論理的な思考能力　269
ワイワイ　121
和解／和解行動　143, 147-152, 270
　暗黙の──　147, 151
　形式的な──　151
　対面的な──　151
　非対面的な──　151
　明示的な──　151
若者期の不妊　12, 108
若者期の分散　108
別れること　151 →葛藤解決法
「われわれグループ」と「かれらグループ」の峻別　156
ンブティ　153 →ピグミー

掘棒　177, 276, 278, 285

[マ行]
マーンギン　158
マウンティング　21, 148, 149
間引き　53
マングローブ林　297
見合い婚　114
未解決関係　146
未開社会　9, 25, 50, 54
味覚　4, 15
右手利き　282
右半球　20 →大脳
未経産の雌　89
未婚の母親　55 →母親
見張り行動　83
身振り　7, 27, 29, 148, 184, 187, 196–198, 201, 202, 225, 228, 229, 232, 252, 257, 269
身振り言語起源説　229 →言語の起源
ミルク　2
民主的（集団）　87
民族　157
—学　35, 50, 106
—分類学　257
無介入　142 →闘争への介入
無尽　99, 100 →講，互酬性の発展
ムステリアン文化　247
村八分　96, 101
明示的な和解　151 →和解
雌の非結合性　282
メンタルマップ　239, 244, 245 →認識地図
メンタルマップ仮説　244 →生態仮説，脳の進化
面子　151
目的模倣（ゴール・エミュレーション）　192–195 →模倣
モザイク植生　267
木器　271
モデル　18, 19, 106, 189, 200, 215, 268, 269, 282
物乞い行動　197
模倣　24, 189–194, 198–200, 209
第三者—　196, 197
第二者—　196, 197
遅滞—　199
目的—（ゴール・エミュレーション）　192–195
—能力　190, 198, 199, 203, 239
真の—　194–196

[ヤ行]
ヤーキッシュ　27, 28
野外研究　5, 28, 29, 31, 135, 228
焼畑農耕　291
焼畑農耕民　55, 153, 159, 160, 291, 294
夜行性　63, 77, 179, 182
八つ当り　81
ヤノマモインディアン　34
結い　99
優位　66, 140, 141, 143, 147, 149, 154, 215, 233, 246, 274
—雄　214
—個体　214, 218
—者　141, 148–150
—者応援　142
—者応援主義　142, 144
有害遺伝子のホモ結合　117 →インセスト回避
融通性　39, 203, 213, 237, 256
有節言語　229, 233, 234
—の起源　230
優先権　140, 141, 146, 252
遊牧民　57, 100, 159, 288
優劣関係　269
宥和行動　141
ユダヤ　116, 117, 157, 160
楊枝　178, 179
養子取り　50–53, 78, 90
幼時の接触　116
抑圧　111
ヨムート・トルクメン　47

[ラ行・ワ行・ン]
ライバル　55, 82, 94, 95, 97, 141, 145, 147, 149, 252
リーダー　231

父性　124 →パターニティ
　―の確からしさ　77
部族　56, 120, 122, 157
双子　54, 55, 77, 124
ブッシュマン　5, 11, 31, 269 →サン
物々交換　99
不妊　47
負の互酬性　75, 97 →互酬性
不倫　204
フルベ社会　98
プレーバック　216, 217, 252
　―実験　218
ブレスト・フィーディング　10 →授乳
プレゼンティング　21, 141, 148
不連続型音声　211 →音声
フレンドシップ　92
プロパゲーション　172 →普及
文化（定義）　169, 170
文化　25-27, 29, 39, 51, 118, 163, 164, 169, 170, 172, 174, 175, 177, 179-181, 184, 186, 188, 189, 194, 196, 198, 201-206, 228, 239, 247, 272, 294, 302, 306, 311
　―化（エンカルチュレーション）　172, 184
　―情報伝達のチャネル　172
　―進化　203
　―人類学　7, 25-27, 36, 39, 40, 54, 169, 203, 302
　―相対主義　25, 302
　―的行動　270
　―的伝達　170, 171, 192, 293
　―的変異　39
　―伝播　25
　―の保守　201
　地域―　174
分業　87
分子系統学　32, 35, 36
分析的知能　261
分配　56, 57, 78, 79, 93-96, 131, 134, 270, 285, 294, 298
　自発的―　134
　―の方針　131
文明　204, 293
　―社会　5, 9, 13, 14, 31, 203, 302
　―人　4
　―病　9, 11-13
分離のための介入　145 →闘争への介入
分裂　135, 154, 156, 282
ペア・ボンド（雌雄のボンド）　284, 285
平行いとこ　107, 108, 118 →いとこ
ペダゴジー　206 →ティーチング
別居　114
ベッド　129, 133, 179, 180
　―作り　129, 180, 282
ペニス　50, 187
ベネフィット　73, 102, 142 →利益
ヘルパー　55
包括適応度　34, 39-41, 48, 49, 51, 53, 69
方言　187, 223
方向見当識　18
棒引きずり　181
報復　153, 158, 159
抱擁　149, 152
暴力　140, 285
牧畜民　31, 98
北米北西海岸インディアン　160
母系
　―血縁集団　61, 62, 69, 79, 311 →集団
　―リネジ　79, 231
歩行訓練　201
母子関係　32, 251, 252
捕食
　―回避の利益　65
　―者　63-65, 83, 180, 182, 211, 214, 216-218, 221, 223, 232, 238, 257, 280
　―・集団内採食競合回避仮説　66, 67 →グループサイズ
　対―者戦略／対策　63, 84
ポトラッチ　97
ボトル・フィーディング　10 →授乳
ホミニゼーション　35, 308
ホモ・イミタンス　199
掘り出し採餌
　―仮説　246 →脳の進化
　―者／採取者　246
　技能的―者　246

発達　221
話し言葉　229, 230, 232, 235
葉の噛みちぎり誇示　186, 196, 198 →リーフ・クリップ
歯の萌出パターン　125, 279
アウストラロピテクスの──　279, 281
母親　94
──による世話　76
──の世話　54, 76
──への依存期間→子どもの依存時間
未婚の──　55
派閥　231
ハミルトンの不等式　72, 80
ハヤ族　45
板根　178, 179, 187, 245
半常緑林　276
繁殖　39, 40, 43, 45-47, 50, 53, 56, 57, 64, 68, 78, 112, 117, 137, 170, 204, 232, 240, 252
──価　47, 257
──行動　40, 41, 48
──成功／──成功度　43, 67
──戦略　123
──能力　257
範疇的な知覚　213
バンツー　43, 45, 75, 99, 100, 153, 160, 294, 296
バンド　5, 75, 153, 280, 295
パント・グラント　148, 149
パント・フート　149, 187-189, 215, 232, 233
ハンマー／ハンマー石　130, 131, 178, 179, 201, 234
ハンマリング　234
美意識　256, 257
非意図的なティーチング　202 →ティーチング
比較解剖学　23, 24, 36
ピグミー　98, 100, 153, 269, 277, 296 →狩猟採集民
非血縁者　51, 55, 84, 85, 95, 111
被攻撃者応援　142 →応援
ピジン　228
非対面的な和解　151 →和解
左半球／左脳　20, 229, 234 →大脳
非単系集団　61, 62 →集団
非特定的互酬性　74, 75 →互酬性
ビデオ録画　174
ヒトの文化　36, 202
ヒトリザル　61 →ソリタリー
火の使用　265, 286
火の発見　204
ヒバロ　120, 121
皮膚感覚　17
肥満　4, 5, 9, 12, 204 →文明病
悲鳴　17, 219, 252
ヒューマン・ユニヴァーサル　39, 106, 107
表情　7, 24, 29, 157, 193, 202, 210, 225, 228, 229, 232, 252
表情や身振りによる謝罪　151
平等関係　146
比例配分　257, 258
敏感期　165
フィードバック　247, 273
フード・コール　215, 233
夫婦　74
フェチシズム　42
フェニールチオカーバマイド　15
フェミニズム　15
武器　24, 158, 161, 238, 269, 270, 272, 277, 278
普及（プロパゲーション）　172, 173, 182, 189, 196, 198
複雑な指示物　213, 216 →音声，言語
複雑な道具の製作　234 →道具製作
復讐　101, 153, 158, 159
複雄集団　282 →集団
複雄単雌／複雄単雌集団　60, 61, 77, 78 →集団
複雄複雌／複雄複雌集団　61, 63, 68-70, 76, 126, 135, 136, 218, 280, 285 →集団
父系
──集団　61, 62, 269 →集団
──複雄複雌集団　83, 282 →集団
不公平な分配　154
父子葛藤　56

[ナ行]
内婚　74, 115
慣れ（ハビチュエーション）　166
縄張り　62, 69, 70, 82, 84, 118, 153, 154, 156, 159, 215, 245, 277, 278
　─のパトロール　156, 215, 282
南方狩猟採集民　119, 269
なん語期（バブリング・ステージ）　228
肉食　128, 269-271, 283
肉の分配　92-95, 102, 133
二次道具　271 →道具
二足姿勢　271, 273, 275
二足走行　273-275
二足歩行　1, 266, 271-276, 278, 307, 308- →直立二足歩行
人間→ヒト（生物名索引）
　─家族　29, 106, 119, 126, 136 →家族
　─家族の起源　106
　─関係地域ファイル　26
　─中心主義　242
　─文化　7, 25, 29 →文化
人間性（定義）　23, 30, 289
認識地図（メンタルマップ）　239, 244, 245
認識適応　253
妊娠　12, 16, 40, 47, 53, 123, 128, 205
　─期間　279
認知技能　246
認知能力　18, 19, 36, 198, 202, 229, 231, 234, 253
ネゴシエーション　240
熱効率　128
熱帯雨林　60, 69, 267, 278, 290
　─の産物　290
　─の破壊　302
熱帯半砂漠　60
ネポチズム　72-74, 76, 145
農業　56
　─社会　119
農耕　154
　─文化　206
　─民　31, 98, 100, 288
脳　4, 16, 20, 40, 97, 125, 167, 170, 209, 231, 237-240, 242-247, 250, 255, 256, 258, 259, 283, 289, 295-297 →大脳
　─サイズ　244-246, 259
　─重　240, 242, 279
　─容量　242, 265, 283
　─の拡大　125
　─の進化　239
　　グループサイズ仮説　253
　　メンタルマップ仮説　244
　　果実食仮説　245
　　掘り出し採餌仮説　246
　　社会仮説　239, 240, 250, 253, 254, 256, 258, 259
　　生態仮説　239, 244, 257-259
　　道具仮説　247
　─の発達程度の種間比較　242
　─のホモンキュラス　247-249
乗り換え型一夫一妻　44

[ハ行]
パートナー　87, 88, 115, 137
　─シップ　98, 100
バイオマス　290
肺活量　233
配偶
　─関係　44, 46, 123, 124
　─子　40, 49, 68
　─者選択　42
　─パターン　126, 136, 280
売買婚　43
排卵の宣伝　136, 137
排卵の隠蔽　134, 136, 137
バカピグミー　バカピグミー　277
バガンダ王国の後宮の肥満　45
ハザ　10, 31, 269 →狩猟採集民
葉食者　69, 245, 246
派生的な特徴　268
パターニティ　124 →父性
パトロール　156, 215, 282 →縄張り
蜂蜜　98, 119, 269
発情　95, 146, 155, 187
　─雌　83, 91, 92, 131, 144, 186, 210
発声→音声
　─器官　209, 224
　─の随意・不随意　214

父親による世話　76
知能　27, 237, 238, 242-244, 250, 253, 261
　──の進化　237, 239, 246, 258, 259
チャムス　205
　──の生殖理論　204
仲介行動　143, 151 →闘争への介入
昼行性　64, 65
中新世　264
中立　142-144 →闘争への介入
長距離移動　275, 276, 278
聴衆効果　214
調理　15, 121, 176-179, 232, 292
直立二足歩行　24, 35, 259, 263, 272, 277, 282
沈黙の交易（サイレント・トレード）　99
通貨　102, 269
デイ・ベッド　180
ティーチング　84, 200-203, 206, 223
　システマティックな──　203
　意図的な──　202
　積極的な──　201
帝国主義　154
ティコピア　116
定住　30, 154
　──農耕民　159
ディスプレー
　枝引きずりの──　274
　投石──　181
　突撃──　145
貞操帯　45, 204
敵意　96, 153, 156, 157
適応放散　264
適応度　16, 39, 44, 51, 258 →包括適応度
デスポット　88 →専制君主
手間がえ　99
天才　295
伝染　191, 192
伝統（トラディション）　26, 63, 172, 191, 213, 298, 311 →文化
　──社会　12, 13, 31, 35, 36, 74, 96, 122, 126, 136
　──的な境界線　174
　──農耕　290
伝播（ディフュージョン）　172 →文化
テンポ　99
てん足　45, 204
同時多発的狩猟　93
道具　24, 98, 119, 125, 130, 136, 177-180, 193-195, 204, 205, 232, 234, 238, 247, 250, 258, 259, 269, 276, 278, 285, 286, 295
　二次──　271
　──仮説　247 →脳の進化
　──セット　177
　──を作るための──　285
　──製作　234, 271
　──使用　27, 125, 130, 131, 176, 177, 180, 182, 199, 229, 234, 239, 247, 250, 259, 270-272, 282, 284, 285
　探索のための──使用　176
動作　194, 199, 210
洞察学習　166 →学習
洞察力　27
同時協力　86, 89, 91, 92 →協力
同性愛　42, 50
投石ディスプレー　181 →ディスプレー
同祖遺伝子　73
闘争　17, 18, 82, 92, 132, 141-143, 252
　──後接近行動　147
　──のコスト　142
　──の支援／応援／援助　80, 90, 95, 142, 269
　──への介入／干渉　80, 82, 142
淘汰圧　167, 239, 259
逃避反応　166
同盟　82, 142, 240, 252
　──関係　51
　──者　56, 94, 95
特異的近接関係　92
独身主義　49, 50
都市の発生　154
突撃ディスプレー　145 →ディスプレー
共喰い（カニバリズム）　82
ドラミング　187
取引　95, 98, 232
トロブリアンド島民　116, 117
トングェ　43, 45, 49, 75, 98, 100, 153

フレーク―― 285
れき―― 247, 258
積極的なティーチング 201 →ティーチング
セックス 105, 137, 151 →和解行動
切歯 265, 277, 281
セマン 99, 291 →狩猟採集民
セルフグルーミング 151 →毛づくろい
繊維質食品への依存 282
先史考古学 36, 263
鮮新世 265, 276
専制君主 42, 88, 100
戦争 25, 51, 152–154, 160, 289, 294, 299, 305
選択圧 239, 240
前適応 126, 233, 308
先天性副腎過形成症 20
セントラル・プレース 133
相互援助 74, 86, 92, 310
相互協力 78
相互毛づくろい 143, 149, 184, 185 →毛づくろい
相互扶助 105, 295
相互利他行動 86 →互酬的協力
逃走戦術 216, 246
相対新皮質サイズ 243
相対成長→アロメトリー 242
相対脳サイズ 258
相対脳重 242, 243 →大脳
贈与 97, 151, 152
最適の族外婚 111
族外婚 106
ソーシャル・スクラッチ 185, 186 →社会的背中掻き
ソマリー 98
ソリタリー 61, 83, 91, 214 →ヒトリザル
損失 49, 51, 52, 67, 72, 86, 168 →コスト
村落 43, 59, 118, 122, 157, 160, 161
――共同体 75

[タ行]

第一大臼歯 125, 279 →歯の萌出パターン
対角毛づくろい 184, 185, 196, 198 →毛づくろい
第三者志向行動 143
第三者模倣 196, 197 →模倣
代償行動 49, 50
台石 130, 201
第二位雄 90, 147 →セカンド雄
第二者模倣 196, 197 →模倣
大脳 242, 247 →脳
――化指数 242, 243 → EQ
――サイズ 242, 243
――辺縁系 213
――の発達 239, 247
――皮質 20, 213, 248
――連合野 247
対捕食者戦略／対策 63, 84 →捕食
対面的な和解 151 →和解
太陽エネルギー利用 287
代理経験 171
台湾の幼児婚 114 →シンプア婚
タスマニア原住民 160
頼母子講 99 →講
タフォノミー 36 →化石生成学
ダブル・スタンダード 44
ダブル・ブラインド 226
タレンシ 116
単位集団 136, 280, 285 →集団
探索のための道具使用 176 →道具使用
単独性 63
単独生活 63, 282
タンニン 16
タンパク質 128, 132
単雄集団 282 →集団
単雄単雌集団 60, 63, 69 →集団
単雄複雌集団 60, 63, 68, 69 →集団
地域社会 106
地域集団 59 →集団
地域文化 174 →文化
遅延的利他行動 86, 89, 101–102 →互酬的協力
蓄積効果 203, 205 →文化
遅滞的交換 90
遅滞模倣 199 →模倣
父親殺し 56 →殺人

シンプア婚　114, 115
シンボル　101, 157, 203, 217, 226, 233
人民公社　6
シンメトリー　257, 258
人類学的アプローチ　31, 106
人類進化　30, 133, 228, 239, 247, 259, 272, 286 →進化
随意の発声能力　213 →言語の起源
水棲の脊椎動物から陸棲の脊椎動物へ　276
スキル　234
スクランブル競合　70 →コンテスト競合
スタンプ／スタンピング　141, 187, 188
ストレス　9, 13, 26
—解消行動　49
スネイク・アラーム　216, 221 →警戒音
スペクトログラム　188, 211, 212, 219
刷り込み（インプリンティング）　165, 297
生活史　272, 279, 283, 308
生活水準　289, 292
生計活動　18, 36, 119, 125, 127, 129, 132, 176, 261, 271
—における性差（ベッド作り・集中利用域・食物構成・道具使用・遊動パターン）　127, 131
性関係　44, 109, 111, 123, 124, 133, 144
性器検査　155
性器こすり　150
性交　29, 40, 53, 107, 108, 117, 204, 269, 284
—時間　282
—の隠蔽　282
性行動　28, 42, 109, 137, 150, 205
—の機能　50
性差　15, 18–20, 82, 127–132, 136, 280, 285
性衝動　256
性的成熟　62, 108–111, 269
—年齢　108
性的愛着　111, 115, 116
性的競合　56, 137 →競合
性的独占権　105
性的二型　42, 128, 129, 134, 136, 143, 265, 270, 280, 282, 284
性的パートナー　233
性的分業　107, 120–122
農耕民の—　120
女の仕事（バスケット作り・マット作り・種子や穀粒の採集・育児・薪あつめ・水くみ・農耕・土器製作）　120, 122
男の仕事（狩猟・鉱物採取・石の切り出し・漁労・牧畜・罠かけ）　120, 122
狩猟採集民の—　119
女の仕事（子どもの世話・小型脊椎動物猟・植物性食品採取・卵や昆虫集め・薪集め・水の運搬・料理）　119
男の仕事（大型獣を狩る・道具の製作・蜂蜜集め）　119
性的魅力　111, 114, 284
性淘汰　168, 256
—理論　40, 41, 68
性皮の腫脹　134, 136
政治　132, 157, 289, 299
—的行動　145, 197
成熟現象　223
成人病　14 →文明病
生前分与　57
生息密度　246
生態学　28, 31, 164
—的地位　163
生態仮説　239, 244, 257–259 →脳の進化
生態人類学　30, 36, 163
成長加速　293
成長の遅滞　124, 125
生得的行動機構（本能）　164, 166
生物人類学　39, 40, 302
セカンド雄　90, 147 →アルファ雄
石油　290, 295, 310
セクハラ　72
石器　36, 175, 176, 178, 201, 234, 247, 250, 258–260, 271, 272, 277, 283
—使用　239, 265
—の進歩　250, 259

──間隔　55, 111, 279, 284, 293
出生集団　62, 69 →集団
授乳　3, 10, 16, 40, 47, 54, 73, 76, 78, 89, 124, 128 →ブレスト・フィーディング，ボトル・フィーディング
寿命　88, 279, 293
シュラッブ・ベンド　187, 188
狩猟／狩猟行動　11, 18, 31, 43, 82, 92, 93, 119, 120, 122, 128, 131, 132, 178, 246, 265, 271, 272, 278, 290
──と肉食　282
狩猟採集　10, 18, 30, 35, 290, 291
──時代　10, 12, 14, 17-19, 31, 289, 298
──者／──民　4, 5, 9-11, 15, 30, 31, 35, 51, 75, 98, 99, 120, 123, 153, 158, 159, 206, 230, 290, 291, 294, 296
──社会　19, 35, 54, 56, 111, 119, 295
──民の性的分業　119 →性的分業
──の収穫物　129
手話　157, 225 →サイン・ランゲジ
順位　80, 89, 132, 144, 173, 215, 252
条件づけ　193, 213, 214
オペラント──　166
古典的──　166
観察──　192, 193
情動／情動状態　213, 217
──的音声　210
消費の遅滞　134
情報
──操作　232
──伝達　164, 170, 172, 190, 203, 232, 233
──伝達の中身（危険と食物）　232
──獲得　170, 171
──の交換　232
──の貯蔵と蓄積　203
食物の分配-交換　123, 133
奨励による教育　200, 201 →教育
植物性食物　119
植物の地下器官　276, 278, 280
食物
──獲得・処理の技術　239
──消費の遅滞　285
──の運搬　274
──の独占　146
──パッチ　65, 69, 70, 280
──分配　73, 78, 79, 133, 134, 269, 282
──分布　239
──メニュー／──レパートリー　175, 200, 239
触覚　17
処理技術　173, 232
シリオノ　120, 121
尻つけ　150
シロアリ釣り　177, 178, 234 →アリ釣り
進化　6, 7, 14, 16, 24, 25, 34, 35, 37, 39, 60, 70, 72, 86, 88, 117, 136, 147, 163, 204, 229, 237, 239, 244, 258, 261, 263, 267, 272, 275, 276, 284-286, 289, 295, 297, 305, 307
──心理学　34, 305
──論　23, 48, 163
進歩思想　295, 302
人口　32, 139, 154, 288, 289, 292, 293, 295, 299
──学的制限説　111 →インセストの回避
──過剰　154, 298, 299
──増大　160, 310
──密度　34, 43, 139, 160, 289
──抑制　294, 298
人工的環境　164
新生児　77, 274
新石器
──革命　298
──時代　258
──文化　247
親族
──組織　74, 100
父方──　55
母方──　49
擬制的──関係　100
シンタックス　220, 226
語彙的──　220
真の模倣　194-196 →模倣
審美感　24, 258
新皮質率　231, 244-246, 250, 258 →大脳

氏族（クラン） 74, 75, 157
持続可能性／持続的利用 290, 294
四足走行 273, 307
四足歩行 275
実験心理学 36, 191
嫉妬 6, 57, 111, 137
屍肉食（スキャヴェンジング） 269, 282
指背歩行（ナックル・ウォーキング） 270, 282, 307, 270, 307, 308
自発的分配 134 →分配
ジバロ 159
資本主義 289
シャーマン 50
社会
　—化（ソーシャリゼーション）172
　—学 28, 29, 34, 72
　—仮説 239, 240, 250, 253, 254, 256, 258, 259 →脳の進化
　—関係 28, 29, 33, 85, 89, 150, 230-232, 240, 250-252, 259, 261, 310
　—行動 36, 64, 180, 230, 253, 259, 311
　—行動の変異 35
　—システム 67, 71, 282
　—主義 6, 76, 288, 289
　—進化 256
　—生物学 26, 32-34, 39, 40, 47, 48, 50, 51, 53, 205, 305
　—の階層構造 74
　—の起源 29, 31, 59, 62, 73
　—単位 90, 106
　基本的な—単位 60, 134
　重層— 61, 63, 93, 126, 135, 280, 282
社会的
　—影響 191, 197, 198
　—学習 173, 190, 193, 194, 196, 198
　—葛藤 141
　—協力 252
　—支援 239
　—支持 192
　—背中掻き 185, 186, 196 →ソーシャル・スクラッチ
　—知能 237, 240, 250, 261, 293
　—伝達 188, 190, 198, 200
　—動物 59
　—優位 141
社会性昆虫の採集 132 →アリ釣り
謝罪
　言葉による— 151
射精 50, 109, 148
習慣 47, 48
獣姦 42
宗教 25, 157, 286
重層社会 61, 63, 93, 126, 135, 280, 282 →社会
集団
　—遺伝学 32
　—間関係 270
　—間攻撃 152, 154 →攻撃
　—間採食競合 66
　—間採食競合仮説 66, 67 →グループサイズ
　—間の連帯 282
　—内採食競合 66
　—農場 6
　—のメンバー 70, 88, 118
　—リンチ／—攻撃 101, 155, 159 →攻撃
　雄— 61, 270
　血縁— 34, 72, 171, 252, 279
　言語— 153
　出生— 62, 69
　単位— 136, 280, 285
　単雄— 282
　単雄単雌— 60, 63, 69
　単雄複雌— 60, 63, 68, 69
　地域— 59
　非単系— 61, 62
　複雄— 282
　複雄単雌／複雄単雌— 60, 61, 77, 78
　複雄複雌／複雄複雌— 61, 63, 68-70, 76, 126, 135, 136, 218, 280, 285
　父系— 61, 62, 269
　父系複雄複雌— 83, 282
　母系— 61, 62, 69, 79, 311
　両性— 61
出産 12, 52, 238

コミュニケーション　29, 149, 184, 187, 196, 198, 228, 229, 269
コミュニティ（年代アメリカの理想主義運動）　6
コミュニティ（共同体）　74, 134, 135, 137
小麦洗い　173
子守行動　77-79, 89, 90
コレステロール　9, 12
コンクリート・ジャングル　296
婚資　43, 46, 47
コンソート関係　92
昆虫釣り　130, 132, 177, 178, 193-195, 234, 271, 306 →アリ釣り
コンテスト競合　69, 70 →競合，スクランブル競合

[サ行]
最後の共通祖先　263, 264, 266-269, 272, 273, 282 →共通祖先
—の食べ物　269
サイコバイオロジー　27
再婚　43, 52
財産　25, 46, 47, 55-57, 97, 112
—相続　105
採集　11, 17, 18, 31, 43, 119, 120, 122, 176, 177, 284, 290 →狩猟
採食／採食行動　64, 65, 67, 69, 70, 89, 127, 128, 155, 166, 233, 252, 273, 280, 306, 308
—競合　64-67, 69-71 →競合
—時間　127, 128
—スピード　127
—戦略　68, 123
—地　129, 161, 270, 275
最適グループサイズ　67 →グループサイズ
最適の族外婚　111 →族外婚
サイト　133
サイレント・ペダゴジー（無言の教育）　202
サイン・ランゲージ　229
サカイ　99
砂金採集法　195
雑食性　282
殺人　32, 54-56, 156, 158
砂漠化の進行　288
サバンナ　29, 30, 34, 61, 81, 89, 106, 135, 154, 174, 211, 223, 264, 267, 270, 271, 274, 276, 278-280, 291, 296, 297
アカシア・—　276
—・ゲシュタルト　297
樹木—　135, 276, 278
熱帯—　10, 60, 297
灌木サバンナ　267
—疎開林　43, 278
—適応　278
サブユニット　135
サン（ブッシュマン）　5, 10-12, 31, 54, 98, 153, 158, 230, 269, 290 →狩猟採集民
産児制限　53
三者関係の把握　197 →社会関係
示威　253, 271 →ディスプレー
自慰　49, 50
ジェノサイド　159-161
シェルター　238
視覚　17-19
しがみつき反射　170
時間的・空間的な転位　213
色盲　18
刺激強調　192-196
資源　44, 47, 55, 56, 69, 70, 98, 139-142, 146, 154, 276, 278, 289, 291, 299, 309, 310
資源保持能力　141 → RHP
試行錯誤　170, 190, 193-195
—学習　166 →学習
思考実験　166
思考能力　227, 233
自己元気づけ行動　143
自己認識　253, 254, 256
持参金　46
支持戦略　142, 143
市場経済　289, 295, 298
自然人類学　39, 169
自然淘汰　24, 140, 203, 204, 227, 283
自然破壊　297

──集団　153 →集団
──中枢　229, 234
──による教育　202 →教育
──能力　19, 27, 227, 234
──の起源　209, 228, 233, 307
──の文化決定説　224
健康美　257
犬歯　64, 132, 265, 277, 281
──縮小　272
倹約遺伝子型　11, 12
倹約の原理　137
コア・エリア　129
コイサン系アフリカ原住民　160
語彙的シンタックス　220 →シンタックス
講　100
交易　295
強姦　56
交換／交換行為　47, 91, 98, 99, 133, 167, 269
後期旧石器　259
攻撃／攻撃性　80, 81, 83, 84, 91, 101, 102, 139–143, 147, 154, 155, 157–159, 161, 182, 200, 239, 251, 253, 305
異指向──（リダイレクション）　80
言葉による──　157
集団間──　152, 154
──者応援　142 →応援
──の起こる文脈　144
交叉いとこ　107, 108, 118 →いとこ
好所性（フィロパトリー）　62, 69, 70
更新世　34, 35, 53, 264, 265
喉頭　70, 129, 171, 174, 224, 234, 235, 244, 245, 278, 279
行動
──圏　70, 129, 171, 174, 241, 244, 245, 278–279
──主義　301
──適応　35
──の融通性　203, 238, 272
──パターン　20, 140, 141, 165, 170, 172, 177, 181, 193, 197
種固有の──パターン　181
後頭葉　97 →大脳
高度文明社会／高度産業社会／現代文明　12, 34, 47, 51, 53, 85, 136, 207, 309, 310
交尾　20, 40, 64, 68–70, 78, 83, 91, 92, 94, 95, 102, 109–111, 117, 133, 146, 147, 150, 186, 215, 252
──期　61
声の戦い　154
古環境／古環境の復元　36, 272
互恵的利他行動　86 →互酬的協力
子殺し　53, 55, 72, 311 →赤ん坊殺し，殺人
心の理論　225, 254
互酬性　74, 75, 85, 91, 95, 101, 134, 159, 197, 239
──の観念　123, 269
──の発展（協同組合・質屋・銀行・保険）　100
均衡的──　74, 86
非特定的──　74, 75
負の──　75, 97
互酬的
──援助行動　88, 97
──協力　86–88 →互恵的利他行動、相互利他行動、遅延的利他行動
──利他行動　95, 185, 252, 293
古人類学　36
コスト　51, 64–67, 71, 73, 83, 86, 87, 90, 98, 102, 123, 146, 167, 168, 201, 233, 238, 252, 283 →損失
古生態学　36
子育て　19, 47, 73, 78, 90, 122–124, 126, 132, 306, 310, 311
──の練習　89, 90
個体識別　29, 88, 167, 170
個体発生的儀式化　197
古典的条件づけ　166 →条件づけ
言葉による攻撃　157 →攻撃
言葉による謝罪　151 →謝罪
子どもの依存性／依存期間　123–125, 134
木の葉のスポンジ　178
コパー・エスキモー　55
個別的学習　170, 190, 196, 198 →学習

競争主義　298
兄弟殺し　55, 56 →殺人
兄弟姉妹間の近親相姦／近親相姦回避　115, 116 →インセスト，近親相姦
共通祖先　134, 264, 270-273, 282
—の社会の単位　134
最後の—　263, 264, 266-269, 272, 273, 282
最後の—の食べ物　269
共通の文化　176
共通の文法　7, 228
共同狩猟　93
共同体　74 →コミュニティ
京都大学アフリカ類人猿調査隊　31
共有地の悲劇　288
協力　23, 27, 37, 55, 69, 74, 82, 84, 86, 87, 92-94, 123, 137, 140, 252, 272, 280, 293
居住パターン　159
許容性　83, 158
漁労　43, 120, 122
記録手段　151
均衡的互酬性　74, 86 →互酬性
禁止　118
—による教育　200, 203, 206 →教育
近親
—者／近縁者　39, 49, 50, 51, 53, 73-75, 78-80, 97, 112, 117, 131, 214, 310
—援助　72 →ネポチズム
近親交配／近親相姦　106, 108-112, 115-117 →インセスト
—の回避　106-108
—の禁忌　106 →インセスト・タブー
キンゼイ報告　42
近接要因／「近接的な」説明　20, 53, 112, 117 →究極要因
空間認知能力　18, 20
クッション　187, 188
クリトリス　50
グリマス　141, 255
グループサイズ　65-68, 130, 230, 231, 240, 241, 250, 251, 259
—仮説　253 →脳の進化
最適—　67
グルーミング　79 →毛づくろい
—・トーキング　230 →話し言葉
グレート・プレイン・インディアン　153
クレオール　228
クローン　140
軍隊　160
警戒音／警声　83, 84, 210-212, 214-218, 221-223, 232
形式的な和解　151 →和解
芸術　25, 169, 203, 258, 286, 299
系族（リネジ）　74, 75, 157
継父　52
啓蒙思想　294
ケヴッツア 113
血圧　12
血縁　144
—関係　29, 39, 51, 53, 72, 75, 78, 80, 90, 113
—者　55, 69, 70, 72, 73, 81, 90, 95, 108, 109, 142, 145, 233
—集団　34, 72, 171, 252, 279 →集団
—選択仮説　50 →同性愛
—度　39, 41, 48, 56, 72, 73, 108, 233 →包括適応度
—淘汰　77, 83
—淘汰理論　33
毛づくろい　76, 78-80, 89-92, 95, 102, 133, 143, 145, 149, 173, 184-186, 197, 230, 231, 255, 269
相互—　143, 149, 184, 185
対角—　184, 185, 196, 198
月経周期　45, 204
結婚　43, 46, 47, 49
—式　53
下痢便　155, 157
堅果　130, 178, 179, 201, 234, 271, 277, 285
—割り行動　130
元気づけ行動　141
言語　7, 19, 24, 25, 32, 118, 151, 157, 203, 209-211, 213, 227-229, 232, 234, 239, 247, 248, 251, 272, 282, 295

——に対する生得的素質　167
——能力　27, 168, 203, 238
——の適応的意義　167, 168
——への制約　166
覚醒レベル　216
拡大家族　43, 122 →家族
拡張主義　298
隔離飼育　21, 254
駆け引き　252
過食　4, 5, 9
果食性　69, 250, 282
果食者　135, 245
果実食仮説　245 →脳の進化
化石　36, 277
——生成学　36 →タフォノミー
——燃料　206, 291, 295
家族　25, 52, 55, 56, 59, 74, 105, 111, 112, 114, 122, 123, 126, 134, 136, 137, 157, 282, 288, 294 →人間家族
——間のネットワーク　112, 118
——の起源　105, 107, 234
——の形成　279
拡大——　43, 122
家畜　288
——の信託制度　100
学校　206
葛藤解決　139, 146, 151, 305
金切り声　215, 218 →音声
カニバリズム（共喰い）　82
ガブラ　57, 100
花粉分析　36
貨幣　100
カマユラ　121
カヤポ・インディアン　291
カルチャー・ユニヴァーサル　25, 26, 119
川辺林　81, 267, 276
環境
——収容能力　160
——情報　257
——の分類　257
——破壊　291, 302, 309
——保全　291
観察学習　193, 203, 206 →学習
観察条件づけ　192, 193 →条件付け
干渉　81, 144, 252
間接競合　70 →競合
乾燥疎開林　34, 267, 268, 276, 278 →樹木サバンナ
姦通　44, 45, 48, 49, 56, 57, 114
記憶力　88, 151
利き手　234
危険　16, 44, 64, 84, 132, 171, 176, 180, 209, 217, 232, 294
儀式化　187, 197
キジジ・チャ・ウジャマー　6
キス　148, 149, 151, 152
擬制的親族関係　100 →親族
ギネスブック　42
技能の学習　125
技能的掘り出し採餌者　246
機能美　258, 260
キブツ　6, 112, 113
基本的な社会単位　60 →社会単位
気前の良さ　97
欺瞞　98, 254
キャンプ　5, 34, 119, 120, 133
求愛給餌　46
求愛誇示　186, 187, 256
究極要因／「究極的な」説明　19, 20, 112, 117 →近接要因
臼歯のサイズ　283
旧約聖書　57, 139
教育　200, 201 →ティーチング
禁止による——　200
言語による——　202
奨励による——　200, 201
協業　87
競合　41
コンテスト——　69, 70
スクランブル——　70
間接——　70
採食——　64-67, 69-71
集団間採食——　66
集団内採食——　66
性的——　56, 137
共生関係　98
鏡像実験　253 →自己認識

イフガオ　159
イモ洗い／イモ洗い文化　173, 189, 190, 195, 196
インセスト　29, 107, 110, 116-118, 269
—・タブー　106, 116, 118
—回避　107, 116, 117
—回避の起源　107, 111
姻族　118
インディアン　97, 153
咽喉　229
陰嚢　148
インフォメイション・トーキング　230 →話し言葉
陰部検査　148
インフルエンザ　182, 183
初産年齢　279
ヴェッダ　99
ウォロフ社会　98
裏切り者　88
運動性反応　165, 199
運搬　76, 119, 273, 274
英雄　156
栄養
—価　4, 128, 283
—改善　283
エソロジー　30
枝引きずりのディスプレー　274 →ディスプレー
餌づけ　29, 173, 182, 214
エナメル質　264, 277
エネルギー
—コスト　64
移動の—コスト　65
—の浪費　206
—効率　275, 290
—収支　275
遠距離伝達　149, 187, 233 →音声
援助行動　77, 85, 86, 88, 91, 92 →闘争
エンドガミー　74 →内婚
応援　80-82, 142-145, 147 →闘争
攻撃者—　142
被攻撃者—　142
オーガズム　148
狼少年　1-3, 6
オーストラリア原住民　153
雄間関係　270
雄集団　61, 270 →集団
オストラシズム（追放）　102
オペラント条件づけ　166 →条件づけ
親の世話　76, 126, 204
親の投資　40, 127
オルドワン　285, 294
—型石器　259, 260, 265
—文化　206, 247
音響構造　217
音韻的シンタックス　220 →シンタックス
音声　29, 187, 210, 211, 213, 214, 217, 218, 220-223, 228, 229, 232, 269
不連続型—　211
—研究　209-211, 229
—言語　213, 224, 227, 232, 233, 293, 307
—コミュニケーション　187
—修飾　224
—伝達　213
連続型—　211
温帯林　60

[カ行]

介護者　238
外的な指示物（レファラント）　211, 217 →音声，言語
概念　225, 251, 252
開発　298
解発機構　165
解発刺激　166
会話　97, 220, 229, 230, 299
カインの亡霊　56, 57
書き言葉　203 →話し言葉
核家族　110, 151, 311
学習　40, 164-168, 170, 171, 180, 184, 191-197, 199, 200, 213, 214, 221, 223, 251, 258, 301-302, 306
観察—　193, 203, 206
個別的—　170, 190, 196, 198
試行錯誤—　166
洞察—　166

北米北西海岸　97, 153, 160
ボッソウ（ギニア）　175, 176, 178, 179, 187
ポリネシア　11, 291
マハレ（タンザニア）　5, 10, 52, 53, 64, 79, 93, 94, 101, 109, 110, 130–132, 154, 175–189, 195, 246, 255, 271, 273, 306
モンタシリク（セネガル）　278
ヤーキース研究所（合衆国）　27, 28
ユタ大学（合衆国）　34
ワンバ（コンゴ）　33, 227, 272, 274
ンドキ（コンゴ）　177

事項索引

[アルファベット]
ASL（アメリカン・サイン・ランゲージ）　225, 229
CT スキャン　125, 279
NGO　298
RHP　141, 142, 144 →資源保持能力
SR 遺伝子　20

[ア行]
挨拶　35, 43, 101, 148,149
アカピグミー　15, 277
赤ん坊
　―殺し　282
　―の運搬　78, 132
アシュリアン
　―型石器　259, 260, 265
　―文化　206, 247
アチ族　34, 158
アパッチ　116
アフリカ類人猿の共通祖先　134, 264, 282 →共通祖先
アペテ　291
アボリジニ　160
アラペシ　116
アリ釣り　132, 193–195, 306
　オオ―　130, 177, 195, 234, 271
アルカロイド　16
アルコール中毒　21
アルファ雌　109
アルファ雄（第一位雄）　79, 81, 82, 90, 91, 94, 95, 101, 102, 145, 147, 161
アロメトリー（相対成長）　242
アンダマン諸島民　158
アンドロゲン　20
暗黙の和解　147, 151 →和解
イーグル・アラーム　216, 221, 222 →警戒音
「イーストサイド・ストーリー」仮説　273 →共通祖先
威嚇　140, 143, 149, 253, 269, 271, 273–275
　―ディスプレー　180
イク族　294
遺産相続　75
意識　254
　―の機能　255
　―の進化　254
意志決定　238, 255
異指向攻撃（リダイレクション）　80
衣装　204
移籍　156, 171, 184, 187, 269
　―雌　184
依存順位　29
一夫一妻　42, 44, 136
一夫多妻　42, 44, 90, 134–136, 231, 280, 285
遺伝
　―子　18, 32–34, 40, 49–52, 68, 73, 112, 137, 164, 167, 170, 185, 270
　―情報　170, 171
　―的欠陥　54
　―的伝達　170
意図　254
移動のエネルギーコスト　65 →エネルギー
一日の移動距離　129, 132, 245, 275, 279
移動様式　270, 274, 307
意図運動　140, 197
いとこ
　交叉―　107, 108, 118
　平行―　107, 108, 118
イヌイット　10, 12, 98, 158

ホーリー＝スミス，ベネット　125, 279
ホール，ロナルド　174
ホールデーン，ジョン・バードン　32
ホケット，チャールズ　213
ボッシュ，クリストーフ　93, 130, 187, 201, 205, 285
ボナー，ジョン　182
ポルトマン，アドルフ　125
ホワイトン，アンドリュー　191
マードック，ジョージ　26, 27, 42, 122
マーラー，ピーター　211, 215
マキアヴェリ，ニッコロ　85
マックグルー，ウィリアム　180
マケンリー，ヘンリー　275
正高信男　220
松沢哲郎　180, 257
マリノフスキー，ブラニスラフ　26, 117
ミード，マーガレット　26, 27, 120, 302
ミタニ，ジョン　188, 220
ミネカ，スーザン　193
ミルトン，キャサリン　246
メガース，ベティ　120
メルツオフ，アンドリュー　199
メンゼル，エミール　244
モリス，デズモンド　32, 230, 257
モルガン，ルイス　25
モンターギュ，アシュレイ　21
ヤーキース，ロバート　27, 28
安渓遊地　99
山極寿一　134, 270
山越言　180
ライト，ロバート　44
ラウエル，テルマ　211
ラッセル，マイケル　16
ラディック，アネット　277
ランガム，リチャード　64, 71, 283-285
ランジョウ，アネット　179
リー，リチャード　31, 32, 158
リーキー，ルイス　24, 286
ルーイン，ロジャー　286
レヴィ＝ストロース，クロード　47, 112
ローレンツ，コンラート　110, 111, 165
ロッドマン，ピーター　275
ロビンソン，ジョン　220
ロマネス，ジョージ　190
ワインバーグ，カーソン　115
渡辺邦夫　80, 190
ントロギ（チンパンジー）　94

地名索引

アーネム動物園（オランダ）　95, 96, 215
アフリカ大地溝帯（アフリカ東部）　273
アマゾン（南アメリカ）　120, 153, 159
嵐山（京都府）　109
ウガラ（タンザニア）　278
エヤシ基地（タンザニア）　31
オロルゲセイリー（ケニヤ）　260
カボゴ基地（タンザニア）　31
カヨ・サンチャゴ島（プエルトリコ）　109
カラハリ／カラハリ砂漠（アフリカ南部）　5, 10, 11, 31
カリンズ（ウガンダ）　185
キバレ（ウガンダ）　184, 185, 306
幸島（日本・宮崎県）　173, 189, 195
コービフォラ（ケニヤ）　234, 260, 283
コンゴ盆地（アフリカ中部）　271
ゴンベ（タンザニア）　5, 82, 101, 109, 110, 130, 156, 161, 175, 176, 178, 179, 184-189, 195, 198, 215
ザイール盆地（アフリカ中部）　267
地獄谷（日本・長野県）　173
スマトラ（インドネシア）　64, 125, 250
スワートクラン（南アフリカ）　283
ソンゴーラ（ザイール）　99
タイ森林（象牙海岸）　64, 93, 130, 178, 179, 187, 271, 285
高宕山（千葉県）　182
ツルカナ湖畔（ケニヤ）　234, 283
トンゴ（ザイール）　179
ニューギニア（パプアニューギニア）　153
ニンバ山（ギニア／象牙海岸）　180
パナマ　28
ビルンガ（ウガンダ）　64
フィラバンガ（タンザニア）　278

コディア，ヘレン　97
コパンス，イーブ　273
サーリンズ，マーシャル　74, 75, 86, 97
サヴェジ＝ランバウ，シュー　27, 33, 226, 227, 233
佐藤俊　100
沢口俊之　244, 250
シェファー，ジョセフ　117
シック，キャサリン　261
末原達郎　99
杉山幸丸　187, 205
鈴木晃　276
鈴木滋　177
スタンリー，ヘンリー　153
スレーター，マリアム　111
諏訪元　264, 307
セイド，ドナルド　109
セイファス，ロバート　211, 213, 252
セプト，ジーン　133
ソーンダイク，エドワード　191
曽我亨　57, 100
外岡利佳子　178
ダーウィン，チャールズ　23–25, 40, 68, 140, 190, 209, 228, 229, 232, 256, 272, 277, 283
ダート，レイモンド　24
ターンブル，コリン　98, 296
ダイヤモンド，ジャレッド　32, 157, 309
タイラー，エドワード　169
高畑由起夫　92, 109
ダッサー，ヴァレナ　251
田中伊知郎　173, 196
田中二郎　31, 32
ダンバー，ロビン　230, 231, 244–246
チェニー，ドロシー　211, 213, 216, 221, 252
チャウセスク，ニコラエ　102
チャグノン，ナポレオン　34, 105
チョムスキー，ノーム　228
デイリー，マーティン　54, 158, 159
ティンバーゲン，ニコ　164, 215
テウティン，キャロライン　133
寺嶋秀明　98
ドゥ・ヴァール，フランス　95, 143, 147, 151, 159, 215
ドゥヴォア，アーヴン　29, 31,
ドーキンス，リチャード　33, 185
徳田喜三郎　29, 108, 109
トス，ニコラス　234, 261
トマセロ，マイケル　197, 198, 205
冨田浩造　31
トリヴァース，ロバート　40, 68, 86, 88
中村美知夫　185
ニッセン，ヘンリー　28, 146
ノエ，ロナルド　87
バーコヴィッチ，フレッド　92
バーソロミュー，ジョージ　285
バードセル，ジョセフ　285
ハウザー，マーク　215
ハクスリー，トマス　24
長谷川寿一　187, 188
パッカー，クレイグ　91
パブロフ，イワン　166
ハミルトン，ウイリアム　33, 63, 72, 80, 86
ハンフリー，ニコラス　237, 255–257
ピアジェ，ジャン　199
ピュージー，アン　110
ヒューズ，ゴードン　229
ピンカー，スティーブン　229, 305
ビンガム，ハロルド　28
フィッシャー，ロナルド　32
フォーリー，ロバート　279
フォックス，ロビン　116
フリーマン，デレク　27
古市剛史　81
プレマック，デヴィッド　202, 205, 206, 225, 254
フロイト，ジグムント　111, 117
ヘイズ，キース　224
ヘイズ，キャサリン　224
ベイトソン，パトリック　111
ベネディクト，ルース　26, 302
ペンフィールド，ワイルダー　247, 248
ボアス，フランツ　25–27
宝来聡　264, 265
ボーヴォワール，シモーヌ・ドゥ　14
ポージー，ダレル　291

肉食獣　35, 59, 244, 279
肉食目　200
ニホンウズラ　111
ニワシドリ　256
ハイイロガン　110, 165, 297
パイソン　64, 176, 212, 216
バクテリア　13, 16
爬虫類　7, 64, 76
パラハイエナ＊　267
パラパピオ＊　267
パンダ・ナッツ　131
ヒッパリオン＊　266, 267
ヒョウ　64, 121, 180, 212, 216, 280
ブラウンハイエナ　267
ブラキステギア　276
ブルーダイカー　131, 271
プレイリードッグ　217
ヘビ　64, 165, 168, 176, 193, 212, 216, 218
哺乳類　10, 40–42, 60, 61, 63, 76, 124, 153, 200, 216–218, 221, 239, 242, 244, 267, 269, 271, 278, 290
マーシャルイーグル　212, 216
マメ科植物
マンバ　216, 221
猛禽類　64
ヤケイ　215
ヤブイノシシ　180
ライオン　2, 63, 64, 180, 201, 216, 244
ラクダ　100
リス　178
両生類　76
ワシ　216, 217, 221

人名・個体名索引

アイザック，グリン　133
アリストテレス　59, 199
五百部裕　246
石田英実　264
伊谷純一郎　29, 147, 210, 211
市川光雄　206, 290
今西錦司　29, 31, 106, 123, 163
ヴァン・シャイク，カレル　67
ヴィザルベルギ，エリザベッタ　190
ウイスラー，クラーク　25, 26
ヴィッキー（チンパンジー）　224
ウイリアムズ，ジョージ　16
ウイルソン，エドワード　33, 50, 297
ウイルソン，マーゴ　54, 158, 159
ウエスターマーク，エドワード　111, 112
上原重男　106, 130, 132, 246
ウオッシュー（チンパンジー）　225
ウオッシュバーン，シャーウッド　29, 30, 247, 272
ウルフ，アーサー　114
榎本知郎　134
エンゲルス，フリードリッヒ　283
オークリー，ケネス　271
小川了　98
小田亮　217
岡田守彦　270
ガードナー，アレン　225, 226
ガードナー，ベアトリス　226
カーペンター，クラーレンス　28, 210
加納隆至　33, 81, 227, 272, 274
カルンデ（チンパンジー）　95, 182, 183, 198, 199
ガレフ，ベネット　191
河合雅雄　29, 90, 173, 195
河合香吏　204
川村俊蔵　29, 80, 173
カンジ（ピグミーチンパンジー）　27, 33, 226, 227, 229, 233
ギブソン，キャサリン　246
ギャラップ，ゴードン　253
キンゼイ，アルフレッド　42
グーズール，サラ　218
グッドマン，モリス　32
グドール，ジェーン　156, 157, 215
クマー，ハンス　171, 280
クラットン＝ブロック，ティム　244, 245
クレヴァー・ハンス（ロバ）　225
クローバー，アルフレッド　27, 169, 232
黒田末寿　133, 177
ケーラー，ウオルフガンク　27

279, 281, 283
アウストラロピテクス・アナメンシス 266-267
アウストラロピテクス・アファレンシス（アファール猿人） 265-267
アウストラロピテクス・アフリカーヌス 265
アルジピテクス 264, 266-267, 278
アルジピテクス・ラミダス 266
パラントロプス 265
パラントロプス・エチオピクス 266
パラントロプス・ボイセイ 266
パラントロプス・ロブストゥス 266
ホモ属（ヒト属） 125, 134
初期ヒト属 265
ホモ・ハビリス 247, 250, 259, 265
ホモ・ルドルフェンシス 265
原人 234, 283, 286
ホモ・エレクトゥス 136, 259, 263, 265, 283-286
サピエンス 30, 39, 136, 159, 160, 259, 265, 284, 286, 293
古代型サピエンス 234
現代人／ホモ・サピエンス・サピエンス 4, 5, 9, 10, 14, 35, 136, 235, 247, 261, 263, 286

[その他の生物]

アトリ 211
アブラヤシ 175, 176, 178, 179
イネ科植物
イノシシ 271, 278
イボイノシシ 221
イモ 24, 165, 173, 189, 190, 195, 196, 276-278, 283, 290
インパラ 267
エジプトガン 110
オオアリ 129-131, 175, 177, 195, 234, 271
オオカミ 1, 2
カナダガン 110
カバマダラ 244
カラカル 216
カリフォルニヤ・ジリス 217
カンチウム属 267
カンムリクマタカ 216
クードゥー 267
クジャク 256
クズウコン 269
グッピー 168
齧歯類 269
コウノトリ 221
コウラ・ナッツ 130
小型有蹄類 271
コブラ 216
サーバル 216
サスライアリ 130, 131, 175, 178
シェルダック 110
シマウマ 267
ショウガ 269
食肉目哺乳類 201
シラミ 79, 91, 157, 173, 196
シリアゲアリ 175
ジリス 218, 232
シロアリ 129-131, 176-178, 234, 269, 291
ストリクノス 276
脊椎動物 72, 117, 119, 131, 276
セグロカモメ 167
ゾウ 5, 182, 242, 267
ゾウアザラシ 42
ダイカー 269, 271
ダニ 79, 91
タマリンド 276
チーター 201, 216
ツパイ 2
デバネズミ 278
トゲウオ 256
トラ 64, 97, 102, 120, 125, 133, 153, 158, 160, 172, 204, 206, 250, 307
ナツメ 276

214, 218-219, 253
カニクイザル　109, 143, 251
ニホンザル　5, 29, 69, 77, 80, 89, 92, 106, 108-109, 143, 165, 172, 182, 188-190, 195-196, 200, 210, 231
ブタオザル　81
ベニガオザル　143, 147, 148
マンガベイ
ホオジロマンガベイ　127
ホオジロマンガベイ　127
マンドリル　61
ヒヒ（サバンナヒヒ）　3, 29, 31, 60-61, 92-93, 101, 106, 124, 135-136, 143, 158, 174, 201, 211, 216, 221, 243, 246, 267, 276, 280
マントヒヒ　61, 106, 135, 171, 231, 280
アヌビスヒヒ　91, 128, 132
ゲラダヒヒ　90, 93, 106, 135
コロブス亜科　93, 107
コロブスモンキー　93, 211, 246, 267
アカコロブス　61, 92, 93, 131-132, 211, 217, 246, 271
ラングール　61
ハヌマンラングール　106, 107
ヒト上科　70,
類人猿　7, 12, 16, 24, 27, 31-33, 35-36, 60, 64, 71, 106, 123-125, 129, 134-136, 147, 179, 180, 198, 209, 224-226, 229, 232-234, 239, 248, 254, 264-265, 268, 272-274, 277, 279, 281-283, 292, 307, 308
●テナガザル科
フクロテナガザル　124, 126
●オランウータン科
オランウータン　32, 60, 61, 63-64, 70, 127-129, 135-136, 198, 246, 250, 253, 282
●ヒト科　242, 307
ゴリラ　28, 32, 42, 60-61, 63-64, 70, 76, 83, 106, 124, 126-129, 134, 136, 166, 246, 250, 253, 264, 268, 270, 273, 281, 282, 308
ヤマゴリラ　135
チンパンジー（パン属）　36, 61, 70, 129, 135-136, 181, 264, 266-268, 282, 308
チンパンジー　5, 10, 21, 27, 28, 32-36, 43, 50, 52-53, 60-61, 63-64, 70, 73, 76, 79, 81-84, 89, 91-96, 101-102, 106, 108-110, 118, 124, 129-131, 133-136, 141, 143-151, 153-155, 157-159, 161, 174-188, 193-198, 200-202, 205-206, 211, 214-215, 224-225, 227-229, 232-234, 239, 244-246, 253-255, 257, 264, 266-282, 284-285, 294, 295, 306, 308
ピグミーチンパンジー（ビリヤ）　27, 32, 33, 50, 60, 81-83, 124, 133-135, 144, 150-151, 181, 226-229, 234, 239, 264, 267, 269-272, 274, 275, 282
ヒト　1, 2, 6-7, 10, 13-14, 16, 19-21, 24-26, 31, 32, 34-37, 39-44, 46, 48-50, 52-53, 59-61, 63, 73, 76, 85, 95, 97, 100-102, 106, 108, 109, 112, 116-117, 123, 125-127, 129, 133-137, 143-145, 147, 151, 153-154, 156-159, 161, 163-165, 168-169, 172, 182, 185, 187, 191, 197-203, 205-206, 209, 211, 213, 216, 220, 223-224, 226-229, 231-234, 238-240, 243, 246-248, 250, 254, 263-273, 275-276, 278-286, 289, 295-297, 301, 305-308
化石類人猿
サンブルピテクス　264, 266
化石人類／人類
初期人類　24, 29, 30, 263, 272, 277-280, 284, 307, 310
猿人　125, 259, 265
初期アウストラロピテクス　134
アウストラロピテクス　24, 136,

索　引

（生物名索引／人名・固体名索引／地名索引／事項索引）

・生物名については，現生霊長類についてのみ，その分類学上の位置を示しながら索引としました．ただし，種名が登場しない〔科〕もあるので，それらについても，先頭に○をつけて紹介しています．
・チンパンジーなど動物の個体名については，便宜的に人名索引に入れ，後ろに（　）をつけて何の動物か示しました．
・その他，項目については適宜階層化して示してあります．

生物名索引

［霊長類（霊長目）］　36, 60–61, 106, 133, 154, 174, 206, 263
原猿類（原猿亜目）　60, 64, 240, 243
●キツネザル科
ワオキツネザル　61, 217–218
●インドリ科
インドリ　42, 61
●ロリス科
オオガラゴ　61
ガラゴ　178–179
○コビトキツネザル科
○アイアイ科
○メガネザル科
真猿類（真猿亜目）　60, 64
オマキザル上科（新世界ザル）　69, 250
●オマキザル科　76–79, 81
オマキザル亜科
オマキザル　61, 191, 243, 246
キャプチンモンキー　190, 191, 220
ズグロキャプチン　128
ブラウン・キャプチン　128
リスザル　60, 79, 213
ヨザル亜科
ティティモンキー　60, 76–78, 124
ナイトモンキー（ヨザル）　60, 76, 77, 78, 124
クモザル亜科　61, 70, 135
ウーリークモザル（ムリキ）　135
ウーリーモンキー　60, 81, 83
クモザル　28, 60, 135
ホエザル亜科
ホエザル　60, 79, 154, 201, 246
アカホエザル　61, 70
マントホエザル　61
●マーモセット科　61, 76, 77, 125
ゲルジモンキー　77
タマリン　124, 125
クロクビタマリン　60, 78
ワタボウシタマリン　60, 78
マーモセット　60, 76, 77, 124, 126, 221, 243, 246
ピグミーマーモセット　220, 221
オナガザル上科（旧世界ザル）　60, 69, 80, 244
●オナガザル科　29, 61, 77
オナガザル亜科
オナガザル　61, 81, 89, 211, 246, 311
アカオザル　246
サバンナモンキー　61, 81, 154
ヴェルヴェットモンキー　60, 81, 84, 211–212, 214, 216–218, 221–222, 252
パタスモンキー　89, 106
マカク　60, 76–77, 79–81, 101, 109–110, 124, 135, 143, 147, 159, 201, 211
アカゲザル　2, 21, 28, 60, 77, 109, 143, 147–148, 193, 211,

西田　利貞（にしだ　としさだ）

京都大学名誉教授．理学博士（人類進化論）
1941 年 3 月　千葉県生まれ．
京都大学理学部・同大学院に学び，東京大学理学部助手（1969 〜 74），同講師（74 〜 81），同助教授（81 〜 88）を経て，1988 年より 2004 年まで京都大学教授．

1965 年からタンザニアのマハレでチンパンジーの行動学的・社会学的研究に携わり，1996 年からは国際霊長類学会会長を務める．

【主な著書】
『精霊の子どもたち』（筑摩書房，1973）
『野性チンパンジー観察記』（中央公論社，1981）
『チンパンジーおもしろ観察記』（紀伊国屋書店，1994 年）
また，共著・編著に，
『タンガニイカ湖畔』（筑摩書房，1973）
『人類の生態』（共立出版，1974）
『The Chimpanzees of the Mahale Mountains』（東京大学出版会，1990）
『サルの文化誌』（平凡社，1991）
『Topics in Primatology, Vol 1 Human Origins』（東京大学出版会，1992）
『霊長類学を学ぶ人のために』（世界思想社，1999）
『Great Ape Societies』（ケンブリッジ大学出版局）　など．

学術選書

人間性はどこから来たか
サル学からのアプローチ
学術選書 026

2007年8月10日　初版第1刷発行

著　　者…………西田　利貞
発 行 人…………加藤　重樹
発 行 所…………京都大学学術出版会
京都市左京区吉田河原町15-9
京大会館内（〒606-8305）
電話（075）761-6182
FAX（075）761-6190
振替 01000-8-64677
HomePage http://www.kyoto-up.or.jp

印刷・製本…………㈱クイックス東京

ISBN　978-4-87698-826-6
定価はカバーに表示してあります

学術選書［既刊一覧］

＊サブシリーズ　「心の宇宙」→ 心　「宇宙と物質の神秘に迫る」→ 宇　「諸文明の起源」→ 諸

001　土とは何だろうか？　久馬一剛
002　子どもの脳を育てる栄養学　中川八郎・葛西奈津子
003　前頭葉の謎を解く　船橋新太郎　心 1
004　古代マヤ石器の都市文明　青山和夫　諸 11
005　コミュニティのグループ・ダイナミックス　杉万俊夫 編著
006　古代アンデス　権力の考古学　関 雄二　諸 12
007　見えないもので宇宙を観る　小山勝二ほか 編著　宇 1
008　地域研究から自分学へ　高谷好一
009　ヴァイキング時代　角谷英則　諸 9
010　GADV仮説　生命起源を問い直す　池原健二
011　ヒト　家をつくるサル　榎本知郎
012　古代エジプト　文明社会の形成　高宮いづみ　諸 2
013　心理臨床学のコア　山中康裕　心 3
014　古代中国　天命と青銅器　小南一郎　諸 5
015　恋愛の誕生　12世紀フランス文学散歩　水野 尚
016　古代ギリシア　地中海への展開　周藤芳幸　諸 7
017　素粒子の世界を拓く　湯川・朝永生誕百年企画展委員会編集／佐藤文隆監修
018　紙とパルプの科学　山内龍男
019　量子の世界　川合・佐々木・前野ほか 編著　宇 2
020　乗っ取られた聖書　秦 剛平
021　熱帯林の恵み　渡辺弘之
022　動物たちのゆたかな心　藤田和生　心 4
023　シーア派イスラーム　神話と歴史　嶋本隆光
024　旅の地中海　古典文学周航　丹下和彦
025　古代日本　国家形成の考古学　菱田哲郎　諸 14
026　人間性はどこから来たか　サル学からのアプローチ　西田利貞
027　生物の多様性ってなんだろう？　生命のジグソーパズル　京都大学総合博物館 京都大学生態学研究センター 編